Konstruktives Zeichnen Maschinenbau

Ulrich Kurz · Herbert Wittel

Konstruktives Zeichnen Maschinenbau

Technisches Zeichnen, Normung,
CAD-Projektaufgaben

Mit 622 Abbbildungen, 78 Tabellen, zahlreichen
Beispielen und Projektaufgaben

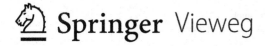

Springer Vieweg

Ulrich Kurz
Weinstadt, Deutschland

Herbert Wittel
Reutlingen, Deutschland

Ergänzendes Material finden Sie unter http://extras.springer.com 978-3-658-17256-5

ISBN 978-3-658-17256-5   978-3-658-17257-2 (eBook)
DOI 10.1007/978-3-658-17257-2

Die Deutsche Nationalbibliothek verzeichnet diese Publikation in der Deutschen Nationalbibliografie; detaillierte bibliografische Daten sind im Internet über http://dnb.d-nb.de abrufbar.

Springer Vieweg

Lektorat: Thomas Zipsner
Grafiken: Grafik & Text Studio Wolfgang Zettlmeier, Barbing

Gedruckt auf säurefreiem und chlorfrei gebleichtem Papier

Springer Vieweg ist Teil von Springer Nature
Die eingetragene Gesellschaft ist Springer Fachmedien Wiesbaden GmbH
Die Anschrift der Gesellschaft ist: Abraham-Lincoln-Str. 46, 65189 Wiesbaden, Germany

Vorwort

Die technische Zeichnung ist nach wie vor eine besondere Form der Kommunikation. Mit Hilfe von Bildern, Zeichen und Symbolen werden technische Sachverhalte allgemeinverständlich dargestellt.

Das bewährte Lehr- und Arbeitsbuch vermittelt Fachkenntnisse zum normgerechten Technischen Zeichnen – die notwendige Voraussetzung für den erfolgreichen Einstieg bei der Arbeit mit CAD-Systemen. Es stellt allen, die mit der Technischen Produktdokumentation zu tun haben, ein leicht verständliches Lernmittel bereit.

Es wendet sich an Technische Produktdesigner in der beruflichen Bildung, aber auch an Schüler der technischen Gymnasien und weiterführender technischen Bildungseinrichtungen. Auch Studierende der Ingenieurwissenschaften an Fachschulen sowie Hochschulen wird eine kompetente Zusammenstellung wichtigen Grundlagenwissens an die Hand gegeben. Es hat einen sicheren Platz als Nachschlagewerk am Arbeitsplatz.

Hinweise auf DIN-Normen in diesem Werk entsprechen dem Stand der Normung bei Abschluss des Manuskriptes. Maßgebend sind die jeweils neuesten Ausgaben der DIN-Norm.

Verschiedene CAD-Projektaufgaben aus dem Maschinenbau vertiefen das Verständnis und festigen den Stoff.

Bedanken möchten wir uns bei all denen, die uns auch für diese Auflage wieder konstruktive Anregungen und Hinweise zur Erweiterung und zur Gestaltung des Buches gegeben haben. Diese werden von den Autoren gern entgegengenommen und, wann immer es möglich ist, auch umgesetzt.

Unser Dank gilt auch dem Lektorat Maschinenbau des Springer Vieweg Verlags für die jederzeit kompetente und professionelle Unterstützung.

Weinstadt / Reutlingen, April 2017   Ulrich Kurz
                                                                     Herbert Wittel

Inhaltsverzeichnis

1 Einführung in das konstruktive Zeichnen

1.1 Konstruktives Zeichnen

Durch Zeichnen können Formen und Gedanken bildlich dargestellt werden. Die Zeichnung wird entweder freihändig entworfen oder mit besonderen Werkzeugen und Geräten unter Einhaltung bestimmter Regeln angefertigt. Entsprechend unterscheidet man zwischen dem freien künstlerischen Zeichnen und dem gebundenen technischen Zeichnen, dessen Regeln in Normen festgelegt sind.

Die technische Zeichnung dient der Verständigung zwischen Entwicklung, Konstruktion, Fertigung, Instandhaltung um nur einige Bereiche eines Unternehmens zu nennen und dem Kunden. Aus ihren Darstellungen sind in Verbindung mit dem Schriftfeld und der Stückliste alle erforderlichen Angaben z. B. zur Herstellung und Prüfung eines Erzeugnisses zu entnehmen. Das betrifft sowohl Formen und Maße des Werkstücks als auch seinen Werkstoff und das Fertigungsverfahren. Die Aussage einer technischen Zeichnung muss dem Zweck entsprechend vollständig, eindeutig und für jeden Techniker verständlich sein. Die gemeinsame Sprache basiert auf Zeichenregeln, die in DIN-Normen festgelegt sind.

1.2 Normung

Durch die Normung werden u. a. Form, Größe und Ausführung von Erzeugnissen und Verfahren sinnvoll geordnet und vereinheitlicht.

Die in Zusammenarbeit zwischen Wissenschaft und Praxis erarbeiteten Normen bieten zeitlich begrenzte Bestlösungen für immer wiederkehrende Aufgaben. Genormte Teile lassen sich austauschen und sind zueinander kompatibel. Normen fördern die Rationalisierung und stellen eine gleich bleibende Qualität sicher. Sie berücksichtigen zugleich die Sicherheit von Menschen und Sachen. Erst die Normung ermöglichte die Arbeitsteilung sowie die problemlose Serien- und Massenfertigung.

DIN Deutsches Institut für Normung e.V. Die zentrale, nationale Organisation zum Erarbeiten von Normen wurde 1917 gegründet. Zu dieser Zeit wurde auch der für die Normung im Zeichnungswesen zuständige Normenausschuss (heute: Fachbereich im Normenausschuss Technische Grundlagen [NATG]) gebildet.

Das Verbandszeichen $\overline{\text{DIN}}$ ist im Warenzeichenregister des Deutschen Patentamts eingetragen. Die Ergebnisse der Normungsarbeit des DIN sind „Deutsche Normen" kurz DIN-Normen, die unter dem Verbandszeichen $\overline{\text{DIN}}$ vom DIN herausgegeben werden und das „Deutsche Normenwerk" bilden.

Wesen der DIN-Normen. DIN-Normen haben den Charakter von Empfehlungen mit einer technisch-normativen Wirkung. Die Beachtung und Anwendung von DIN-Normen steht jedermann frei. Aus sich heraus haben sie keine rechtliche Verbindlichkeit. Wer sich nach DIN-Normen richtet, verhält sich im Regelfall ordnungsgemäß.

U. Kurz, H. Wittel, *Konstruktives Zeichnen Maschinenbau*,
DOI 10.1007/978-3-658-17257-2_1, © Springer Fachmedien Wiesbaden GmbH 2017

Art und Inhalt von DIN-Normen

Die DIN 820 teilt die DIN-Normen nach ihrem Inhalt in elf Arten ein.

Tabelle 1.1 Normenarten und deren Inhalt

Normenart	Normeninhalt
Dienstleistungsnorm	Technische Grundlagen für Dienstleistungen
Gebrauchstauglichkeitsnorm	objektiv feststellbare Eigenschaften in Bezug auf die Gebrauchstauglichkeit eines Gegenstands
Liefernorm	technische Grundlagen und Bedingungen für Lieferungen
Maßnorm	Maße und Toleranzen von materiellen Gegenständen
Planungsnorm	Planungsgrundsätze und Grundlagen für Entwurf, Berechnung, Aufbau, Ausführung und Funktion von Anlagen, Bauwerken und Erzeugnissen
Prüfnorm	Untersuchungs-, Prüf- und Messverfahren für technische und wissenschaftliche Zwecke zum Nachweis zugesicherter und/oder erwarteter (geforderter) Eigenschaften von Stoffen und/oder von technischen Erzeugnissen oder Verfahren
Qualitätsnorm	die für die Anwendung eines materiellen Gegenstands wesentlichen Eigenschaften und objektiven Beurteilungskriterien
Sicherheitsnorm	Festlegungen zur Abwendung von Gefahren für Menschen, Tiere und Sachen (Anlagen, Bauwerke, Erzeugnisse u. a.)
Stoffnorm	physikalische, chemische und technologische Eigenschaften von Stoffen
Verfahrensnorm	Verfahren zum Herstellen, Behandeln und Handhaben von Erzeugnissen
Verständigungsnorm	Zeichen oder Systeme zur eindeutigen und rationellen Verständigung; terminologische Sachverhalte

Normungsgegenstand ist der materielle oder immaterielle Gegenstand, auf den sich die Festlegungen in der Norm beziehen. Auf Grund ihres Inhalts kann eine Norm zu mehreren der vorstehenden Arten gehören.

Das Ergebnis der Normungsarbeit liegt zunächst entweder als DIN-Norm-Entwurf oder DIN-Vornorm und endgültig als DIN-Norm vor.

Das Titelfeld einer DIN-Norm enthält den Titel der Norm und rechts daneben im Nummernfeld die DIN-Nummer, die aus dem Verbandszeichen **DIN** und einer nicht klassifizierenden Zählnummer sowie gegebenenfalls erforderlichen Zusätzen Teil-Nr., Beiblatt besteht, siehe **1.1**. Seit 1994 klassifiziert das DIN seine Normen und Kataloge mit dem von der ISO speziell für Normen entwickelten, weltweit einheitlichen Klassifikationssystem ICS (International Classification for Standards). Die ICS-Nummer steht links unter dem Titelfeld. Über der Fußleiste der Norm-Titelseite ist der zuständige Normenausschuss Träger der Norm aufgeführt.

		April 2001
	Wärmebehandlung von Eisenwerkstoffen Darstellung und Angaben wärmebehandelter Teile in Zeichnungen	**DIN** 6773
ICS 01.100.10; 77.080.01 Heat treatment of ferrous metals — Heat treated parts, presentation and indications on drawings Traitement thermique de matériaux ferreux — Pièces traitées, représentation et indications sur les dessins		Ersatz für DIN 6773-2:1977-05, DIN 6773-3:1976-11, DIN 6773-4:1977-05 und DIN 6773-5:1977-05

1.1 Kopfleiste einer Norm mit Titelfeld, Nummernfeld, ICS-Nummer usw.

Internationale Normung. Da es weder sinnvoll noch wirtschaftlich wäre, die Normung allein auf die Bedürfnisse eines Landes abzustellen, wurde 1926 die „International Federation of the National Standardizing Associations (ISA)" gegründet. Ihre Nachfolgerin, die ISO (International Organization for Standardization) „Internationale Organisation für Normung", entstand 1947. Für die elektrotechnische Normung ist die IEC (International Electrotechnical Commission), für alle anderen Normungsarbeiten die ISO zuständig. Beide Organisationen haben ihren Sitz in Genf.

Zweck der Organisationen ist die Förderung der Normung in der Welt und besonders die Erarbeitung von Internationalen Normen, um durch die Beseitigung technischer Handelshemmnisse den Austausch von Gütern und Dienstleistungen zu unterstützen und die gegenseitige Zusammenarbeit im Bereich des geistigen, wissenschaftlichen, technischen und wirtschaftlichen Schaffens zu entwickeln.

Eine Internationale Norm der ISO oder IEC, der das DIN zugestimmt hat, wird nach Entscheidung des zuständigen Normenausschusses in der Regel ohne Überarbeitung als DIN-ISO- bzw. DIN-IEC-Norm übernommen. Voraussetzung für die Übernahme ohne Überarbeitung ist, dass die Internationale Norm vorher demselben Einspruchsverfahren unterworfen wurde wie eine DIN-Norm. ISO/IEC arbeiten eng mit den europäischen Normungsinstitutionen CEN/CENELEC zusammen.

Europäische Normung. Die für die europäische Normung zuständigen Institutionen CEN/ CENELEC haben ihren Sitz in Brüssel. Ihre Gründung 1961 steht nicht zufällig im zeitlichen Zusammenhang mit der EWG-Gründung. Eine deutsche Beteiligung ist nur über das DIN (bei CENELEC vertreten durch die DKE) möglich.

Hauptziel der europäischen Normungsarbeit ist es, ein umfassendes europäisches Normenwerk zu erstellen, die bestehenden nationalen Normen zu harmonisieren und so den europäischen Binnenmarkt zu unterstützen. Anders als bei den Internationalen Normen von ISO/IEC ist jedes Mitglied verpflichtet, die Europäischen Normen unverändert ins nationale Normenwerk zu übernehmen. Dabei wird in das Nummernfeld die EN-Nummer übernommen (DIN-EN-Norm). Etwaige andere, entgegenstehende nationale Normen zu demselben Thema sind zurückzuziehen. In enger Abstimmung mit CEN/CENELEC erarbeitet das Europäische Institut für Telekommunikationsnormen, **ETSI**, europaweite Normen zur Integration der Telekommunikations-Infrastruktur.

Normnummerung

Bei DIN-Nummern, die aus mehreren Teilen, siehe **1.1** bestehen, werden die Teilnummern nur nach mit einem – Bindestrich – angehängt, der Zusatz „Teil" entfällt.

Normzahlen sind Vorzugszahlen, die sich bei der Abstufung von Kenngrößen technischer Gebilde z. B. Hauptabmessungen, Leistung, Drehzahlen, Durchflussmengen usw. bewährt haben.

In der DIN 323-1 sind die Hauptwerte der vier dezimalgeometrischen Grundreihen R5, R10, R20 und R40 festgelegt.

Die Reihen mit den groben Stufensprüngen sind zu bevorzugen, d. h. zuerst nach R5, dann nach R10, R20 oder R40 stufen.

Normzahlen über 10 werden durch Multiplikation der Werte in der Tabelle 1.2 mit 10, 100 usw., Normzahlen unter 1 werden durch Division der Hauptwerte durch 10, 100 usw. gebildet.

Tabelle 1.2 Normzahlen und Normzahlreihen nach DIN 323-1

Stufensprung			
$q_5 = \sqrt[5]{10} = 1{,}6$	$q_{10} = \sqrt[10]{10} = 1{,}25$	$q_{20} = \sqrt[20]{10} = 1{,}12$	$q_{40} = \sqrt[40]{10} = 1{,}06$
Grundreihen			
R5	**R10**	**R20**	**R40**
1,00	1,00	1,00	1,00
			1,06
		1,12	1,12
			1,18
	1,25	1,25	1,25
			1,32
		1,40	1,40
			1,50
1,60	1,60	1,60	1,60
			1,70
		1,80	1,80
			1,90
	2,00	2,00	2,00
			2,12
		2,24	2,24
			2,36
2,50	2,50	2,50	2,50
			2,65
		2,80	2,80
			3,00
	3,15	3,15	3,15
			3,35
		3,55	3,55
			3,75
4,00	4,00	4,00	4,00
			4,25
		4,50	4,50
			4,75
	5,00	5,00	5,00
			5,30
		5,60	5,60
			6,00

Fortsetzung s. nächste Seite.

Tabelle 1.2 Fortsetzung

Stufensprung			
$q_5 = \sqrt[5]{10} = 1,6$	$q_{10} = \sqrt[10]{10} = 1,25$	$q_{20} = \sqrt[20]{10} = 1,12$	$q_{40} = \sqrt[40]{10} = 1,06$
Grundreihen			
R5	**R10**	**R20**	**R40**
6,30	6,30	6,30	6,30
			6,70
		7,10	7,10
			7,50
	8,00	8,00	8,00
			8,50
		9,00	9,00
			9,50
10,00	10,00	10,00	10,00

1.3 Zeichnungsarten

Zeichnungen werden nach Art der Darstellung und Anfertigung sowie nach Inhalt und Zweck verschieden benannt.

Angaben über Aufbau, Anwendung und Ausführung von Zeichnungen, CAD-Modellen und Stücklisten sind in der DIN 199-1 enthalten.

In der Tabelle 1.3 sind die wichtigsten Begriffe in alphabetischer Reihenfolge zusammengestellt.

Die Zeichnungserstellung führt im Regelfall von Skizzen über Einzelteil- und Gruppenzeichnungen zu Zeichnungen, in denen Erzeugnisse in ihrer obersten Strukturstufe als Hauptzeichnungen, früher Gesamtzeichnungen dargestellt sind.

Die technische Zeichnung als Kommunikationsmittel enthält im Allgemeinen Informationen und Daten, die man den folgenden Bereichen zuordnen kann.

Geometrieinformationen
Die Werkstückgestalt wird durch normgerechte Linienarten, notwendige Ansichten, Schnitte um Innenkonturen zu zeigen und Formelemente z. B. Freistiche, Zentrierbohrungen, Schraubensenkungen dargestellt.

Bemaßungsinformationen
Die Bemaßung legt das gezeichnete Werkstück in seinen Abmessungen und Toleranzen fest. Sie ist die Grundlage für die Fertigung und Prüfung.

Technologieinformationen

Die Angaben zum Werkstoff, zur Oberflächenbeschaffenheit bzw. Kennzeichnung der Ober-flächenbereiche die für eine Beschichtung oder Wärmebehandlung vorgesehen sind, aber auch Werkstückkanten gehören zu diesem Informationsbereich.

Organisationsinformationen

Die Informationen zum betrieblichen Ablauf stehen im Schriftfeld der Zeichnung.

Dazu gehören Zeichnungsname, Sachnummer, Ersteller und Zeichnungsfreigabe z. B. nach einer Normenprüfung.

Tabelle 1.3 Begriffe im Zeichnungs- und Stücklistenwesen nach DIN 199-1

Begriff	Erläuterung
Anordnungsplan	stellt Gegenstände in ihrer räumlichen Lage zueinander dar
Ausschnittszeichnung	technische Zeichnung, die ein Teil nur ausschnittsweise darstellt
CAD-Modell	CAD-Datenbestand, der entsprechend den physischen Teilen der dargestellten Objekte strukturiert ist
CAD-Plot	ist die Ausgabe einer CAD-Zeichnung oder eines Zeichnungsteils auf einem Zeichnungsträger
CAD-Zeichnung	ist eine durch ein Rechnerprogramm erzeugte Zeichnung, die auf einem Ausgabegerät (Plotter oder Drucker) gedruckt oder am Bildschirm gezeigt wird
Computer Aided Design (CAD)	ist ein rechnerunterstütztes Konstruieren oder Entwerfen von Bauteilen
Diagramm	stellt Zahlenwerte oder funktionale Zusammenhänge in einem Koordinatensystem dar
Einzelteilzeichnung	Zeichnung, die ein Einzelteil ohne die räumliche Zuordnung zu anderen Teilen darstellt
Ergänzungszeichnung	stellt Einzelheiten von Gegenständen dar auf die in anderen Zeichnungen Bezug genommen wird
Fertigungszeichnung	Zeichnung, die alle für die Fertigung des Gegenstandes notwendigen Informationen enthält
Fotozeichnung	Zeichnung, die als wesentlichen Bestandteil fotografische Abbildungen enthält
Gesamtzeichnung/ Gruppenzeichnung	Zeichnung, die eine Gruppe von Teilen, z. B. Montageeinheit oder aber ein Gerät, eine Maschine, Anlage vollständig darstellt
Hauptzeichnung	Darstellung eines Produktes in seiner obersten Strukturstufe

Fortsetzung s. nächste Seite.

Tabelle 1.3 Fortsetzung

Begriff	Erläuterung
Konstruktionszeichnung	ist eine technische Zeichnung, die einen Gegenstand in seinem vorgesehenen Endzustand darstellt
Maßzeichnung	enthält für ein Einzelteil nur die für den jeweiligen Anwendungsfall wesentlichen Maße und Informationen
Originalzeichnung	ist eine dauerhaft gespeicherte Zeichnung, deren Informationsinhalt verbindlich ist
Patentzeichnung	eine technische Zeichnung, die in ihrem formalen Aufbau und ihrer zeichnerischen Darstellung den Vorschriften der „Verordnung über die Anwendung von Patenten" entspricht
Skizze	ist eine nicht unbedingt maßstäbliche, vorwiegend freihändig erstellte Zeichnung
Standardzeichnung	ist eine Zeichnung, die durch Hinzufügen oder Verändern bestimmter vorgesehener Daten dem jeweiligen Anwendungsfall angepasst werden muss
Technische Zeichnung	ist eine Zeichnung in der für technische Zwecke erforderlichen Art und Vollständigkeit
Vordruckzeichnung	Zeichnungsunterlage, die nur eine reproduzierte Standardzeichnung enthält
Zeichnung	ist eine aus Linien bestehende bildliche Darstellung
Zeichnungssatz	ist die Gesamtheit aller für einen bestimmten Zweck zusammengestellten Zeichnungsunterlagen
Zusammenbauzeichnung	technische Zeichnung zur Erläuterung von Zusammenbauvorgängen
Begriffe für Stücklisten	
Baukasten-Stückliste	ist eine Stückliste, in der alle Teile und Gruppen der nächsttieferen Stufe aufgeführt sind
Bereitstellungs-Liste	ist eine Liste der Gegenstände, die zur Verfügung stehen müssen, mit der Mengenangabe sowie der liefernden und empfangenden Stelle
Betriebsstoff	Stoff, der bei der Herstellung eines Gegenstandes notwendig, aber in diesem nicht enthalten ist, z. B. Reinigungsmittel, Kühlschmierstoff, Lötfett

Fortsetzung s. nächste Seite.

Tabelle 1.3 Fortsetzung

Begriff	Erläuterung
Einzelteil	ist ein Teil, das nicht zerstörungsfrei zerlegt werden kann
Ersatzteil-Liste	ist eine Liste, die Informationen über Ersatzteile für einen Gegenstand enthält
Fertigteil	ist ein Teil in funktions- oder einbaufertigem Zustand
Fertigungs-Stückliste	ist eine Stückliste, die in ihrem Aufbau und Inhalt der Fertigung dient
Grund-Stückliste	diese Stückliste wird für die Grundausführung eines Gegenstandes erstellt
Kalkulations-Stückliste	ist eine Stückliste, die zusätzliche Angaben zur Kostenermittlung enthält
Konstruktions-Stückliste	ist eine Stückliste, die im Konstruktionsbereich in Zusammenhang mit den zugehörenden Zeichnungen erstellt wird
Positionsnummer	ist die Verbindung zwischen der Stückliste und der Zeichnung. Diese Nummer ordnet die in der Stückliste aufgeführten Gegenstände den dargestellten in der Zeichnung zu
Struktur-Stückliste	diese Stückliste stellt die Erzeugnisstruktur mit allen Gruppen und Teilen dar, wobei jede Gruppe jeweils bis zur niedrigsten Stufe gegliedert ist.
Stückliste	stellt ein für den jeweiligen Zweck vollständig formal aufgebautes Verzeichnis dar
Varianten-Stückliste	ist eine Stückliste die auf einem Vordruck mehrere Stücklisten von verschiedenen Gegenständen zusammenfasst, die einen hohen Anteil identischer Bauteile aufweisen

Skizzen sind freihändig erstellte Zeichnungen, für die kein Maßstab vorgesehen ist. Damit die Geometrie des Werkstückes in etwa verhältnisgleich abgebildet wird, sollte ungefähr maßstäblich skizziert werden.

Um technische Sachverhalte zu verdeutlichen, muss der Skizzenersteller die Regeln des technischen Zeichnens kennen, aber auch Übung im Freihandzeichnen und in der Darstellung von Gegenständen haben.

Technische Zeichnungen für die Produktdokumentation oder die Fertigung werden heute überwiegend mit CAD-Systemen erstellt, deshalb ist es besonders wichtig vor dem Modellieren im 3D-CAD-System sich in Skizzen über die Grobgestaltung des zu konstruierenden Gegenstandes klar zu werden.

Das Freihandzeichnen bekommt damit einen neuen Stellenwert.

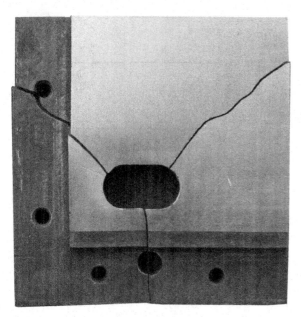

1.2 Gebrochener Schneidplatteneinsatz

Bei der Erstellung einer Skizze für ein defektes Bauteil, z. B. ein gebrochener Schneidplatten-einsatz **1.2**, von dem keine Zeichnung vorhanden ist, sind folgende Arbeitsschritte bei der Skizzenerstellung hilfreich.

Arbeitsschritte:

1. Vorzeichnen des Grundkörpers

   Festlegen der notwendigen Ansichten, damit das Bauteil eindeutig erfasst wird. Dies ge-schieht mit schmalen Volllinien.

2. Ausziehen der Konturen

   Körperkanten mit breiten Volllinien nachziehen. Die Linien sollten möglichst ohne Abset-zen in einem durchgezogen werden. Bei Kreisen hilft die in **1.4** dargestellte Methode.

3. Festlegen des Schnittverlaufes, Schraffieren

4. Eintragen der Maße

   Dabei sollten an einem Formelelement alle Maßlinien, Maßhilfslinien und wenn notwen-dig die Form- und Lagetoleranzen eingetragen werden, bevor man zum nächsten Formele-ment weitergeht. Zum Schluss werden die Maße, Abmaße und die allgemeinen Fertigungs-angaben wie z. B. Werkstoff, Wärmebehandlung, Oberflächen usw. eingetragen.

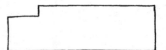

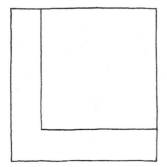

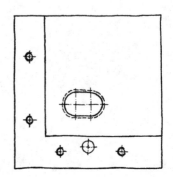

1. Vorzeichen des Grundkörpers

2. Ausziehen der Konturen

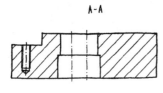

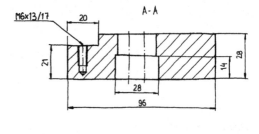

A-A

M6x13/17

A-A

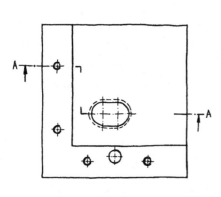

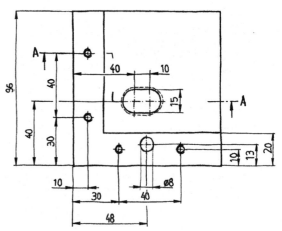

3. Festlegen des Schnittverlaufs, Schraffieren

4. Eintragen der Maße

1.3 Arbeitsschritte bei der Skizzenerstellung

Diese Skizze kann direkt als Fertigungsvorlage verwendet werden.

Macht das freihändige Zeichnen der Kreise anfänglich Schwierigkeiten, legt man die Radien auf einem Papierstreifen fest und trägt vom Kreismittelpunkt aus nach mehreren Seiten ab.

1.4 Entstehung eines freihändig zu ziehenden Kreises

Durch die Markierungspunkte werden kurze Kreisbögen gezogen und zu dem gewünschten Kreis vereinigt.

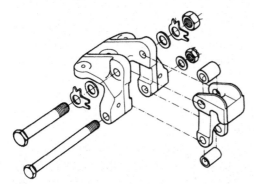

Explosionsdarstellungen sind axonometrische Darstellungen von Gruppen, bei denen die Einzelteile einer Gruppe in Richtung der Koordinatenachsen auseinander gezogen angeordnet sind. Sie vermitteln einen dreidimensionalen Eindruck und erleichtern das Verständnis für das Zusammenwirken der einzelnen Teile.

1.5 Explosionsdarstellung

Einzelteilzeichnungen

Rohteilzeichnungen geben die Gestalt, Maße und den Werkstoff spanlos vorgeformter Werkstücke an. Diese Rohteile werden durch die Fertigungsverfahren Gießen, Pressen und Gesenkschmieden hergestellt.

Fertigungszeichnungen enthalten alle für die Herstellung oder Fertigbearbeitung des Werkstückes notwendige Informationen.

Dazu gehören die komplette Darstellung mit vollständiger Bemaßung, die einzuhaltenden Toleranzen, der Werkstoff, die Oberflächenangaben und der Kantenzustand.

An Stelle einer Rohteilzeichnung kann die Bearbeitungszugabe bei einfachen Rohteilgeometrien in der Fertigungszeichnung durch Strich-Zweipunktlinien, Linienart 05.1, angegeben werden. **2.14** zeigt ein Beispiel.

1

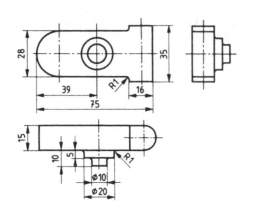

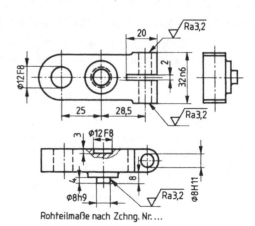

1.6 Rohteilzeichnung   **1.7** Fertigungszeichnung

Die Rohteilzeichnung trägt gewöhnlich die gleiche Nummer mit einem zusätzlichen Schlüssel für die Rohteilkennung und dieselbe Benennung wie die Fertigteilzeichnung. Hinter der Werkstückbezeichnung steht außerdem in Klammern ein entsprechender Vermerk z. B. „Rohteil", „Pressteil".

In die Fertigteilzeichnung werden, sofern eine Rohteilzeichnung vorhanden ist, nur die für die Bearbeitung des Rohteils nötigen Maße eingesetzt. Empfehlenswert ist ein Vermerk, dass die fehlenden Maße in der Rohteilzeichnung enthalten sind.

Für genormte Teile wie Schrauben, Muttern, Scheiben, Splinte sind Einzelteilzeichnungen selten erforderlich, da sie am Lager sind oder von auswärts bezogen, im eigenen Betrieb also nicht nach Zeichnung hergestellt werden. Die Aufnahme der genormten Bezeichnungen bzw. Sachnummern in die Stückliste genügt. Der Zusammenhang aller Zeichnungen untereinander bleibt durch Eintragen der auf den Teilzeichnungen eingeschriebenen Werkstück- bzw. Sachnummern in die Stückliste gewahrt. In Mappen oder Heftern werden die Vervielfältigungen aller Zeichnungen des Geräts geordnet und geschlossen aufbewahrt.

Gruppenzeichnungen. Bestehen Schwierigkeiten, die gesamte Darstellung mit sehr vielen Teilen auf einem Zeichnungsträger unterzubringen, fasst man die Werkstücke zunächst gruppenweise in Gruppenzeichnungen zusammen. Dann hat die Hauptzeichnung nur die Anordnung und Wirksamkeit der einzelnen Gruppen untereinander zu zeigen.

Hauptzeichnungen. Der Zusammenbau mehrerer Teile zu einem Gerät oder zu einer Maschine wird in Hauptzeichnungen zum Ausdruck gebracht. Es kommt hier besonders auf die Anordnung der Teile, auf ihre Abhängigkeit voneinander und auf das gegenseitige Zusammenwirken an – nicht auf die Wiedergabe aller Einzelheiten der Werkstücke, dazu sind die Einzelteilzeichnungen da. Hauptzeichnungen enthalten meist einige Hauptmaße und wenn nötig, Angaben für Zusammenbau und Wirkungsweise der Teile.

Hauptzeichnungen wurden früher Gesamtzeichnung genannt.

Positionsnummern. In der Hauptzeichnung erhält jedes Werkstück üblicherweise eine nicht umrandete laufende Positionsnummer in etwa doppelter Größe der Maßzahl. Mindestens aber von 5 mm Schriftgröße. Diese Positionsnummern, deren Reihenfolge möglichst dem Zusammenbau oder der Uhrzeigerbewegung entsprechen soll, stehen übersichtlich neben der Darstellung in Leserichtung waagerecht oder/und senkrecht in Reihen angeordnet.

Bei einigen CAD-Systemen erfolgt ein Umkreisen der Positionsnummern mit einer schmalen Volllinie, die Hinweislinie zeigt dabei auf den Kreismittelpunkt.

Die Hinweislinien zu den Positionsnummern sind schmal wie Maßlinien und geradlinig so zu ziehen, dass sie nicht mit benachbarten Linien verwechselt werden können und nicht stören. Das in der Darstellung liegende Ende der Hinweislinie erhält einen Punkt.

Positionsnummern von zusammengehörenden Teilen z. B. Schraube, Mutter und Sicherungselement dürfen nebeneinander, durch einen Bindestrich getrennt, an derselben Hinweislinie eingetragen werden. Die Positionsnummer ist die Verbindung zwischen der Zeichnung und der Stückliste.

Weitere Angaben zu Positionsnummern in technischen Unterlagen sind in der DIN ISO 6433 enthalten.

Manuell erstellte Zeichnung. Die Linien müssen scharf umrissen, tiefschwarz, unverwischbar sein und sollen, von der Seite gesehen, glänzen. Dies wird durch Anwendung im Handel erhältlicher Zeichenmittel, die aufeinander abgestimmt für die Anfertigung von technischen Zeichnungen geeignet sind, ermöglicht.

Auch in Bleistiftzeichnungen sind die Linienbreiten abzustufen.

Tuschezeichnungen. Wurde auf Transparentpapier vorgezeichnet, kann die Tuschezeichnung auf demselben Bogen entstehen. Man kann auch einen Bogen transparentes Papier über den Zeichnungsentwurf spannen und darauf ausziehen.

Zuerst werden die Mittellinien und danach, mit den kleinen beginnend, alle Kreise und Bogen einer Linienbreite nachgezogen.

Die Übergangspunkte der Kreisbögen werden zweckmäßig mit einen weichen Zeichenstift markiert wie **1.8** zeigt. Die Konstruktion der Kreisanschlüsse ist im Abschnitt 3.3 beschrieben.

Nach den Kreisbögen sind alle waagerechten Linien, oben links auf dem Zeichenblatt beginnend, zu ziehen. Es folgen die senkrechten Linien, die man an dem auf der Zeichenschiene aufgesetzten Zeichendreieck nachzieht, wenn damit gearbeitet wird. Die Zeichenschiene soll, wo immer möglich, angewendet werden.

Mit der Eintragung der Bemaßung, Toleranzen, Oberflächenangaben, und wenn notwendig des Kantenzustandes, wird die Zeichnung fertiggestellt. Zum Schluss füllt man das Schriftfeld aus.

1

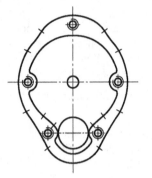
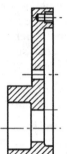
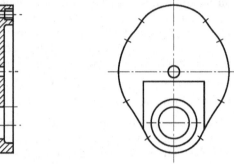

Übergangspunkte Konturerstellung

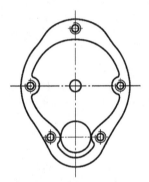
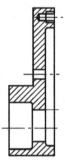
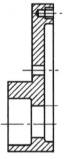
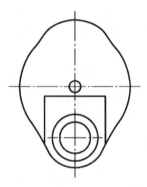

Fertige Kontur

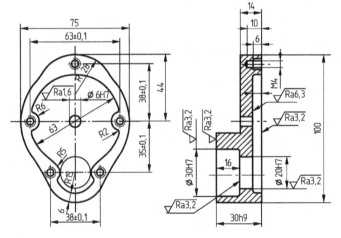
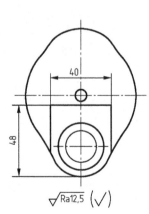

1.8 Manuelle Erstellung einer Fertigungszeichnung

1.4 Ändern von technischen Dokumenten

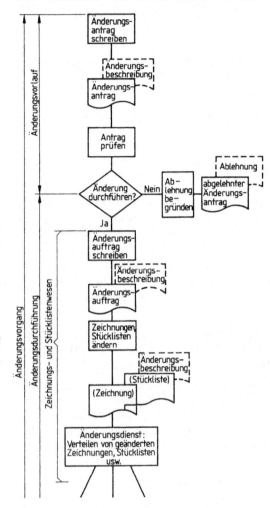

Begriffe und allgemeine Anforderungen für Änderungen sind in der DIN 199-4 und DIN 6789-3 erläutert. Korrekturen oder Anpassungen, die während eines Entwicklungs- oder Konstruktionsablaufes auftreten, werden hier nicht behandelt, sie sind nicht dem Wortsinn „Änderung" zuzuordnen.

Der hier zu Grunde gelegte Wortsinn „Änderung" bezieht sich auf die für bestimmte organisatorische Abläufe freizugebenden Dokumente.

Gründe für eine Änderung können sein:

- Kundenwünsche
- Forderungen der Fertigung
- Berichtigungen technischer Fehler
- Lieferschwierigkeiten bei Rohteilen, Halbzeugen u. Ä.

Je nach Ursache hat die Änderung eines technischen Dokumentes auch die Änderung anderer Dokumente zur Folge, z. B. der Stückliste. Darüber hinaus beeinflusst jede Änderung von Dokumenten im Allgemeinen auch das Werkstück selbst.

Änderungsvorgang

Im Änderungsantrag ist die gewünschte oder erforderliche Änderung zu beschreiben und zu begründen.

Nach Prüfung des Änderungsantrags wird entschieden, welche Maßnahmen im Einzelfall getroffen werden sollen.

1.9 Beispiel eines Änderungsablaufschemas

Im Änderungsauftrag wird die Änderungsdurchführung festgelegt.

Ändern aller erforderlichen Dokumente und Erstellen einer Änderungsbeschreibung.

Alle Tätigkeiten im Zusammenhang mit einer Änderung, d. h. Verwalten und Verteilen der jeweils erforderlichen Unterlagen an die veranlassenden oder betroffenen Stellen werden in einem Unternehmen vom Änderungsdienst betreut.

Geänderte Dokumente werden zweckmäßig zusammen mit einem Änderungsauftrag bzw. einer Änderungsbeschreibung freigegeben, in denen nähere Angaben über die veranlassende Stelle und Anweisungen enthalten sind, die sich z. B. auf den Austausch von Dokumenten und Teilen beziehen.

1

Jede Änderung muss in
geeigneter Weise auf dem
technischen Dokument fest-
gehalten werden, z. B. in
einer Änderungstabelle neben dem Schriftfeld, siehe
1.10.

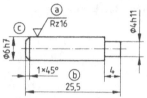

Angaben in der Zeichnung		Angaben in einer Änderungstabelle

c	h7 statt h11	7.8.06	Би
b	25,5 statt 25	7.8.06	Би
a	Rz 16 statt Rz 63	3.7.06	Би
Zu-stand	Änderung	Datum	Name

1.10 Zeichnungsänderungen

Beim Berichtigen einer Maßeintragung wird die bisher gültige durch die neue ersetzt und in der Nähe der Berichtigung ein Änderungsindex z. B. Kleinbuchstabe in einem Kreis gesetzt.

Änderungstabelle

In der Spalte „Zustand" des Änderungsfelds ist der Änderungsindex – d. h. die Kennung, die im Zusammenhang mit der Sachnummer, Zeichnungsnummer einen bestimmten Konstruktionsstand angibt – einzutragen.

In der Spalte „Änderung" ist als Änderungsvermerk entweder eine Kurzbeschreibung der Änderung oder die Änderungsnummer der zugehörigen Änderungsunterlage, z. B. der Änderungsbeschreibung bzw. des Änderungsauftrages einzutragen. Der Änderungsvermerk oder die Änderungsunterlage soll den Zustand vor und nach der Änderung erkennen lassen. Es heißt z. B. „25,5 statt 25" und nicht „Neues Maß 25,5".

In die Spalten „Datum" und „Name" werden das Datum, an dem die Zeichnung geändert wurde, und der Name der ausführenden Person eingetragen. Das angegebene Datum hat keinen Einfluss auf den Änderungseinsatztermin; dieser ist dem Änderungsauftrag zu entnehmen.

Wenn umfangreiche, erhebliche Änderungen eine neue Zeichnung erfordern, muss in der neuen Zeichnung auf die Ursprungsunterlage im Schriftfeld hingewiesen werden. Wird die bisherige Unterlage ungültig, erhält sie einen entsprechenden Ersatzvermerk „Ersetzt durch ..." mit Hinweis auf die neue Zeichnungsnummer im Schriftfeld, die neue Zeichnung den Vermerk „Ersatz für ..." unter Angabe der Ursprungsnummer. Auch die Stücklisten sind entsprechend zu berichtigen.

Für eine lückenlose Dokumentation aller Änderungsstände einer Unterlage ist es notwendig, entweder alte und neue Angaben in geeigneter Weise in die geänderte Unterlage einzutragen oder aber eine gesonderte Änderungsdokumentation zu führen, die z. B. im Fall von Produkthaftungsfragen alle notwendigen Angaben enthält. Eine gesonderte Änderungsdokumentation ist dann zweckmäßig, wenn z. B. die Unterlagen mit Hilfe von CAD-Systemen erstellt werden und bei Änderungen z. B. der Maßzahlen gleichzeitig alle weiteren, hiervon abhängigen Daten angepasst werden.

1.5 Grafische Darstellungen

Grafische Darstellungen sind Schaubilder zum schnelleren Erkennen und Beurteilen funktioneller Zusammenhänge zwischen kontinuierlichen Veränderlichen z. B. für Veröffentlichungen aus Naturwissenschaft, Technik und Wirtschaft. Je nachdem, ob aus der grafischen Darstellung Zahlenwerte abgelesen werden sollen oder nicht, unterscheidet man zwischen quantitativen, wie z. B. **1.13** zeigt und qualitativen Darstellungen z. B. **1.16**. Als Diagramme werden grafische Darstellungen in Koordinatensystemen, **1.11** sowie in Form von Flächendiagrammen bezeichnet, siehe **1.17**.

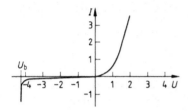

1.11 Koordinatensystem

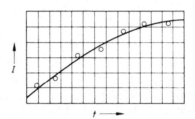

1.12 Verlauf einer Kennlinie

Im ebenen rechtwinkligen kartesischen Koordinatensystem teilt man die beiden Achsen maßstäblich, wobei die zunehmenden Werte der Veränderlichen vom Schnittpunkt der beiden Achsen aus vorzugsweise nach rechts und nach oben, abnehmende nach links und nach unten eingetragen werden, **1.11**. Die waagerechte Achse heißt Abszissenachse, die senkrechte Ordinatenachse. Gemäß den maßstäblich festgelegten Teilungen werden die Zahlenwerte punktweise eingetragen und dann durch eine Kurve annäherungsweise miteinander verbunden.

1.12 zeigt, wie die Kennlinie zu ziehen ist. Die aus Versuchen, Statistiken usw. gewonnenen Zahlenwerte werden im Liniennetz durch kleine Markierungen z. B. ○ ● □ ■ △ ▲ + × eingetragen. Diese Markierungen verbindet man durch eine zügige Kurve miteinander. Je mehr Zahlenwerte vorhanden sind und je genauer sie abgetragen wurden, desto besser legt sich der Kurvenzug an die eingetragenen Kennlinienwerte an.

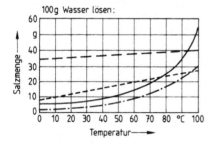

1.13 Löslichkeit von Salzen in Wasser
——— $HgCl_2$ = Quecksilberchlorid (Sublimat)
– – – $NaCl$ = Natriumchlorid (Kochsalz)
–·–·– H_3BO_3 = Borsäure
······· K_2SO_4 = Kaliumsulfat

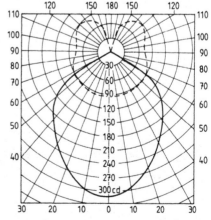

1.14 Lichtverteilungskurve für eine tiefstrahlende Leuchte

Sind mehrere Kennlinien in einem Diagramm unterzubringen, kann man – wenn es die Übersichtlichkeit zulässt – bei allen Kurven die gleiche Linienart anwenden. Günstiger ist es, unterschiedliche Linienarten, wie **1.13** zeigt oder verschiedene Markierungen zu verwenden. Bei verschiedenen Linienarten bzw. Markierungen ist deren Bedeutung zu erläutern, am besten in der Bildunterschrift, **1.13**.

1.5.1 Grafische Darstellungen im Koordinatensystem nach DIN 461

Pfeilspitzen an den Enden der Koordinatenachsen zeigen an, in welcher Richtung die Koordinate wächst. Die Formelzeichen der Größen stehen unter der waagerechten Pfeilspitze und links neben der senkrechten Pfeilspitze, **1.11**. Die Pfeile dürfen auch parallel zu den Achsen angebracht werden. Formelzeichen oder Benennungen stehen dabei am Pfeilanfang, **1.12**.

Formelzeichen und Benennungen sollen möglichst ohne Drehen des Bildes lesbar sein. Ist dies nicht möglich, sollen sie von rechts lesbar sein.

Detaillierte Festlegungen über qualitative und quantitative Darstellungen, Skalen, Zahlenwertangaben, Teilungen der Achsen und zeichentechnische Hinweise wie Linienbreiten, Beschriftung sind in DIN 461 enthalten.

Im Polarkoordinatensystem wird meist die waagerechte Achse dem Winkel null zugeordnet. Der Winkel wird positiv entgegen dem Uhrzeigersinn und negativ im Uhrzeigersinn. Der Radius nimmt meist vom Nullpunkt (Pol) nach außen hin zu. Polkoordinatensysteme veranschaulichen z. B. Ausstrahlungen von Licht- und anderen Wellen, **1.14**.

1.5.2 Grafische Darstellungen in Form von Flächendiagrammen

Säulendiagramme zeigen **1.15** und **1.16**.

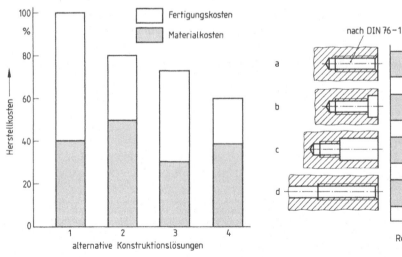

1.15 Kostenstruktur für alternative Konstruktions-   **1.16** Relativkosten-Zahlen für Gestaltzonen
lösungen

Kreisflächendiagramme werden vielfach zur Veranschaulichung von Prozentwerten benutzt. Die Aufteilung der Kreisfläche in Sektoren geschieht auf dem Umfang. Der Kreisumfang entspricht dem Prozentwert 100. Die Prozentwerte können auch als Winkel abgetragen werden, wobei 100 % dem Winkel von 360° entsprechen.

Beispiel 28 % Elektrotechnische Erzeugnisse erfordern einen Winkel von $\dfrac{360° \cdot 28\%}{100\%} = 100,8°$

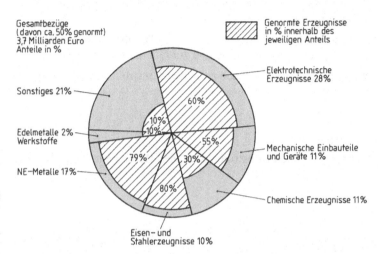

1.17 Anteil genormter Erzeugnisse an den Fremdbezügen eines weltweiten Konzerns

Sankeydiagramme dienen zur Darstellung der im Verlauf eines Prozesses umgesetzten Mengen z. B. an Wärme, Energie, Kosten, Zeiten. Ausgehend von einer Gesamtmenge, dargestellt als breiter Strom, werden die im Prozessverlauf umgesetzten Teilmengen als seitlich abzweigende bzw. einmündende Ab- oder Zuflüsse dargestellt. Die Breite der verschiedenen Ströme ist ein relatives Maß für die durch sie repräsentierten Mengen bzw. Teilmengen.

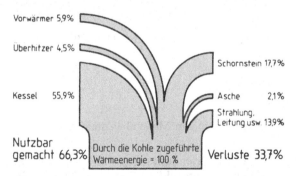

1.18 Wärmestrom in einem Zweiflammrohrkessel

1.6 Rechnerunterstütztes Zeichnen

1.6.1 Begriffe CAD-Systeme

Die traditionelle manuelle Erstellung von technischen Zeichnungen hat stark an Bedeutung verloren. Das rechnerunterstützte Konstruieren ist in der modernen Produktion üblich und geht weit über das Anfertigen einer technischen Zeichnung hinaus.

Digitale Daten der Entwicklungs- und Konstruktionsabteilung CAD gehen direkt in die Arbeitsplanung CAP, in die Fertigung und Montage CAM und zur Qualitätssicherung CAQ.

Eine technische Zeichnung zum Informationsaustausch zwischen Konstruktion und Fertigung ist eigentlich nicht mehr notwendig.

Begriffe

CAD – Computer Aided Drafting/Design

bezeichnet das rechnerunterstützte Zeichnen/Konstruieren mit den Bereichen:
- Entwicklung
- Konstruktion
- Technische Berechnung
- Zeichnungserstellung

CAP – Computer Aided Planning

bezeichnet die Rechnerunterstützung bei der Arbeitsplanung und beinhaltet die Bereiche:
- Arbeitsplanerstellung
- Betriebsmittelauswahl
- Fertigungs- und Montageanweisungen

CAM – Computer Aided Manufacturing

bezeichnet die Rechnerunterstützung bei der direkten Steuerung von Werkzeugmaschinen und die Überwachung von Betriebsmitteln im Fertigungsprozess und beinhaltet den Bereich:
- CNC-Programmierung

CAQ – Computer Aided Quality Assurance

bedeutet die Rechnerunterstützung bei der Planung und Durchführung der Qualitätssicherung mit den Bereichen:
- Prüfmerkmale
- Prüfvorschriften und -plänen
- Prüfprogramme für Mess- und Prüfverfahren

Eingesetzt werden heute zweidimensionale, in zunehmendem Maße aber dreidimensionale CAD-Systeme.

Die 2D-CAD-Systeme, man unterscheidet dabei linienorientiertes und flächenorientiertes Arbeiten bilden die einzelnen Ansichten unabhängig voneinander ab, jede Ansicht stellt ein eigenes Modell dar. Bei diesem *zeichnungsorientierten Prinzip* besteht keine automatische Anpassung in der Vorderansicht wenn z. B. in der Drauf- oder Seitenansicht die Geometrie verändert wird.

Die 2D-Systenme sind nicht assoziativ und die entstehende Zeichnung ist vergleichbar mit der Vorgehensweise bei einer konventionell hergestellten Zeichnung.

Beim flächenorientierten, zweidimensionalen CAD-System spielt die Ebenen- oder Folien-
technik eine wichtige Rolle. Verschiedene graphische Elemente wie zum Beispiel die Geometrie eines Bauteils, die Schraffur oder die Bemaßung werden jeweils einer einzelnen Ebene
oder Folie zugewiesen. Diese Ebenen können dann einzeln ein- oder ausgeblendet, verschoben und/oder gedreht werden. Die technische Zeichnung entsteht durch Übereinanderlegen
der einzelnen Ebenen, die Bemaßung wird wie bei der manuell erstellten technischen Zeichnung zum Schluss hinzugefügt.

Eine wesentliche Erleichterung gegenüber der manuellen Zeichnungserstellung ergibt sich
aus der Makro- und Variantentechnik.

2D-CAD-Systeme sind heutzutage noch bei einigen wenigen Anwendungsbereichen üblich:

– Bei der Zeichnungserstellung für Bauteile und/oder Baugruppen, die nur nach Zeichnung
   gefertigt werden, ohne weitere Nutzung der CAD-Dateien
– Bei Aufstellungsplänen für spezielle Anlagen und Ausstellungen die nur einmal verwendet
   werden
– Bei Schaltplänen für die Pneumatik, Hydraulik und Elektrotechnik
– Für Flussdiagramme

3D-CAD-Systeme ermöglichen eine rechnerische Beschreibung eines dreidimensionalen
Modells bei dem die Werkstückform eindeutig und vollständig ist.

Bei diesem *werkstückorientierten Prinzip* können aus dem 3D-Modell alle notwendigen
Informationen für die Produktentwicklung und -fertigung entnommen werden.

Vorteile eines 3D-CAD-Systems:

– Das Bauteil kann wegen der automatischen Generierung aus beliebigen Blickwinkeln
   betrachtet werden
– Die frühzeitige Fehlererkennung bei Bauteilen und Baugruppen nach Bewegungssimula-
   tionen und Belastungsanalysen ist noch in der Entwicklungsphase möglich
– Die Explosionsdarstellung von Baugruppen ermöglicht eine einfache Beschreibung der
   Montage und Demontageschritte
– Die Zeichnungs- und Stücklistenerstellung kann unmittelbar abgeleitet werden
– Die Produktpräsentation und Dokumentation kann einfach erstellt werden
– Die Herstellung eines Modells oder Prototyps nach der Rapid-Prototyping-Technologie
   kann in der Entwicklungsphase ebenfalls hilfreich sein, weil der Konstrukteur ein reales
   Bauteil erhält.

Ausstattung eines CAD-Arbeitsplatzes

Ein CAD-Arbeitsplatz besteht aus einem Rechner mit mindestens 1024 MB Arbeitsspeicher
und einer schnellen Grafikkarte.

Als Eingabegeräte wird die Tastatur zur alphanummerischen Eingabe und für die Bewegung
des Cursors eine „3D-Tasten-Maus mit Rollrad" verwendet. Eine komfortablere Lösung stellt
eine „Spacemouse" dar. Diese ermöglicht über eine zusätzliche Tastenbelegung von häufig
verwendeten Befehlen die schnellere Bedienbarkeit von CAD-Programmen.

Als Ausgabegeräte wird ein großformatiger Bildschirm mit Bildschirmdiagonale 20" und
einer Auflösung von mindestens 1600×1200 Pixel und einer hohen Bildwiederholfrequenz
z. B. 70 Hz empfohlen. Zur Dokumentation der CAD-Daten auf Papier werden Plotter und
Drucker verwendet.

Nach der Bauart werden Trommel- und Flachbettplotter unterschieden, wobei Trommelplotter
bei großen Formaten wegen des geringen Platzbedarfs wesentlich günstiger sind.

Um die erstellte Datenmenge in den Betrieben fachgerecht verwalten zu können, ist die Nutzung von Datenmanagementsystemen unerlässlich geworden. Bei den Datenmanagementsystemen wird bei vernetzten Rechnern z. B. die Zugangs- und Abänderungsberechtigung zu Modell- und Zeichnungsdateien festgelegt oder es wird durch automatisiert konfigurierte Löschvorgänge die Aktualität der Daten gepflegt und bei Entwicklungsprozessen entstandener Datenmüll beseitigt.

Die Archivierung erfolgt auf zentralen Plattensystemen oder Magnetbändern.

CAD-System		
Hardware		Software
leistungsfähiger Rechner		Betriebssystem
Eingabegerät:	**Ausgabegerät:**	CAD-Basissoftware
Tastatur:	Bildschirm:	
Maus:	Plotter:	CAD-Anwendersoftware CAD-Anwendungsmodule
3D-Maus:	Drucker:	

1.19 Komponenten eines CAD-Systems

1.6.2 CAD-Arbeitstechniken

Grundlagen zur Benutzeroberfläche

Die wesentlichen Grundlagen eines 3D-CAD-Systems werden am Leitbeispiel Maltesergetriebe, die in der taktgebundenen Fördertechnik eingesetzt werden, beschrieben, **1.31**. An der Antriebswelle (Pos. 3) mit dem Bolzen (Pos. 6) sind sechs Umdrehungen notwendig damit das Malteserrad (Pos. 5) auf der Abtriebswelle (Pos. 4) eine Umdrehung ausführt. Die meisten Benutzeroberflächen von 3D-CAD Programmherstellern sind ähnliche aufgebaut. Die grundsätzliche Struktur einer Benutzeroberfläche soll exemplarisch an dem 3D-Programm „Inventor" von der Firma Autodesk beschrieben werden und ist auf andere Softwarehersteller übertragbar.

Dem Anwender wird auf der Benutzeroberfläche ein Werkzeugkasten mit den erforderlichen Werkzeugen („tools") zur Verfügung gestellt. Diese Werkzeuge stellen Befehle und Funktionalitäten dar, die für das Erstellen von Skizzen, Modellen, Baugruppen, Präsentationen, Zeichnungsableitungen sowie zur Nachbearbeitung von Zeichnungen benötigt werden.

Hier gibt es bei den CAD-Softwareherstellern viele Ähnlichkeiten.

Neben dem Werkzeugkasten gibt es einen Browser, **1.20**, in dem die Entstehungsgeschichte des Bauteils, der Baugruppe oder der Zeichnung aufgezeichnet wird. Über den Browser lässt sich die Vorgehensweise beim Modellieren eines Bauteils rekonstruieren. Außerdem lassen sich über den Browser an bestehenden Skizzen und am bestehenden Modell Änderungen vornehmen.

Konstruktionsmethodik

Bei der Erstellung einer Baugruppe wie das Maltesergetriebe gibt es zwei unterschiedliche Vorgehensweisen in der Konstruktionstechnik.

- Bei der **Bottom-Up-Methode** werden beim Erstellen einer Baugruppe und der Zeichnungen zunächst einmal die Einzelteilmodelle z. B. Gehäuse, Antriebswelle und Malteserrad erstellt. Bei diesem Anwendungsfall sind die Abmessungen und Formen der Einzelteile bekannt. Anschließend erstellt man von den vorhandenen Einzelteilmodellen das Baugruppenmodell sowie die Zeichnungsansichten der Einzelteilzeichnungen und der Baugruppe nach der Projektionsmethode 1. Notwendige Zeichnungsnachbearbeitungen bei den Einzelteilzeichnungen sind Schnittdarstellungen, Bemaßung, Oberflächeneintragungen und Wortangaben.

  Bei abgeleiteten Baugruppenzeichnungen werden Zeichnungsnachbearbeitungen in der Schnittdarstellung, Positionsnummernvergabe und das generieren von dazugehörigen Stücklisten erforderlich.

- Bei der **Top-Down-Methode** sind die Abmessungen und die Form der Einzelteile des Maltesergetriebes noch nicht bekannt. Bei diesem Anwendungsfall würde für die zu konzipierende Baugruppe Maltesergetriebe eine bereits bestehende Baugruppe von einer Förderanlage vorliegen. Der Konstrukteur erhält den Arbeitsauftrag ein solches Maltesergetriebe an die bereits bestehende Förderanlage anzupassen. Die Maße und die Form der Einzelteilmodelle z. B. Durchmesser der Abtriebswelle oder Antriebswelle für das Maltesergetriebe werden am Bildschirm an der bestehenden Baugruppe Förderanlage abgenommen.

  Aufgezeigt wird die Vorgehensweise dieser Methode an der Baugruppe Maltesergetriebe an der Abnahme der äußeren Maße für das Einzelteil Gehäusedeckel. Einzelteilmodelle, die nach dieser Methode hergestellt werden, sind adaptiv.

1.6.3 Erstellung von Einzelteilmodellen

Die Erstellung von Einzelteilmodellen erfolgt über einen Wechsel beim Bearbeiten vom **Skizziermodus** in den **Modelliermodus**.

Skizziermodus

Im ersten Schritt erstellt man eine Skizze auf einer 2D-Ebene. Jeder Skizzierpunkt im dreidimensionalen Raum lässt sich über ein kartesisches Koordinatensystem mit den Achsen x, y und z bezogen auf den gemeinsamen Schnittpunkt der Achsen zum CAD-Koordinatenursprung definieren. Außerdem lassen sich an diesen kartesischen Achsen drei Ebenen (x,y), (y,z) und (x,z) aufspannen.

Browser	Ursprungselemente des 3D-Systems
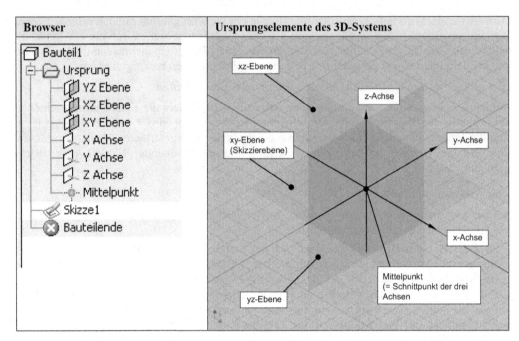	

1.20 Ursprungselemente des 3D-Systems

Über den Browser lassen sich Ursprungspunkt sowie die Achsen und Ebenen sichtbar machen.

Beim Erstellen der ersten Skizze steht zunächst die x,y Ebene mit der x- und y-Achse und dem Ursprung zur Verfügung.

Für die späteren Beschreibungen soll erwähnt werden, dass die Skizzierebene x,y in 4 Quadranten aufgeteilt wird, **1.21**.

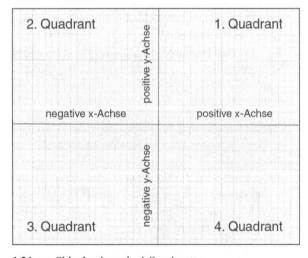

1.21 xy-Skizzierebene in 4 Quadranten

Skizzierbefehle

Bei einem 3D-Programm spricht man deshalb vom Skizzieren, weil zunächst nur die Konturform ohne Maßangaben erstellt wird. Die Konturformen werden als Rechtecke, Kreise oder Mehrkante ausgeführt oder lassen sich mit Hilfe der Skizzierbefehle, „Rechteck", „Kreis", „Mehrkant" und „Linien" zur Kontur zusammensetzen, **1.22**.

Daher sind im Werkzeugkasten einer Vorlagedatei zur Konturerstellung von Einzelteilen die beschriebenen Skizzierbefehle unbedingt erforderlich.

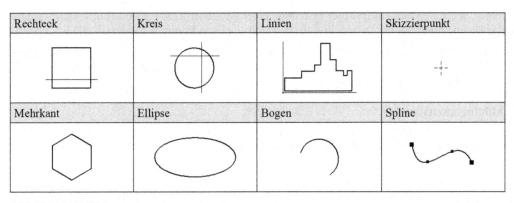

1.22 Skizzierbefehle

Das Modellieren einer Bohrung ist allerdings erst dann möglich, wenn zuvor ein Volumenmodell erstellt wurde. Ellipse, Bogen (definiert über drei Punkte) und Spline (Freihandlinie) seien hier nur der Vollständigkeit wegen genannt.

Der Spline ist für Sonderfälle, wie das Anpassen einer Freiformfläche an eine andere von Bedeutung bzw. als Skizzierbefehl bei einer späteren Teilschnitterstellung bei Zeichnungen wichtig. Eine Freihandlinie wird über das Setzen von mehreren Stützpunkten definiert. Ansonsten kommt diesem Konturbefehl eher eine geringe Bedeutung zu.

Bearbeitungsbefehle

Da sich Bauteilkonturen aus den beschrieben Konturbefehlen zusammensetzen ist es unerlässlich, dass Linien gestutzt oder gedehnt werden können. Diese elementaren Bearbeitungsbefehle (Abänderungsbefehle) wie Stutzen und Dehnen dürfen daher bei einem CAD-System nicht

Begriff	Erklärung	Vorher	Nachher
Stutzen	Konturlinie zwischen zwei Schnittstellen zu einer anderen Konturlinie stutzen		
Dehnen	Konturlinie zwischen zwei Schnittstellen zu einer anderen Konturlinie dehnen		
Drehen	Eine Kontur um einen definierten Winkel drehen		
Versatz	Eine bereits bestehende Konturlinie nicht erneut zeichnen, sondern um ein Maß versetzen		

1.23 Bearbeitungsbefehle

1

fehlen und sollen hier am Beispiel Erstellung einer Passfeder bzw. Passfedernut erklärt werden. Die Bearbeitungsbefehle Drehen und Versatz sind an einem Formteil dargestellt, **1.23**.

Im Skizziermodus gibt es noch weitere elementare Bearbeitungsbefehle bzw. Abänderungsbefehle von bestehenden Konturen, wie z. B. Abrunden, Fasen, Spiegeln, Rechteckige Anordnung und Runde Anordnung.

Abhängigkeitsbefehle

Nach dem Skizzieren lässt sich durch die Vergabe von Abhängigkeitsbefehlen die Kontur genauer in ihrer Lage zum Koordinatensystem oder der Skizzierelemente zueinander definieren.

Zum einen ist es zu empfehlen, dass vor allem symmetrische und rotationssymmetrische Bauteile an das CAD-Koordinatensystem mit Hilfe von Abhängigkeitsbefehlen angebunden werden. Für spätere Modellierschritte oder für das Einfügen der Einzelmodelle in einem Baugruppenmodell lassen sich so jederzeit die Ebenen, Achsen und der Ursprung einblenden und nutzen.

Damit kann mit Hilfe von Abhängigkeitsbefehlen die Kontur eines Bauteils genauer definiert werden.

In **1.24** sind die zur Verfügung stehenden Abhängigkeitsbefehle zusammengestellt.

Außerdem soll anhand der Skizzierelemente einer Passfeder bzw. Passfedernut die Entstehung und Anbindung an den Koordinatenursprung vollständig aufgezeigt werden.

Abhängigkeit	Erklärung	Vorher	Nachher
	Lotrecht Linien rechtwinklig (orthogonal) zueinander angeordnet		
	Parallel Linien parallel zueinander angeordnet		
	Konzentrisch Kreise werden über die Auswahl der Umfangskanten so angeordnet, dass der gleiche Mittelpunkt vorliegt.		

Fortsetzung s. nächste Seite.

Abhängigkeit	Erklärung	Vorher	Nachher
	Koinzident Ein Punkt von einer Kontur auf einen anderen Konturpunkt oder -linie legen. Kreis wird an die x- und y-Achse angebunden.		
	Symmetrisch Konturlinien erhalten bezogen auf eine Achse den gleichen Abstand. Rechteck wird symmetrisch zur x- und y-Achse ausgerichtet.		
	Kollinear Eine Konturlinie wird auf eine andere Konturlinie gelegt. Bei der Antriebswelle (Pos. 3) wird die Konturhälfte an die x-Achse und die yz-Ebene angebunden.		
	Gleich Zwei Konturelemente (Kreise) erhalten die gleiche Größe.		
	Horizontal oder Vertikal Konturen lassen sich so ausrichten, dass diese zueinander horizontal liegen.		
	Tangential Im Beispiel wird die Konturlinie eines gezeichneten Rechteckes tangential zum Kreis vergeben.		

1.24 Abhängigkeitsbefehle

Erklärung	Vorher	Nachher
Abhängigkeitsbefehl: Koinzident		
Bearbeitungsbefehl: Stutzen der überflüssigen Kanten		
Abhängigkeitsbefehl: Koinzident um die Passfeder an den Ursprung anzubinden		

1.25 Nutzung von Abhängigkeitsbefehl und Bearbeitungsbefehl

Bemaßung der erstellten Skizze

Nach dem die Kontur über Abhängigkeitsbefehle in der Lage zum Koordinatensystem und der Zeichenelemente zueinander definiert wurden folgt das Bemaßen der Kontur.

Erst bei diesem Schritt wird nun die skizzierte Kontur mit den entsprechenden Maßen in die entsprechende Größe gezogen. Bei 2D-Programmen wird die Kontur mit den entsprechenden Längenangaben gezeichnet.

Bei 3D-Programmen spricht man im Gegensatz zu 2D-Programmen von einer parametrischen Bemaßung, das heißt, dass jeder vorgenommenen Maßeintragung ein Parameter z. B. d0, d1, d2, … zugeordnet wird. Die Zuordnung von Parameter und Maß lässt sich in einer Parameterliste einsehen.

1.26 zeigt die Vorgehensweise bei der Bemaßung am Beispiel eines prismatischen Bauteils und eines Drehteils.

Bauteil	Erklärungen der Ausgangssituation	Vorher	Nachher
Prismatische Bauteile Passfeder (Pos. 10)	Die Kontur der Passfeder bzw. der Passfedernut ist mit Hilfe der Abhängigkeitsbefehle vollständig bestimmt.		
Drehteile Antriebswelle (Pos. 3)	Die Kontur der Antriebswelle ist mit Hilfe der Abhängigkeitsbefehle an den Ursprung angebunden.		

1.26 Bemaßungsbeispiele im Skizziermodus auf der xy-Ebene

Zusammenfassend lässt sich das Erstellen von Skizzen an einem 3D-System in vier Arbeitsschritte unterteilen:

1. Skizzieren und Bearbeiten (Abändern) einer Kontur auf einer Ebene die von 2 Achsen des kartesischen Koordinatensystems aufgespannt wird
2. Über Abhängigkeiten die Kontur an den Ursprung anbinden bzw. die Skizzierelemente einer Kontur zueinander festlegen
3. Kontur vollständig bemaßen
4. Wechsel zum Modelliermodus durch Beenden des Skizziermodus

Modelliermodus

Nachdem die skizzierte Kontur in der Form, der Lage und im Maß eindeutig festgelegt ist, wird vom Skizziermodus zum Modelliermodus gewechselt. Im Modelliermodus geht es darum aus der erstellten 2D-Kontur nun einen räumlichen Körper zu generieren. Für ein erfolgreiches Modellieren eines Volumenkörpers ist eine geschlossene Kontur aus dem Skizziermodus erforderlich.

Es gibt zwei Modellierbefehle. Beim ersten der Modelliergrundbefehle geht es darum, einer auf der xy-Fläche skizzierten Kontur eine Höhe zu geben, man bezeichnet dies als „extrudieren".

Beim zweiten wird die zur Hälfte auf der xy-Fläche gezeichnete Außenkontur um die Längsachse gedreht. Dieses Vorgehen wird als „Rotation" oder auch „Drehung" einer 2D-Kontur bezeichnet.

Beide Modelliergrundbefehle sind in **1.27** dargestellt.

Bauteil	Vorher Wechsel vom Skizziermodus zum Modelliermodus	Nachher Modellieren mit typischen Modellierbefehlen im Modelliermodus
Extrusion Gehäuse (Pos. 1)		
Drehung bzw. Rotation Antriebswelle (Pos. 3)		

1.27 Modelliergrundbefehle

1

Bearbeitungsbefehle (Manipulationsfunktionen) im Modelliermodus

Weitere Modellierbefehle die häufig vorkommen, sind Bohrungen, Grundlochbohrungen, zylindrische oder konische Senkungsbohrungen, Gewindegrundlochbohrungen und Gewindedurchgangsbohrungen. Die Erstellung von Bohrungen soll am Gehäuse (Pos. 1) und Gehäusedeckel (Pos. 2) gezeigt werden.

Voraussetzungen für den Modelliermodus ist es, dass im Skizziermodus die Lage der Bohrungsachsenkreuze genau festgelegt wurde. Zu der Darstellung von Gewindebohrungen sei erwähnt, dass diese nur in Form einer fotografischen Tapete (Fläche) auf die Bohrungswand gelegt wird. Das heißt Gewindegänge werden nicht reell herausmodelliert.

Regelmäßig wiederholende Konturen, die rund oder rechteckig angeordnet sind, können über entsprechende Bearbeitungsbefehle zeitsparend modelliert werden. Die Bearbeitungsbefehle rechteckige Anordnung und Spiegeln werden am Gehäuse (Pos. 1) aufgezeigt, **1.28**.

Modellier-Befehle	Vorher	Nachher
Bohrung Senkung für Zylinderschraube am Gehäusedeckel (Pos. 2)		
Rechteckige Anordnung Erste Gewindebohrung mit Skizzierpunkt und Modellierbefehl Bohrung erstellt. Weitere Gewindebohrungen durch rechteckige Anordnungen		
Spiegeln Gewindebohrungen auf der anderen Gehäuseseite durch Spiegeln an der Mittelebene des Gehäuses (Pos. 1)		

1.28 Weitere Bearbeitungsbefehle im Modelliermodus

Darstellungsarten von Modellen

Die erzeugten Modelle lassen sich in drei verschiedene Arten darstellen:

Volumenmodell	Flächenmodell	Kantenmodell bzw. Draht-modell
Das Modell entsteht durch Zusammenfügen einzelner Körper.	Das Modell wird durch Mantel-, Grund- und Deckfläche beschrieben.	Das Modell wird durch Körperkanten definiert.

1.29 Darstellungsarten der Antriebswelle (Pos. 3)

Dem Volumenmodell kommt in der Praxis die größte Bedeutung zu.

Zusätzliche Arbeitsebenen

Bei der Erstellung der Passfedernut am Drehteil Antriebswelle (Pos. 3) ist es notwendig eine zusätzliche Arbeitsebene auf dem Kreisumfang als Skizzierebene zu definieren.

Diese Arbeitsebene wurde parallel im Bezug auf die xy-Ursprungsskizzierebene mit dem Versatz des Radienmaßes am Wellenabschnitt aufgespannt.

Grundsätzlich gibt es noch weitere Möglichkeiten Arbeitsebenen im Raum zu definieren, z. B. kann man Arbeitsebenen zwischen 3 Punkten oder 2 Achsen aufspannen.

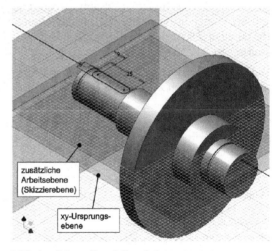

1.30 Antriebswelle mit Passfedernut

Features-Technologie

Für häufig verwendete Modellkonturen wie z. B. Passfedernuten, spezielle Lochbilder, Senkungen oder Freistiche empfiehlt es sich eine eigene Bibliothek anzulegen.

Die Bereitstellung häufig verwendeter Modelle vereinfacht und beschleunigt die Geometriemodellierung.

Außer Formfeatures sind auch Fertigungsfeatures üblich. Diese beinhalten Informationen zu den Fertigungsschritten, z. B. Nutfräsen, Bohren, Senken usw.

1.6.4 Erstellung von Baugruppenmodellen

Eine Baugruppe lässt sich unter der entsprechenden Vorlagedatei mit entsprechenden Werkzeugen aus den erstellten Einzelmodellen und Normteilmodellen zusammenbauen. Normteilmodelle von Wälzlagern (Pos. 9), Radialwellendichtring (Pos. 14), Sicherungsringe (Pos. 12), Zylinderschrauben mit Innnensechskant (Pos. 13) und Passfedern (Pos. 10) können über eine Normteilbibliothek der CAD-Programme aufgerufen und eingesetzt werden. Andere Zukaufteile von Normalienherstellern wie z.B. Norelem oder Hasco werden im entsprechenden CAD-Dateiformat zur Verfügung gestellt.

Die Einzelteilmodelle müssen dazu als Einzelkomponenten in der Baugruppenvorlage aufgerufen werden. Die zuerst aufgerufene Einzelteilkomponente wird als fixiertes Modell im Raum abgelegt. Ein weiteres Einzelteilmodell wird ebenfalls in der Baugruppenvorlage aufgerufen. Dieses Einzelteilmodell muss nun in seinen Bewegungsmöglichkeiten in Bezug zu dem im Raum fixierten Bauteilmodell eingeschränkt werden.

Es gilt dabei folgenden 6 Bewegungsmöglichkeiten (Freiheitsgrade) im 3D-Raum einzuschränken:

- Insgesamt 3 lineare Bewegungsmöglichkeiten, jeweils in x-, y-, z-Richtung
- Insgesamt 3 Drehbewegungen, jeweils um die x-, y- und z-Achse

Dazu gibt es spezielle Abhängigkeitsbefehle, um diese Bewegungsmöglichkeiten vollständig einzuschränken. Offene Freiheitsgrade (Bewegungsmöglichkeiten) lassen sich zur Kontrolle anzeigen. Außerdem lassen sich die Bauteile in Bezug auf das andere Bauteil noch reell bewegen.

Am Beispiel des kompletten Zusammenbaus einer einfachen Plattenverbindung mit Schraube soll die Vorgehensweise bei der Einschränkung der Freiheitsgrade dargestellt werden. Diese Beschreibung lässt sich auf die Vorgehensweise beim Zusammenbau der gesamten Baugruppe übertragen.

Die Befehle *Passend*, *Einfügen*, *Winkel* und Tangential stehen zur Verfügung. Wie am Beispiel gezeigt, lassen sich zwischen 2 Bauteilen alle 6 Freiheitsgrade nur über mehrere Abhängig-

Aufgabenstellung	Abhängig-keitsbefehl	Vorher	Nachher
Die Deckplatte mit Senkung für Zylinderschraube soll zur Grundplatte mit Gewindebohrung in allen Freiheitsgraden eingeschränkt werden.	**Passend** Grundfläche Deckplatte zur Deckfläche Grundplatte ausrichten.		

Fortsetzung s. nächste Seite.

Aufgabenstellung	Abhängig-keitsbefehl	Vorher	Nachher
	Passend Mittelebene der Deckplatte zur Mittelebene Grundplatte ausrichten		
	Passend Weitere Mittelebene der Deckplatte zur Mittelebene Grundplatte ausrichten		
Die Zylinderschraube soll in der Lage eindeutig zu der erstellten Baugruppe Deckplatte und Grundplatte definiert werden.	**Einfügen** Zylinderschraube zur Senkung für Zylinderschraube festlegen		
	Winkel Arbeitsebene Schraube zur Mittelebene Baugruppe ausrichten.		

1.31 Befehle um Bewegungsmöglichkeiten einzuschränken am Beispiel einer einfachen Schrauben-verbindung

keitsbefehle einschränken. Zwischen Grundplatte und Deckplatte sind zur eindeutigen Lagebestimmung bei der Anwendung des Befehls *Passend* zwischen 2 Flächen 3 Schritte erforderlich.

Zwischen der Schraube und der nun räumlichen fixierten Baugruppe Deckplatte und Grundplatte ist zur eindeutigen Lagebestimmung über den Befehl *Einfügen* von der Kreiskontur Schraube zur Kreiskontur Durchgangsbohrung nur noch der Befehl *Winkel* erforderlich.

1.6.5 Baugruppen-, Einzelteilzeichnung

Bei Zeichnungsableitungen sind häufig folgende Nachbearbeitungen erforderlich:

- Arbeitsblattformate auswählen
- Symmetrielinien setzen
- Schnittdarstellungen erzeugen
- über Skizzierbefehle abgeleitete Zeichnungen abändern

- Bemaßung anbringen
- Positionsnummern eintragen
- Stücklisten generieren und anpassen

1	2	3	4	5	6
Pos.	Menge	Einh.	Benennung	Sachnummer/ Norm - Kurzbezeichnung	Bemerkung
1	1	Stk	Gehäuse		EN-GJS-350-22
2	1	Stk	Gehäusedeckel		EN-GJS-350-22
3	1	Stk	Antriebswelle		S275JR
4	1	Stk	Abtriebswelle		S275JR
5	1	Stk	Malteserrad		CuSn8
6	1	Stk	Bolzen		34CrMo4
7	1	Stk	Scheibe		CuSn8
8	1	Stk	Walze		34CrMo4
9	4	Stk	Rillenkugellager	DIN 625 - 6005 - 25 x 47 x 12	
10	1	Stk	Passfeder	DIN 6885 - A - 8 x 7 x 25	
11	1	Stk	Sicherungsring	DIN 471 - 8 x0,8	
12	1	Stk	Sicherungsring	DIN 471 - 25 x 1,2	
13	10	Stk	Zylinderschraube	ISO 4762 - M5 x 12	8.8
14	1	Stk	RWDR	DIN 3760 - AS - 25 x 40 x 7	NBR

Verantwortl Abtlg.	Technische Referenz	Erstellt durch	Genehmigt von		
		Dokumentenart **Stückliste**		Dokumentenstatus	
		Titel, Zusätzlicher Titel **Maltesergetriebe (Taktgetriebe)**		Änd. Ausgabedatum	Spr. Blatt

1.32 Stückliste Maltesergetriebe

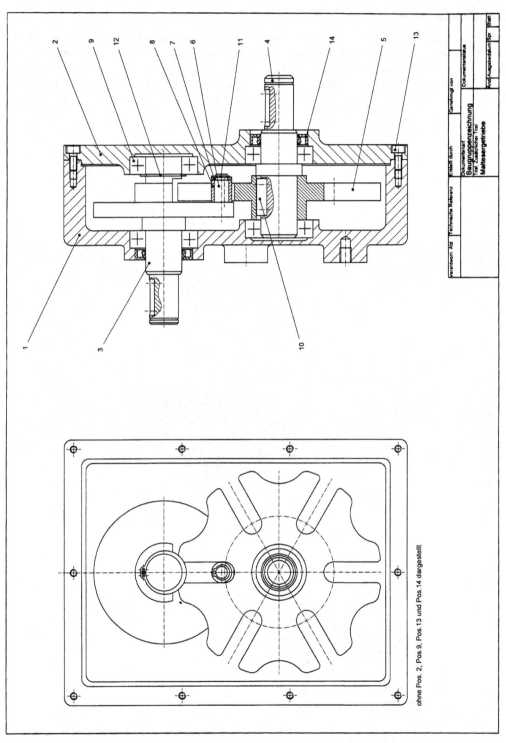

1.33 Abgeleitete Baugruppe Maltesergetriebe

Explosionsdarstellung

Explosionsdarstellungen von Baugruppen erleichtern das Verständnis für das Zusammenwirken der einzelnen Bauteile. Sie bilden die Grundlage für Montage- und Demontagebeschreibungen. Explosionsdarstellungen werden zunächst in einer Modellvorlage erstellt, bei der die Reihenfolge der Montage- bzw. Demontageschritte in Simulationssequenzen festgelegt wird.

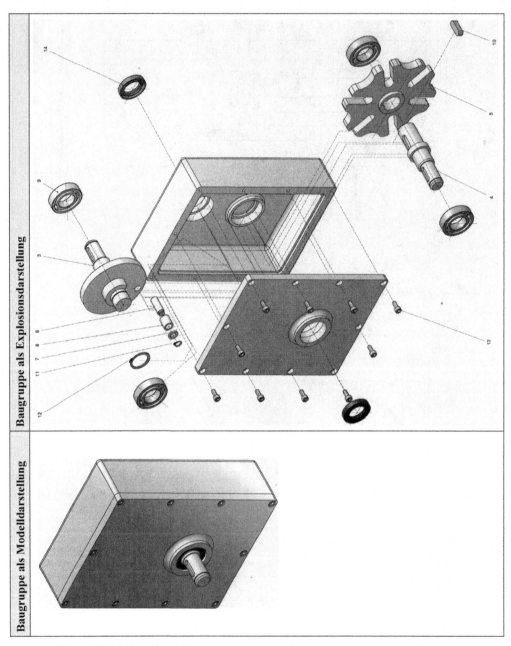

1.34 Modell- und Explosionsdarstellung

Modellerstellung und Zeichnungsableitung

Am Beispiel Malteserrad (Pos. 5) soll die Vorgehensweise bei der Modellerstellung und der Zeichnungsableitung aufgezeigt werden.

In **1.35** ist die Modellerstellung durch die Browseraufzeichnung dokumentiert.

Bei der angelegten Pfadstruktur im Browser ist ersichtlich, dass am Anfang jedem *Extrusionsschritt* ein *Skizzierschritt* untergeordnet wurde.

Bei dem Bearbeitungsschritt *Runde Anordnung* wurde die angewählte Extrusion untergeordnet. Bei den Bearbeitungsbefehlen *Rundung* und *Fase* ist im Browser keine Skizze zugeordnet, da diese ohne Skizziermodus direkt im Modelliermodus erstellt werden kann.

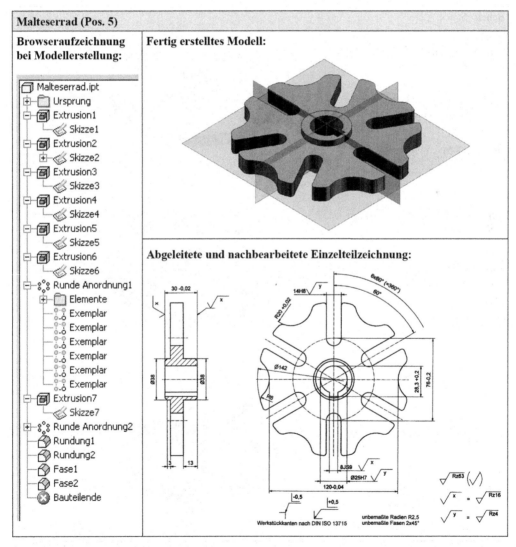

Malteserrad (Pos. 5)

Browseraufzeichnung bei Modellerstellung:

Fertig erstelltes Modell:

Abgeleitete und nachbearbeitete Einzelteilzeichnung:

1.35 Modellerstellung und Zeichnungsableitung

1

Beschreibung	Bildliche Darstellung
Schritt 1 bis 4: Skizziermodus: Kreisbefehl, Bezug zum CAD-Ursprung Alternative: Modellerstellung mit Befehl „Drehung" (Extrusion 1–4)	
Schritt 5: Skizziermodus: – Rechteck- und Kreis- befehl – Abhängigkeitsbefehl – Symmetrie zur Ebene – Bearbeitungsbefehl – Stutzen (Extrusion 5)	
Schritt 6: Skizziermodus: – Nutskizzieren Modelliermodus: – Nutkontur vom Volu- menmodell abziehen (Extrusion 6)	

Schritt 7:
 	
Modelliermodus:
– Runde Anordnung
  Sechs gleiche Nuten
  erzeugen	

Fortsetzung s. nächste Seite.

Beschreibung	Bildliche Darstellung
Schritt 8 und 9: Bei der Ausrundung am Umfang analoge Vorgehensweise wie im Schritt 6 und 7	

Schritt 10 bis 13:
 	
Modelliermodus:
– Rundung
   Übergang Ausrundung –
   Zylindermantel
– Fase	

Schritt 14: Zeichnungsableitung. Nachbearbeitet werden: – Symmetrielinien – Schnittdarstellung – Bemaßung – Skizzierbefehle	

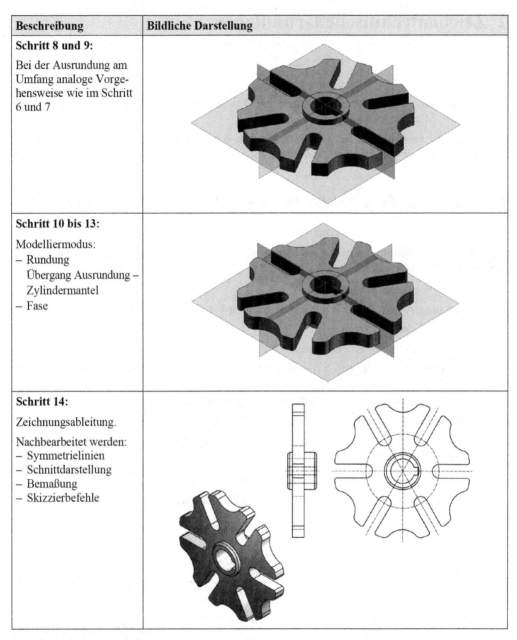

1.36 Beispielhafte Modellerstellung und Zeichnungsableitung

2 Zeichentechnische Grundlagen

Technische Zeichnungen sind Unterlagen und Darstellungen für Planung, Fertigung und Aufbau bzw. Montage technischer Anlagen.

Um allgemein verständlich zu sein, müssen Rahmenbedingungen und Symbole beachtet werden, die in einer Vielzahl von Normen beschrieben bzw. festgelegt sind.

2.1 Zeichnungsformate, Zeichnungsvordrucke

Die DIN EN ISO 216 legt die Papier-Endformate für technische Zeichnungen fest.

Ziel ist es, die Zeichnungsformate auf eine sinnvolle Auswahl zu begrenzen, dies geschieht durch folgende Grundsätze:

1. Metrische Formatanordnung

   Das Ausgangsformat A0 ist ein Rechteck mit der Fläche

   $A = X \cdot Y = 1 \text{ m}^2$

2. Formatentwicklung durch Halbieren

   Durch Halbieren der langen Seite des Ausgangformats A0 entsteht die nächstkleinere Blattgröße A1.

   Die Flächen zweier aufeinander folgender Formate verhalten sich wie 2 : 1.

3. Ähnlichkeit der Formate

   Die Seiten X und Y der Formate verhalten sich zu einander wie die Seite eines Quadrates zu dessen Diagonale.

Für die Seiten eines Formates ergibt sich die Gleichung $X : Y = 1 : \sqrt{2}$.

Mit dieser Gleichung erhält man die Seitenlängen des Ausgangsformates A0 zu $X = 841$ mm und $Y = 1189$ mm.

Tabelle 2.1 Zeichnungsformate

Bezeichnung	beschnitten		Zeichenfläche		unbeschnitten	
A0	841	1189	821	1159	880	1230
A1	594	841	574	811	625	880
A2	420	594	400	564	450	625
A3	297	420	277	390	330	450
A4	210	297	180	277	240	330

Technische Zeichnungen werden hauptsächlich in den Formaten der Reihe A erstellt.

In den Formaten der Zusatzreihen B und C werden Briefumschläge, Aktendeckel, Mappen usw. hergestellt also Erzeugnisse zur Aufnahme von Formaten der Reihe A.

U. Kurz, H. Wittel, *Konstruktives Zeichnen Maschinenbau*,
DOI 10.1007/978-3-658-17257-2_2, © Springer Fachmedien Wiesbaden GmbH 2017

Zeichnungsvordrucke

In der DIN EN ISO 5457 sind die Zeichnungsvordrucke nach Formaten und Gestaltung für manuell und rechnerunterstützt erstellte Zeichnungen festgelegt.

Das Format A4 wird hauptsächlich als Hochformat, alle anderen Formate im Querformat verwendet.

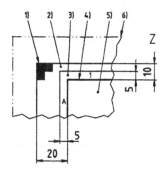

1) Schneide-Kennzeichen
2) beschnittenes Format
3) Feldeingangs-Rahmen
4) Rahmen der Zeichenfläche
5) Zeichenfläche
6) unbeschnittenes Format

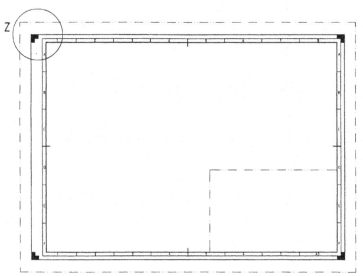

2.1 Zeichnungsvordruck A3 unbeschnitten, Bezeichnung der Ränder

Ein Zeichenblatt besteht aus der Zeichenfläche, einem Schriftfeld und dem Blattrand.

2.2 Schriftfeld, Stücklisten

Die DIN EN ISO 7200 enthält alle Gestaltungsangaben für ein Schriftfeld. In festgelegten Feldern, unterschiedlicher Größe werden organisatorische Daten eingetragen.

Das Schriftfeld enthält Angaben wie Zeichnungseigentümer, Zeichnungsname, Sachnummer, Ausgabedatum, Ersteller und Prüfer.

Zeichnungsspezifische Angaben wie z. B. Maßstab, Projektionssymbol, Toleranzen und Oberflächenangaben werden neben dem Schriftfeld auf dem Zeichnungsvordruck angegeben.

Die Gesamtbreite des Schriftfeldes beträgt 180 mm, die Höhe 36 mm.

Verantwortl. Abtlg.	Technische Referenz	Erstellt durch		Genehmigt von	
MB 235 ⑪	Klaus Müller ⑫	Ralph Emmrich ⑬		Fritz Schulz ⑭	⑮
Maier AG ①		**Dokumentenart**		**Dokumentenstatus**	
Esslingen		Zusammenbauzeichnung ⑨		freigegeben ⑩	
		Titel, Zusätzlicher Titel		A 229-05500-009 ④	
		② ③		**Änd.**	**Ausgabedatum**	**Spr.**	**Blatt**
		Maltesergetriebe		⑤	⑥	⑦	⑧
				A	2007-10-29	de	1/3

2.2 Beispiel für ein Schriftfeld

Feld-Nr.	Feldname	Höchstzahl der Zeichen	Feldbezeichnung		Feldmaße (mm)	
			erforderlich	optional	Breite	Höhe
①	Eigentümer der Zeichnung	nicht festgelegt	ja	–	69	27
②	Titel	25	ja	–	60	18
③	Zusätzlicher Titel	25	–	ja	60	
④	Sachnummer	16	ja	–	51	
⑤	Änderungsindex	2	–	ja	7	
⑥	Ausgabedatum der Zeichnung	10	ja	–	25	
⑦	Sprachenzeichen (de = deutsch)	4	–	ja	10	
⑧	Blatt-Nummer und Anzahl der Blätter	4	–	ja	9	
⑨	Dokumentenart	30	ja	–	60	9
⑩	Dokumentenstatus	20	–	ja	51	
⑪	Verantwortliche Abteilung	10	–	ja	26	
⑫	Technische Referenz	20	–	ja	43	
⑬	Zeichnungsersteller	20	ja	–	43	
⑭	Genehmigende Person	20	ja	–	43	
⑮	Klassifikation/Schlüsselwörter	nicht festgelegt	–	ja	24	

2.3 Erläuterungen und mögliche Feldmaße

Stücklisten

In der Stückliste sind die Einzelteile einer Baugruppe oder eines ganzen Erzeugnisses zusammengestellt.

Stücklisten können direkt über dem Schriftfeld auf der Zeichnung oder aber als lose Stückliste auf DIN A4-Format erstellt werden.

Die separate Stückliste wird heute, bedingt durch die Datenverarbeitung, häufiger eingesetzt.

Nach DIN 6771-2 unterscheidet man zwei Stücklistenformen. Beide Stücklistenfelder sind über dem Schriftfeld nach DIN EN ISO 7200 angeordnet, die Form A in A4-Querformat nach DIN 476 und die Form B in A4-Querformat nach DIN EN ISO 216.

Die Ausführung der Form B ist um die Spalten (6) Werkstoff und (7) Gewicht kg/Einheit erweitert.

Die Feldmaße betragen a = 4,25 mm, b = 2,6 mm.

2

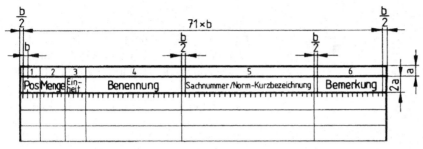

2.4 Stückliste Form A

In der Stückliste erhält jede Eintragung eine Positionsnummer, Normteile werden am Schluss angegeben.

Die Stückzahl der Teile ergibt sich aus der zugehörenden Zeichnung, in der Spalte „Einheit" wird im Allgemeinen „Stück" eingetragen.

Die Benennung der Teile wird immer in der Einzahl angegeben, die Spalte „Bemerkungen" ist für ergänzende Angaben vorgesehen. In der Spalte „Sach-Nr./Norm-Kurzbezeichnung" wird eine identifizierende Bezeichnung eines Teils z. B. Zeichnungsnummer oder Abmessung eingetragen.

Die DIN 199-1 gibt einen Überblick über die Begriffe für Stücklisten, für Listen aus Stücklisten und für den Stücklisteninhalt, siehe Tabelle 1.3.

Faltung auf DIN-Format A4

Zum Transport bzw. zur Aufbewahrung in Mappen, Aktendeckel und Heften werden Zeichnungen nach DIN 824 auf das Format A4 gefaltet.

Das Falten größerer Formate als A1 sollte vermieden werden.

Format	Faltungsschema	Erst längs falten	Dann quer falten
A1 594 × 841	105 2 1 5 4 3 297 297 210 190 190 Zwischenfalte	20 210	
A2 420 × 594	105 2 1 3 297 210 192 192	18 210	
A3 297 × 420	2 297 125 105 190	20 210	

2.5 Faltung auf Format A4, Form A

2.3 Zeichengeräte

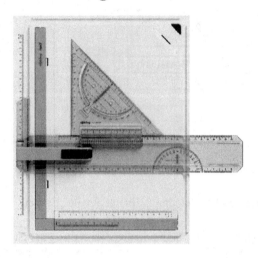

Für das manuelle Zeichnen werden Zeichen-
platten im Format A4 und A3 als Unterlage
und Spannmöglichkeit für die Zeichenformate
benutzt.

2.6 zeigt eine Zeichenplatte A4 mit Parallel-
Zeichenschiene und Zeichenkopf mit Winkel-
einstellung.

2.6 Zeichenplatte

2.7 Füllstift

Bei Füllstiften entsprechen die Durchmesser
der Minen den Linienbreiten, die unterschiedliche Schwärzung der Linien wird über verschiedene Härtegrade erreicht.

Die DIN ISO 9177-2 teilt die steigenden Härten von 6B bis 9H und die steigenden Linien-
kontraste von 9H bis 6B ein. Bei dem Härte-
grad HB handelt es sich um eine mittelharte
Mine.

Röhrchen-Tuschefüller zum Zeichnen und
Beschriften in den Liniengruppen 0,25 bis 2.

2.8 Tuschefüller

Schnellverstellzirkel nach DIN 58556 mit
Aufnahmeeinsatz für Röhrchen-Tuschefüller
und Verlängerungsstange.

2.9 Zirkel

 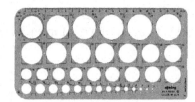 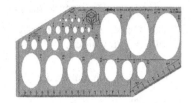

2.10 Schablonen

Radienschablone mit Symbolen für Oberflächenangaben, Kreis- und Ellipsenschablone erleichtern das manuelle Zeichnen.

Schriftschablone in der häufig verwendeten Schriftform B vertikal nach DIN EN ISO 3098-2.

2.11 Schriftschablone

2.4 Linienarten

In Technischen Zeichnungen wird vielfach von Symbolen in Form von Linien, Zeichen u. Ä. Gebrauch gemacht, deren Aussagen in Normen allgemeinverbindlich festgelegt sind. Diese Symbole ersparen wortreiche Erklärungen und sind auch im fremdsprachlichen Gebrauch verständlich.

Wichtiges Symbol sind die Linien.

Eine Linie ist nach DIN EN ISO 128-20 ein geometrisches Gestaltungselement mit einer Länge > 0,5 × Linienbreite, das einen Anfangspunkt mit einem Endpunkt gerade oder kreisförmig mit oder ohne Unterbrechung verbindet.

Tabelle 2.2 Grundarten nach DIN EN ISO 128-20

Nr.	Darstellung	Benennung
01	——————————————————	Volllinie
02	— — — — — — — — — — — — — — — —	Strichlinie
03	– – – – – – – – – – – – – –	Strich-Abstandlinie
04	— · — · — · — · — · — · — · — ·	Strich-Punktlinie (langer Strich)
05	— ·· — ·· — ·· — ·· — ·· — ·· —	Strich-Zweipunktlinie (langer Strich)
06	— ··· — ··· — ··· — ··· — ··· —	Strich-Dreipunktlinie (langer Strich)
07	··	Punktlinie
08	— — — — — — — — — — — —	Strich-Strichlinie
09	— — — — — — — — — — —	Strich-Zweistrichlinie
10	– · – · – · – · – · – · – · –	Strich-Punktlinie
11	— — · — — · — — · — — · — — ·	Zweistrich-Punktlinie
12	— ·· — ·· — ·· — ·· — ·· —	Strich-Zweipunktlinie
13	— — ·· — — ·· — — ·· — —	Zweistrich-Zweipunktlinie
14	— ··· — ··· — ··· — ··· — ···	Strich-Dreipunktlinie
15	— — ··· — — ··· — — ··· — —	Zweistrich-Dreipunktlinie

Bei einer kreisförmigen Linie ist der Anfangs- und Endpunkt deckungsgleich.

Bei manueller Zeichnungserstellung sind die Längen der Linienelemente entsprechend der Tabelle 2.3 zu wählen.

Tabelle 2.3 Konfiguration der Linien

Linienelement	Linienart-Nr.	Länge[1]
Punkte	04 bis 07 und 10 bis 15	$\leq 0,5$ d
Lücken	02 und 04 bis 15	3 d
kurze Striche	08 und 09	6 d
Striche	02, 03 und 10 bis 15	12 d
lange Striche	04 bis 06	24 d
Abstände	03	18 d

1) d = Linienbreite

Allen Linienarten ist eine Linienbreite d zugeordnet, die abhängig von der Art und Größe der Zeichnung aus einer Reihe auszuwählen ist.

Hierzu legt DIN EN ISO 128-20 folgende Reihe fest:

0,13 mm; 0,18 mm; 0,25 mm; 0,35 mm; 0,5 mm; 0,7 mm; 1 mm; 1,4 mm; 2 mm.

Die Reihe ist im Verhältnis $1 : \sqrt{2}$ gestuft. Das Verhältnis der Breite von sehr breiten, breiten und schmalen Linien ist 4: 2 :1.

Die Linienbreiten sind nach DIN ISO 128-24 in Liniengruppen entsprechend Tabelle 2.4 eingeteilt.

Tabelle 2.4 Linienbreiten und Liniengruppen

Liniengruppe	Linienbreiten für die Linien mit den Kennzahlen	
	01.2-02.2-04.2	01.1-02.1-04.1-05.1
0,25	0,25	0,13
0,35	0,35	0,18
0,5[1]	0,5	0,25
0,7[1]	0,7	0,35
1	1	0,5
1,4	1,4	0,7
2	2	1

1) Vorzugs-Liniengruppe

Vorzugsliniengruppen sind:
- Liniengruppe 0,5: Linien, breit mit d = 0,5 mm; Linien, schmal mit d = 0,25 mm; Maßzahlen und grafische Symbole mit d = 0,35 mm. Für Zeichnungsformate A4–A2
- Liniengruppe 0,7: Linien, breit mit d = 0,7 mm; Linien, schmal mit d = 0,35 mm; Maßzahlen und grafische Symbole mit d = 0,5 mm. Für Zeichnungsformate A1 und größer

Das Zeichnen von Linien sollte so erfolgen, dass eine eindeutige Darstellung möglich ist.

Anmerkungen:

Der Mindestabstand paralleler Linien sollte 0,7 mm betragen.

Kreuzungen und Anschlussstellen von Linien sind so auszuführen, dass sich Strichlinien und Strich-Punktlinien kreuzen, siehe **2.12** und berühren wie **2.13** zeigt.

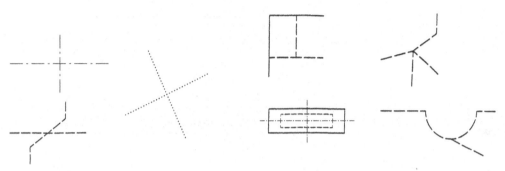

2.12 Kreuzung mit Strichen bzw. Punkten   **2.13** Anschlussstellen

Die in Zeichnungen der mechanischen Technik verwendeten Linienarten und ihre Anwendung zeigt Tabelle 2.5.

Tabelle **2.5** Linienarten und ihre Anwendungen nach DIN ISO 128-24

Nr.	Benennung Darstellung	Anwendungsbeispiele
01.1	Volllinie, schmal ———————	.1 Lichtkanten bei Durchdringungen
		.2 Maßlinien
		.3 Maßhilfslinien
		.4 Hinweis- und Bezugslinien
		.5 Schraffuren
		.6 Umrisse eingeklappter Schnitte
		.7 Kurze Mittellinien
		.8 Gewindegrund
		.9 Maßlinienbegrenzungen
		.10 Diagonalkreuze zur Kennzeichnung ebener Flächen
		.11 Biegelinien an Roh- und bearbeiteten Teilen
		.12 Umrahmungen von Einzelteilen
		.13 Kennzeichnung sich wiederholender Einzelheiten
		.14 Zuordnungslinien an konischen Formelementen
		.15 Lagerichtung von Schichtungen
		.16 Projektionslinien
		.17 Rasterlinien

Fortsetzung s. nächste Seite.

Tabelle 2.5 Fortsetzung

Nr.	Benennung Darstellung	Anwendungsbeispiele
	Freihandlinie, schmal	.18 Vorzugsweise manuell dargestellte Begrenzung von Teil- oder unterbrochenen Ansichten und Schnitten, wenn die Begrenzung keine Symmetrie oder Mittellinie ist
	Zickzacklinie, schmal	.19 Vorzugsweise mit Zeichenautomaten dargestellte Begrenzung von Teil- oder unterbrochenen Ansichten und Schnitten, wenn die Begrenzung keine Symmetrie- oder Mittellinie ist
01.2	Volllinie, breit	.1 Sichtbare Kanten
		.2 Sichtbare Umrisse
		.3 Gewindespitzen
		.4 Grenze der nutzbaren Gewindelänge
		.5 Hauptdarstellungen in Diagrammen, Karten, Fließbildern
		.6 Systemlinien (Metallbau-Konstruktionen)
		.7 Formteilungslinien in Ansichten
		.8 Schnittpfeillinien
02.1	Strichlinie, schmal	.1 Verdeckte Kanten
		.2 Verdeckte Umrisse
02.2	Strichlinie, breit	.1 Kennzeichnung zulässiger Oberflächenbehandlung
04.1	Strich-Punktlinie (langer Strich), schmal	.1 Mittellinien
		.2 Symmetrielinien
		.3 Teilkreise von Verzahnungen
		.4 Teilkreise für Löcher
04.2	Strich-Punktlinie (langer Strich), breit	.1 Kennzeichnung begrenzter Bereiche, z. B. der Wärmebehandlung
		.2 Kennzeichnungen von Schnittebenen
05.1	Strich-Zweipunktlinie (langer Strich), schmal	.1 Umrisse benachbarter Teile
		.2 Endstellungen beweglicher Teile
		.3 Schwerlinie
		.4 Umrisse vor der Formgebung
		.5 Teile vor der Schnittebene
		.6 Umrisse alternativer Ausführungen
		.7 Umrisse von Fertigteilen in Rohteilen
		.8 Umrahmung besonderer Bereiche oder Felder
		.9 Projizierte Toleranzzone

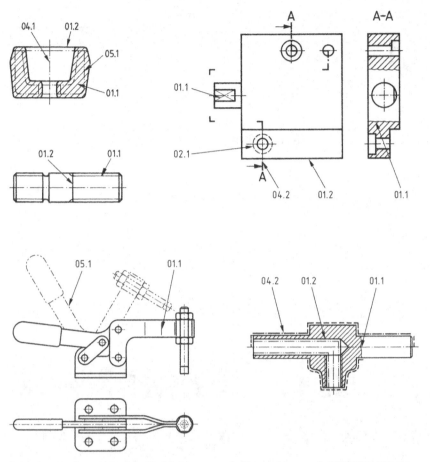

2.14 Anwendungsbeispiele für Linienarten mit Kennzahlen nach DIN ISO 128-24

2.5 Schriften in technischen Zeichnungen

In DIN EN ISO 3098-0 ist die Ausführung von Schriften in technischen Zeichnungen geregelt.

Durch die Norm wird sichergestellt, dass die Beschriftung lesbar und einheitlich ist und sich für die üblichen Vervielfältigungsverfahren und numerisch gesteuerte Zeichensysteme eignet.

Die Nenngröße der Schriftzeichen ist mit der Höhe h des Großbuchstaben festgelegt und im Verhältnis $\sqrt{2}$ abgestuft.

Da die Zeichnungsformate ebenfalls die Stufung $\sqrt{2}$ haben, ändert sich bei der Vergrößerung bzw. Verkleinerung von Zeichnungen die Schrift und Grafik in gleicher Weise.

Die Schriftgröße, der Mindestabstand zwischen den Schriftzeichen bzw. Wörtern und die Linienbreite können aus der Tabelle 2.6 entnommen werden.

Tabelle 2.6 Schriftform B, vertikal nach DIN EN ISO 3098-0, Auszug

$d = h/10$

Beschriftungsmerkmal		Verhältnis	Maße						
Schriftgröße									
Höhe der Großbuchstaben	h	$(10/10)\,h$	2,5	3,5	5	7	10	14	20
Höhe der Kleinbuchstaben	c	$(7/10)\,h$	1,75	2,5	3,5	5	7	10	14
(ohne Ober- oder Unterlängen)									
Mindestabstand									
zwischen Schriftzeichen	a	$(2/10)\,h$	0,5	0,7	1	1,4	2	2,8	4
Mindestabstand									
zwischen Grundlinien	b	$(15/10)\,h$	3,75	5,25	7,5	10,5	15	21	30
Mindestabstand									
zwischen Wörtern	e	$(6/10)\,h$	1,5	2,1	3	4,2	6	8,4	12
Linienbreite	d	$(1/10)\,h$	0,25	0,35	0,5	0,7	1	1,4	2

2.15 Schriftform B, vertikal nach
DIN EN ISO 3098-2

2.16 Griechische Schriftzeichen, Schriftform B,
vertikal nach DIN EN ISO 3098-3

Genormt sind die Schriftform A mit der Linienbreite $d = {}^h/_{14}$ und die Schriftform B mit der Linienbreite $d = {}^h/_{10}$.

Beide Schriftformen können unter einen Winkel von 15° nach rechts geneigt, kursiv oder vertikal geschrieben werden.

Die Schriftform B vertikal nach DIN EN ISO 3098-2 wird sehr häufig angewendet.

Griechische Schriftzeichen nach DIN EN ISO 3098-3 werden als Formelzeichen und bei Winkelangaben verwendet.

2.6 Maßstäbe

In vielen Fällen ist es notwendig, abweichend vom natürlichen Maßstab 1 : 1, Gegenstände verkleinert oder vergrößert darzustellen.

Der Maßstab sollte so gewählt werden, dass eine eindeutige Darstellung des Gegenstandes möglich ist.

Ein Vergrößerungsmaßstab wird notwendig, wenn der Gegenstand größer oder aber eine Einzelheit deutlicher dargestellt werden muss.

Ein Verkleinerungsmaßstab ist nötig, wenn der Gegenstand für eine natürliche Abbildung zu groß ist.

Die vollständige Angabe eines Maßstabes in der Zeichnung besteht aus dem Wort „SCALE", in Deutschland aus dem Wort „Maßstab" sowie aus dem Maßstabsverhältnis.

Die Eintragung des Hauptmaßstabes erfolgt bei den zeichnungsspezifischen Angaben wie z. B. Toleranzen und Oberflächenangaben neben dem Schriftfeld.

Werden weitere Maßstäbe benötigt, sind diese in der Nähe der entsprechenden Darstellung anzugeben.

Bei einer Einzelheit z. B. Z (5:1) oder bei einem Schnittverlauf z. B. A-B (2:1).

Das Wort Maßstab wird dabei nicht angegeben.

In der nachfolgenden Tabelle sind die nach DIN ISO 5455 empfohlenen Maßstäbe zusammengefasst.

Tabelle 2.7 Maßstäbe nach DIN ISO 5455

Kategorie	Empfohlene Maßstäbe		
Vergrößerungsmaßstäbe	50 : 1 5 : 1	20 : 1 2 : 1	10 : 1
Natürlicher Maßstab			1 : 1
Verkleinerungsmaßstäbe	1 : 2 1 : 20 1 : 200 1 : 2000	1 : 5 1 : 50 1 : 500 1 : 5000	1 : 10 1 : 100 1 : 1000 1 : 10000

3 Geometrische Grundkonstruktionen

3.1 Strecke, Winkel

Halbieren einer Strecke, Errichten einer Mittelsenkrechten

Die Kreisbögen um A und B mit $r > \frac{1}{2}\overline{AB}$ schneiden sich in C und D.

Die Verbindungslinie zwischen C und D ist die Mittelsenkrechte.

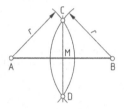

3.1 Halbieren einer Strecke

Errichten einer Senkrechten im Endpunkt P

Der Kreisbogen um den Endpunkt P mit dem Radius r schneidet die Strecke $\overline{AP}$ in B.

Ein Kreisbogen mit dem gleichen Radius um B ergibt den Schnittpunkt C.

Ein weiterer Kreisbogen um C mit dem gleichen Radius schneidet die Verlängerung der Geraden BC in D.

Die Verbindungslinie DP steht senkrecht auf AP.

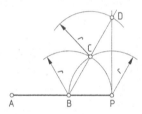

3.2 Errichten einer Senkrechten

Fällen eines Lotes

Ein beliebiger Kreisbogen um P schneidet die Gerade in A und B.

Kreisbögen um A und B mit $r > \frac{1}{2}\overline{AB}$ schneiden sich in C.

Die Verbindungslinie des Schnittpunktes C mit P ist das gesuchte Lot.

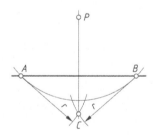

3.3 Fällen eines Lotes

Teilen einer Strecke

Durch den Punkt A einer z. B. in 5 gleiche Teile zu teilenden Strecke $\overline{AB}$, wird unter einem beliebigen Winkel eine Gerade gezogen.

Auf der Geraden sind mit dem Zirkel 5 beliebige, aber gleich große Teilstrecken abzutragen.

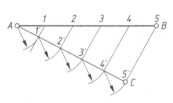

3.4 Teilen einer Strecke

Parallelen zu der Verbindungslinie BC ergeben die anderen Teilpunkte.

U. Kurz, H. Wittel, *Konstruktives Zeichnen Maschinenbau*,
DOI 10.1007/978-3-658-17257-2_3, © Springer Fachmedien Wiesbaden GmbH 2017

Halbieren eines Winkels

Ein beliebiger Kreisbogen um den Scheitel S schneidet die Schenkel in A und B.

Kreisbögen mit $r > \dfrac{1}{2}\overline{AB}$ um A und B schneiden sich in C.

Die Verbindungslinie des Punktes C mit dem Scheitel S halbiert den Winkel.

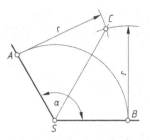

3.5 Halbieren eines Winkels

3.2 Dreiecke, Kreis, Tangente

Umkreis eines Dreiecks

Die auf zwei Dreieckseiten errichteten Mittelsenkrechten schneiden sich in M.

Der Schnittpunkt ist der Mittelpunkt des Umkreises.

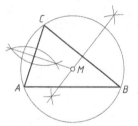

3.6 Umkreis eines Dreiecks

Inkreis eines Dreiecks

Die Winkelhalbierenden von zwei Dreieckwinkeln schneiden sich im Mittelpunkt M des Inkreises.

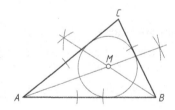

3.7 Inkreis eines Dreiecks

Tangente durch Kreispunkt P

Ein Kreisbogen um P schneidet die Verlängerung der Geraden PM in B, die Gerade PM in A. Kreisbögen um A und B mit dem gleichen Radius ergeben die Schnittpunkte C und D.

Die Verbindungslinie CD ist die Tangente.

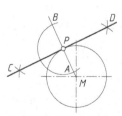

3.8 Tangente durch Kreispunkt P

Tangente von Punkt P an Kreis

Der Halbkreis (Thaleskreis) über der Strecke $\overline{MP}$ schneidet den Kreis in T.

Die Verbindung von P mit T ergibt die Tangente.

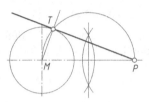

3.9 Tangente von Punkt P an Kreis

3.3 Kreisanschlüsse

Kreise und Kreisteile mit definiertem Mittelpunkt werden mit den entsprechenden Zirkeln oder Loch- bzw. Radienschablonen gezeichnet. Teilweise stellt sich dabei die Radiusgröße erst ein, **3.10**. Sind die Mittelpunkte nicht definiert, handelt es sich meist um kreisförmige Übergänge bzw. Anschlüsse mit konstruktiv bedingten Radiusgrößen. Diese werden mithilfe der Radienschablonen gezeichnet. Dabei ergibt sich die Lage der Mittelpunkte, die markiert werden können, wenn z. B. das Radiusmaß eingetragen werden soll, **3.11**. Die Mittelpunkte lassen sich auch konstruktiv ermitteln und die Kreisteile mit dem Zirkel zeichnen.

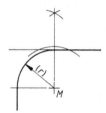

3.10 Kreisförmiger Übergang bei gegebenem Mittelpunkt

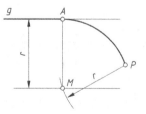

3.11 Kreisförmiger Übergang bei gegebenem Radius

Kreisanschluss an Winkel

Im Abstand des Radius r werden Parallelen zu den Schenkeln gezeichnet.

Der Schnittpunkt ist der Mittelpunkt M des Kreisbogens.

Die Übergangspunkte A und B erhält man durch die Senkrechten von M auf die Schenkel.

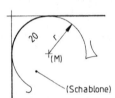

3.12 Kreisanschluss an Winkel

Kreisanschluss an Gerade und Punkt

Der Kreisbogen mit dem Radius r um den Punkt P schneidet sich mit der Parallelen zur Geraden g im Abstand Radius r.

Der Schnittpunkt ist der Mittelpunkt M des gesuchten Kreisbogens. Eine Senkrechte von M auf die Gerade ergibt den Übergangspunkt A.

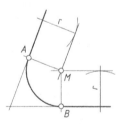

3.13 Kreisanschluss an Gerade und Punkt

Kreisanschluss an Kreis und Punkt

Der Kreisbogen mit dem Radius r um den Punkt P
schneidet den Kreisbogen mit dem Radius $R + r$
um den Mittelpunkt M_1 des gegebenen Kreises in
M_2, dem Mittelpunkt des Anschlusskreisbogens.

Die Verbindungslinie von M_1 mit M_2 ergibt den
Übergangspunkt A.

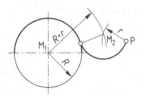

3.14 Kreisanschluss an Kreis und Punkt

Kreisanschluss an Kreise

Außenberührung:

Um die Mittelpunkte M_1 und M_2 zweier gegebener
Kreise zieht man Kreisbögen mit den Radien
$R_1 + r$ bzw. $R_2 + r$.

Der Schnittpunkt der beiden Kreisbögen ist der
Mittelpunkt M des Anschlusskreises.

Die Verbindungslinien von M mit M_1 und M mit
M_2 ergibt die Übergangspunkte A und B.

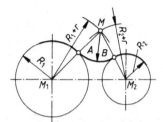

3.15 Außenberührung

Innenberührung:

Um die Mittelpunkte M_1 und M_2 zweier gegebener Kreise zieht man Kreisbögen mit den Radien
$r - R_1$ bzw. $r - R_2$.

Die weitere Konstruktion entspricht der Außenberührung.

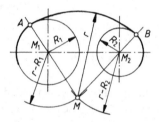

3.16 Innenberührung

Beim rechnerunterstützten Zeichnen existiert meist das Untermenü „Abrundung" mit mehreren entsprechenden Befehlen, z. B. auch „Kreis an 2 Linien mit definiertem Radius".

In diesem wie in ähnlich gelagerten Fällen übernimmt der Rechner die konstruktiven, mathematisch begründeten Arbeiten des manuellen Zeichnens.

Durch die große Rechengeschwindigkeit ergeben sich Zeitvorteile, die sich im Falle einer
Fehlkonstruktion durch falsche Angaben mit Löschbefehl und Wiederaufbau noch steigern
lassen. Beim Beispiel „Außenkreis eines Dreiecks zeichnen" müssen manuell Mittelsenkrechte auf zwei Dreieckseiten konstruiert werden, die sich im Mittelpunkt des Kreises schneiden. Die Strecke Mittelpunkt – Dreieckspunkt entspricht dem Radius. Rechnerunterstützt
müssen nur die 3 Punkte des Dreiecks angeklickt werden, wenn der Befehl „Kreis durch
3 Punkte" (oder ähnlich) angewählt wurde.

3.4 Technische Kurven

Als technische Kurven gelten neben dem Kreis alle mathematisch definierten Kurvenformen
wie Ellipse, Parabel und Hyperbel, Rollkurven, Wendel und Spirale.

Ellipsen, Parabeln und Hyperbeln treten als Schnittkurven an Zylindern und Kegeln auf, Zahnflanken entsprechen bestimmten Rollkurven, Wendeln sind bei den Gewinden und den Span-
nuten der Bohrer zu finden, Spiralen treten als Federungselemente auf.

3.4.1 Ellipsenkonstruktionen

Während der Kreis durch den Mittelpunkt und einen Punkt in der Ebene (Abstand = Radius) bestimmt ist, wird die **Ellipse** durch zwei Brennpunkte und einen Punkt in der Ebene definiert. Für alle Punkte der Ellipse ist die Summe der Abstände von den Brennpunkten F_1 und F_2 gleich der großen Achse $\overline{X_1 X_2}$

$$\overline{F_1 A} + \overline{F_2 A} = \overline{F_1 B} + \overline{F_2 B} = \overline{X_1 X_2}$$

Nach dem Zeichnen der großen ($\overline{X_1 X_2}$) und der kleinen ($\overline{Y_1 Y_2}$) Ellipsenachse teilt man die große Achse in zwei Strecken auf, z. B. r_1 und r_2, und zieht dann einen Kreisbogen um den Brennpunkt F_1 mit dem Radius r_2 und um F_2 mit r_1 und umgekehrt.

Die Schnittpunkte der Kreisbögen sind die Ellipsenpunkte. Durch Verändern der Radien r_1 und r_2, wobei die Summe immer $\overline{X_1 X_2}$ sein muss, erhält man weitere Ellipsenpunkte, **3.17**.

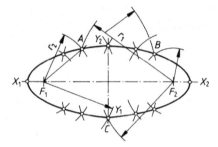

3.17 Ellipsenkonstruktion mittels der beiden Achsen

Bei der Ellipsenkonstruktion mit zwei konzentrischen Kreisen zieht man mehrere Strahlen durch den Mittelpunkt. Diese schneiden beide Kreise.

Von den Schnittpunkten zeichnet man dann Parallelen zu den beiden Achsen $\overline{X_1 X_2}$ und $\overline{Y_1 Y_2}$.

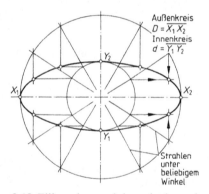

3.18 Ellipsenkonstruktion mittels zweier Kreise

3.4.2 Parabelkonstruktion

Die **Parabel** ist eine Linie, deren Punkte gleich weite Abstände zum Brennpunkt F und einer Leitlinie L haben.

Der Scheitelpunkt S liegt auf einer Senkrechten zur Leitlinie durch den Brennpunkt F im Abstand

$$\overline{SL} = \frac{1}{2}\overline{FL}$$

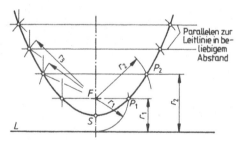

3.19 Parabelkonstruktion

Die Parabelpunkte sind Schnittpunkte der Kreisbögen r_1, r_2 um F mit den jeweilig zugehörigen Parallelen zur Leitlinie.

Die Besonderheit der Parabel besteht darin, dass alle vom Brennpunkt ausgehenden Strahlen an der Parabellinie umgelenkt werden und dann parallel verlaufen (Scheinwerfer), bzw. dass auftreffende parallele Strahlen im Brennpunkt gebündelt werden (Parabolantennen).

3.4.3 Hyperbelkonstruktion

Die **Hyperbel** ist eine Linie, die sich an zwei Grenzlinien (Asymptoten) anlegt, diese jedoch nicht berührt. Die Asymptoten können in beliebigen Winkeln zueinander stehen. Meistens kennt man deren Verlauf (Koordinatenachsen, Kegelwinkel) und auch einen Punkt (*P*) auf der Linie.

In den Schnittpunkten der Strahlen mit den Parallelen zu den Asymptoten errichtet man die Senkrechten.

Die Schnittpunkte der Senkrechten sind Punkte der Hyperbel.

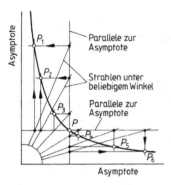

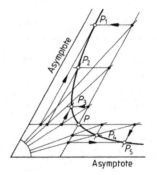

3.20 Hyperbelkonstruktion, rechtwinklige Asymptoten

3.21 Hyperbelkonstruktion, allgemein

3.4.4 Evolventenkonstruktion

Rollkurven sind Linien, die durch das Abrollen einer Geraden oder eines Kreises auf gerader oder kreisförmiger Leitlinie entstehen (Beobachtung eines Punktes).

Die **Evolvente** wird durch das Abrollen einer Geraden auf einem Kreis erzeugt. Die Gerade ist in jedem Punkt Tangente des Kreises. Der beobachtete Punkt entfernt sich vom Kreis und zeichnet die Evolvente, tangentialer Abstand gleich Rollweg, **3.22**.

Nach dem Einteilen des Kreises in z. B. 12 gleiche Teile, zieht man Tangenten durch die Teilungspunkte an den Kreis.

Auf den Tangenten trägt man nun die Länge des jeweils abgewickelten Kreisumfangs ab.

Durch Verbinden der Endpunkte erhält man die Evolvente.

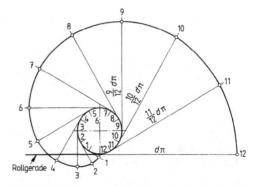

3.22 Evolventenkonstruktion

3.4.5 Zykloidenkonstruktion

Beim Abrollen eines Kreises auf einer geraden Linie beschreibt ein Punkt auf dem Kreis eine Zykloide (Radlinie).

Den Rollkreis teilt man z. B. in 12 gleiche Teile ein, diese Teilung wird auch auf die Leitlinie, Umfang des Rollkreises, übertragen, **3.23**.

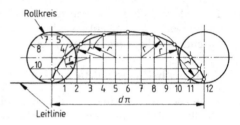

3.23 Zykloide

Die in den Teilungspunkten auf der Leitlinie errichteten Senkrechten ergeben mit der verlängerten Mittelachse des Rollkreises die Mittelpunkte M_1 ... M_{12} der Hilfskreise. Kreisbögen mit dem Radius r des Rollkreises schneiden die Parallelen in den Zykloidenpunkte.

Eine Epizykloide (Aufradlinie) entsteht, wenn ein Punkt eines Kreises auf dem Kreisbogen des Leitkreises abrollt.

An den Leitkreis mit dem Durchmesser D zeichnet man den Rollkreis in seiner Anfangsstellung.

Den Rollkreis teilt man z. B. in 12 gleiche Teile ein, gleich viele Teile in der gleichen Größe trägt man dann auf dem Leitkreis von der Anfangsstellung des Rollkreises aus ab, **3.24**.

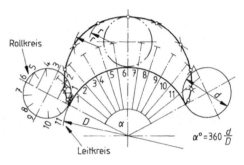

$$\alpha° = 360 \cdot \frac{d}{D}$$

3.24 Epizykloide

Die Länge der Rollbahn auf dem Leitkreis entspricht dem Umfang des Rollkreises.

Die Konstruktion der Epizikloidenpunkte ist sinngemäß die gleiche wie bei der oben beschriebenen Zykloide.

Eine Hypozykloide (Inradlinie) entsteht, wenn ein Punkt eines Kreises innen in dem Kreisbogen des Leitkreises abrollt.

Die Konstruktion der Hypozykloidenpunkte ist sinngemäß die gleiche wie bei der Epizykloide und der Zykloide.

3.4.6 Schraubenlinienkonstruktion

Eine Schraubenlinie entsteht, wenn ein Punkt auf einem sich gleichmäßig drehenden Zylinder in der Längsachse mit konstanter Geschwindigkeit bewegt wird.

Zur Konstruktion der Schraubenlinie teilt man den Zylinderumfang und die Steigung, das ist die Entfernung zwischen Anfangs- und Endpunkt bei einer Umdrehung (Windung), in 12 gleiche Teile, **3.25**.

Die Schnittpunkte gleich nummerierter waagrechter und senkrechter Mantellinien sind Punkte der Schraubenlinie.

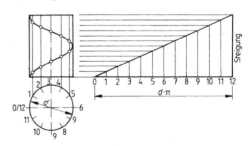

3.25 Schraubenlinie

Rechnerunterstützt werden diese Kurven, wenn sie überhaupt in technischen Zeichnungen dargestellt werden müssen, von Programmen ermittelt, die die mathematischen Daten (Funktion, Brennpunkt, Scheitelpunkt, Asymptoten) benutzen.

Sind einzelne Punkte der Kurven bekannt, lassen sich diese auch über Verknüpfungsbefehle wie „geschlossene Kurve" oder „verkettete Bögen" zeichnen. Verfügt das CAD-Programm über eine 3D-Version, so lassen sich die Kurven über das Volumenmodell (s. Abschn. 1.6) aus entsprechenden Darstellungen entwickeln.

3

3.5 Übungen

Hinweis:
Auf der Verlagshomepage unter extras.springer.com finden sie 15 Aufgaben mit ausführlichen Lösungen zu diesem Kapitel.

4 Projektionszeichnen

Beim Projektionszeichnen werden Punkte, Strecken, Flächen und Körper auf einer Ebene abgebildet.

Dabei unterscheidet man die Projektionsverfahren **Zentralprojektion** und **Parallelprojektion**.

Aus der darstellenden Kunst kennen wir das **perspektivische Zeichnen** und Malen. Dabei wird versucht, die Wahrnehmungen unseres Auges nachzuvollziehen. Diese Darstellungen wirken anschaulich, sind aber als Grundlage für die Erstellung einer technischen Zeichnung wenig geeignet.

Die **Zentralprojektion, 4.1** hat ihre Hauptanwendung im Bereich der technischen Illustrationen.

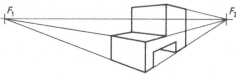

4.1 Zentralprojektion

Eine Angleichung dieser Perspektive an das technische Zeichnen, bei dem parallele Linien auch parallel gezeichnet werden, ist die **axonometrische Projektion, 4.2**.

Diese Parallelprojektion soll einen räumlichen Eindruck hervorrufen, verzerrt das perspektivische Bild aber ebenfalls.

Vorteilhaft ist, dass man die Kantenlängen in den drei Hauptebenen messen und damit auch bemaßen kann.

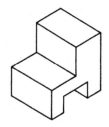

4.2 Axonometrische Projektion

Bei der **Normalprojektion** (orthogonale Projektion) treffen alle Projektionslinien im rechten Winkel auf die Projektionsebene.

Deshalb muss der Körper (Werkstück, Bauteil, Baugruppe) in vielen Fällen von mehreren Seiten aus betrachtet werden, d. h. es sind mehrere Ansichten darzustellen.

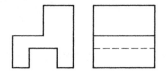

4.3 Normalprojektion

4.1 Zentralprojektion

Von allen „räumlichen" Darstellungen wirken die der Zentralprojektion am natürlichsten, obwohl auch diese konstruiert sind. Während bei der axonometrischen Projektion parallele Körperkanten parallel bleiben, laufen bei der Zentralprojektion die Kanten der Hauptebenen auf zentrale Punkte (Fluchtpunkte) zu. Man unterscheidet dabei:

Einpunktmethode

Die Fläche (Hauptansicht) liegt parallel zur Projektionsebene.

U. Kurz, H. Wittel, *Konstruktives Zeichnen Maschinenbau*,
DOI 10.1007/978-3-658-17257-2_4, © Springer Fachmedien Wiesbaden GmbH 2017

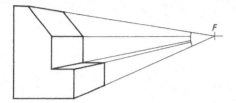

4.4 Einpunktmethode

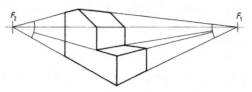

4.5 Zweipunktmethode

Zweipunktmethode

Die vertikalen Kanten verlaufen parallel zur Projektionsebene.

Dreipunktmethode

Die Projektionsebene ist geneigt.

Unterschiedliche Eindrücke von einem Bauteil lassen sich durch die Lage der Fluchtpunkte erzielen.

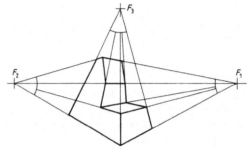

4.6 Dreipunktmethode

Bei der Vogelperspektive, **4.7** schaut man von oben, bei der Froschperspektive, **4.8** von unten auf eine horizontale Projektionsebene.

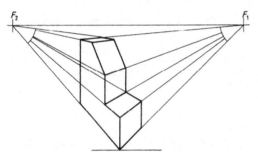

4.7 Vogelperspektive

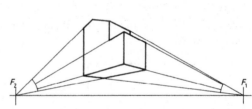

4.8 Froschperspektive

4.2 Axonometrische Projektion

4.2.1 Rechtwinklige axonometrische Projektion

Bei der Normalprojektion wird mindestens eine der Körperhauptebenen des Gegenstands in der Hauptansicht parallel zur Bildebene gelegt. Dadurch werden die anderen senkrecht dazu stehenden Ebenen zu Linien, **4.9**. Dies gilt im übertragenen Sinne auch für zylindrische Körper. Bei der axonometrischen Projektion werden die Körper (Werkstücke, Bauteile u. a.) so gedreht und gekippt, dass in einer Ansicht die drei Körperhauptebenen sichtbar werden, wenn auch in verzerrter Form. In die Darstellungen lassen sich dadurch auch die 3 Koordinatenachsen eintragen und bezeichnen (Großbuchstaben X, Y, Z), wobei die Z-Achse stets die vertikale ist. Bei der rechtwinklig axonometrischen Projektion verlaufen dabei die Projektionslinien (entsprechend der Blickrichtung) senkrecht zur Projektions-(Bild-)ebene. Grundsätzlich können diese Dreh- und Kippwinkel beliebig gewählt werden, beim rechnerunterstützten Darstellen macht man im Bauwesen gerne davon Gebrauch. Es haben sich jedoch zwei Darstellungen als sinnvoll erwiesen, die in DIN ISO 5456-3 genormt sind.

4

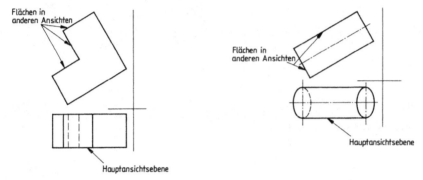

4.9 Lage des Gegenstands in der Normalprojektion

Isometrische Projektion. Wird ein Körper nach Bild **4.10** gedreht und gekippt, so entsteht in der Seitenansicht ein Abbild mit den folgenden Eigenschaften:

> – Die 3 Hauptebenen sind als Flächen formverzerrt dargestellt.
> – Die senkrechten Kanten des Körpers verlaufen weiterhin senkrecht.
> – Die rechtwinklig zu den senkrechten Kanten liegenden Körperkanten verlaufen unter 30° gegen die Horizontale.
> – Die genannten Kanten (Höhe, Länge, Breite) sind in ihren Maßen verhältnisgleich abgebildet (isometrisch – in den Hauptachsen „gleichmäßig").

Man wählt als Maße die realen Kantenlängen, obwohl durch die Schräglage des Körpers diese verkürzt werden, **4.11**.

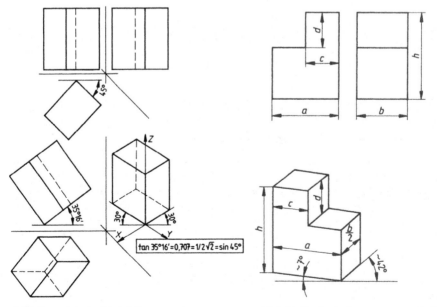

4.10 Isometrische Projektion   **4.11** Maße der techn. axonometrischen Projektion

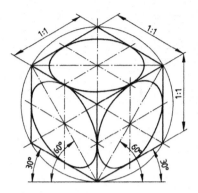 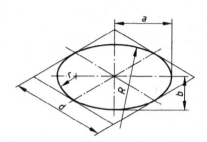

4.12 a) Kreise in isometrischer Stellung, b) Abmessungen einer Ellipse

Die Maße gelten für einen Kreis mit $d = 100$ mm. Für andere Durchmesser ist eine entsprechende Umrechnung nötig; z. B. gilt für den Durchmesser 60 mm der Faktor 0,6 für die gegebenen Zahlen ($r = 0,6 \times 20,5 = 12,3$ mm).

Kreis in isometrischer Projektion, **4.12**
– die halbe große Achse a ≈ 61,2 mm
– die halbe kleine Achse b ≈ 35,4 mm
– der große Halbmesser R ≈ 105,8 mm
– der kleine Halbmesser r ≈ 20,5 mm

Dimetrische Projektion. Wird ein Körper nach Bild **4.13** gedreht und gekippt, so entsteht in der Seitenansicht ein Abbild mit den folgenden Eigenschaften:

> – Die 3 Hauptebenen sind als Flächen formverzerrt dargestellt.
> – Die senkrechten Kanten des Körpers verlaufen weiterhin senkrecht.
> – Die rechtwinklig zu den senkrechten Kanten liegenden Körperkanten verlaufen unter ca. 7° und ca. 42° gegen die Horizontale.
> – Die senkrechten Kanten und die unter 7° verlaufenden sind in ihren Maßen verhältnisgleich, die unter 42° verlaufenden ca. 1:2 verkürzt abgebildet (dimetrisch – in den Hauptachsen zwei Maße).

Man wählt für die senkrechten und die unter 7° verlaufenden Kanten als Maße die realen Kantenlängen und verkürzt die unter 42° verlaufenden Kanten 1 : 2, wie **4.14** zeigt.

In der rechtwinklig axonometrischen Projektion werden Kreise (zylindrische Werkstücke) zu Ellipsen. Diese Ellipsen werden im Allgemeinen mit entsprechenden Schablonen gezeichnet, sie können aber auch nach folgenden Angaben konstruiert werden:

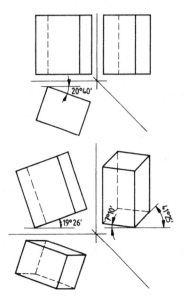

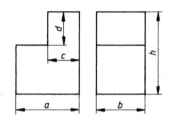

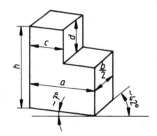

4.13 Dimetrische Projektion   **4.14** Maße der technischen axonometrischen Projektion

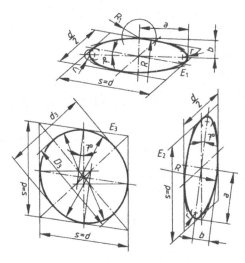

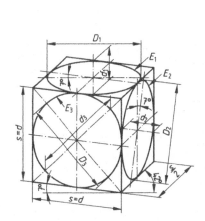

4.15 a) Kreise in dimetrischer Stellung,   b) Behelfskonstruktion der Ellipsen

Die Scheitelbögen der Ellipsen E_1 und E_2 lassen sich ausreichend genau mit dem Zirkel herstellen, während die dazwischenliegenden Bereiche mit dem Kurvenlineal gezeichnet werden müssen. Die Radien R_1 und r_1 geben die Übergangsstellen an.

Die Maße gelten für einen Kreis mit $d = 100$ mm. Für andere Durchmesser ist eine entsprechende Umrechnung nötig; z. B. gilt für den Durchmesser 60 mm der Faktor 0,6 für die gegebenen Zahlen ($R_1 = 0{,}6 \times 20 = 12$ mm).

Kreis in dimetrischer Projektion, **4.15**

- die halbe große Achse $a \approx 53{,}0$ mm   – der kleine Halbmesser $r \approx 5{,}9$ mm
- die halbe kleine Achse $b \approx 17{,}7$ mm   – der Halbmesser $R_1 \approx 20{,}0$ mm
- der große Halbmesser $R \approx 159{,}0$ mm   – der Halbmesser $r_1 \approx 5{,}0$ mm

4.2.2 Schiefwinklige axonometrische Projektion

Statt den Körper zu drehen und zu kippen und dann rechtwinklig zur Bildebene zu projizieren, kann man die Lage des Körpers in der „Normalposition" auch beibehalten und die Projektionslinien, die Blickrichtung, schiefwinklig zur Bildebene verlaufen lassen, **4.16**. Auch dann werden die drei Körperhauptebenen in einer Ansicht abgebildet. Die Winkelgröße, mit der die Projektionslinien auf die Bildebene treffen, ist beliebig. Zwei Winkelgrößen 45° und 60° haben sich als günstig herausgestellt. Die axionometrischen Darstellungen sind in der DIN ISO 5456-3 genormt.

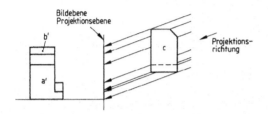

4

4.16 Schiefwinklige axonometrische Projektion, Gegenstand parallel zur Bildebene

Der Körper wird in allen drei Koordinatenrichtungen in seinen wahren Längen abgebildet, **4.17**.

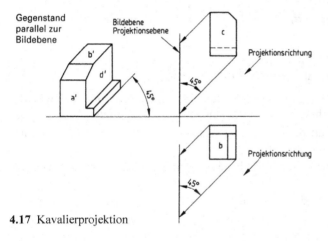

4.17 Kavalierprojektion

Der Körper wird in einer Koordinatenrichtung um die Hälfte verkürzt, **4.18**.

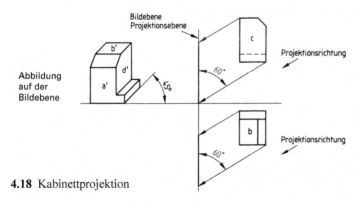

4.18 Kabinettprojektion

4

In beiden Fällen verlaufen die Senkrechten weiterhin senkrecht, die anderen Hauptrichtungen liegen unter 0° und 45° gegen die Horizontale. Ein Vorteil der schiefwinkligen Projektion ist, dass alle Formen in einer Ebene unverzerrt erscheinen, d. h. auch Kreise behalten ihre Form, siehe **4.19**.

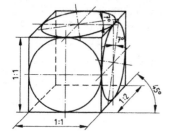 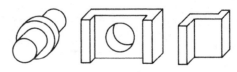

4.19 a) Würfel in Kabinettprojektion   b) Darstellungsbeispiele

Für die Darstellung und Bemaßung axonometrischer Projektionen empfiehlt die Norm:
- Symmetrieachsen und verdeckte Kanten sind vorzugsweise nicht darzustellen.
- Maßeintragungen sind zu vermeiden.

Wenn Maßeintragungen notwendig werden, sind die Regeln wie für orthogonale Projektionen anzuwenden.

4.3 Normalprojektion (Orthogonale Darstellung)

Bei der Normalprojektion nach DIN ISO 5456-2 treffen alle Projektionslinien rechtwinklig auf die Projektionsebene; es entsteht eine form- und maßgetreue Abbildung.

Diese Projektionsmethode ist deshalb die am häufigsten angewandte Methode für Darstellungen in allen Bereichen des Technischen Zeichnens.

In technischen Zeichnungen wird die aussagefähigste Ansicht eines Werkstücks als Vorderansicht (Hauptansicht) gewählt.

Dies ist häufig die Ansicht, welche das Werkstück in der Fertigungslage oder in der Gebrauchslage zeigt.

Weitere Ansichten oder Schnitte werden nur gezeichnet, wenn dies für die eindeutige Darstellung und Bemaßung notwendig ist.

4.3.1 Benennung der Ansichten und Anordnung

Vorderansicht	A
Draufsicht	B
Seitenansicht von links	C
Seitenansicht von rechts	D
Untersicht	E
Rückansicht	F

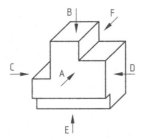

4.20 Werkstück

4.3.2 Projektionsmethode 1

Von der Vorderansicht (A) aus gesehen sind die anderen Ansichten wie folgt anzuordnen:
-   die Draufsicht (B) liegt unterhalb
-   die Seitenansicht von links (C)liegt rechts
-   die Seitenansicht von rechts (D) liegt links
-   die Untersicht (E) liegt oberhalb
-   die Rückansicht (F) liegt links oder rechts

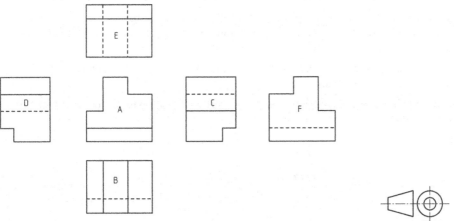

4.21 Anordnung der Ansichten nach der Projektionsmethode 1

4.22 Symbol

Das Zeichnen aller sechs Ansichten ist nur in sehr wenigen Fällen notwendig, häufig reichen drei Ansichten und weniger aus, um ein Bauteil eindeutig darzustellen.

Grundsätzlich sollten nicht mehr Ansichten gezeichnet werden als notwendig.

4.23 zeigt einen Quader wie er auf drei zueinander senkrecht stehende Ebenen projiziert werden kann.

Die drei Projektionsebenen bilden gemeinsam mit den x-, y- und z-Achsen eine Raumecke, aus der sich anschaulich die Dreitafelprojektion ableiten lässt.

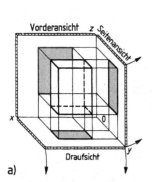

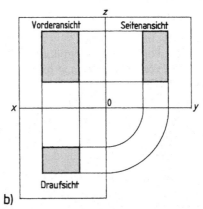

a)

b)

4.23 a) Quader in der Raumecke als
Dreitafelprojektion

b) Quader in den drei aufgeklappten Projektionsebenen

Durch Klappen der Draufsicht um die x-Achse nach unten und der Seitenansicht um die z-Achse nach rechts können beide Projektionsebenen in die Ebene der Vorderansicht gelegt werden.

Die genormte Lage der Ansichten, in der Gegenstände darzustellen sind, erlaubt es, z. B. aus zwei Ansichten die Dritte zu entwickeln. Jeder Punkt im Raum entsteht durch das Schneiden mindestens zweier Linien. Zeichnet man die Projektionslinien eines Punktes, das sind Linien, die parallel zu den Kanten der Raumecke verlaufen, aus zwei gegebenen Ansichten in die Dritte, ergibt sich zwangsläufig dessen Lage dort.

Die Verbindungen der konstruierten Punkte ergibt die Körperform in der dritten Ansicht.

4.24 bis **4.26** zeigen an einfachen Beispielen das entsprechende Vorgehen, wobei die Projektionslinien zwischen der Seitenansicht und der Draufsicht auf drei verschiedene Arten übertragen werden können.

Zu Beginn der Ausbildung empfiehlt es sich, die Eckpunkte in den Ansichten durch Zahlen oder Buchstaben zu kennzeichnen.

Günstig ist es auch wenn die Bezeichnungen der verdeckten Punkte in der entsprechenden Ansicht in Klammer gesetzt werden.

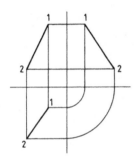

4.24 Projektion einer Linie

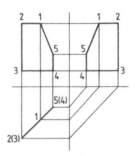

4.25 Projektion einer Fläche

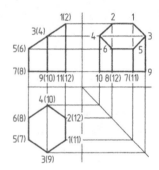

4.26 Projektion eines Körpers

4.3.3 Projektionsmethode 3

Von der Vorderansicht (A) aus gesehen sind die anderen Ansichten wie folgt anzuordnen:

- die Draufsicht (B) liegt oberhalb
- die Seitenansicht von links (C) liegt links
- die Seitenansicht von rechts (D) liegt rechts
- die Untersicht (E) liegt unterhalb
- die Rückansicht (F) liegt links oder rechts

Die Verwendung des grafischen Symbols für die Projektionsmethode 1 oder 3 macht die Darstellung eindeutig.

Eine Eintragung erfolgt im Schriftfeld oder dicht daneben.

Die Maße für das Symbol sind in der DIN ISO 5456-2 zu finden.

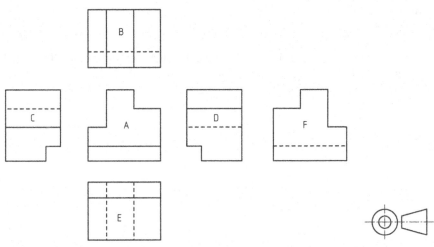

4.27 Anordnung der Ansichten nach der Projektionsmethode 3   **4.28** Symbol

4

4.3.4 Pfeilmethode

Die Pfeilmethode ermöglicht ein nachträgliches Hinzufügen von Ansichten und besondere Projektionsrichtungen, um z. B. Verkürzungen zu vermeiden.

Jede Ansicht, die Vorderansicht ausgenommen, muss mit einem Großbuchstaben gekennzeichnet sein. Dieser wird auf der linken Seite oberhalb der Ansicht eingetragen.

Ein Kleinbuchstabe steht bei dem Bezugspfeil, der die Betrachtungsrichtung für die entsprechende Ansicht angibt.

Die gekennzeichneten Ansichten können nach DIN ISO 5456-2 beliebig zur Vorderansicht angeordnet werden.

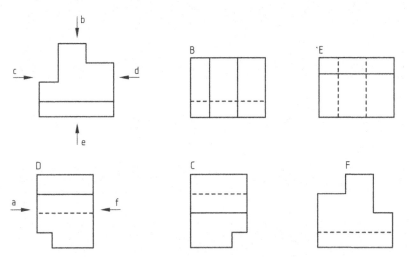

4.29 Beliebige Anordnung der Ansichten nach der Pfeilmethode

Ein grafisches Symbol ist bei der Anwendung dieser Methode nicht notwendig.

4.4 Übungen

Hinweis:
Auf der Verlagshomepage unter extras.springer.com finden sie 50 Aufgaben mit ausführlichen Lösungen zu diesem Kapitel.

4

5 Darstellende Geometrie

Bei der Darstellenden Geometrie geht es darum, einen räumlichen Gegenstand in einer zweidimensionalen Ebene darzustellen. Dabei wendet man hauptsächlich die Zweitafel- und die Dreitafelprojektion an.

5.1 Zweitafelprojektion

Die senkrecht aufeinander stehende Projektionsebenen π_1 und π_2 schneiden sich in der Projektionsachse $_1p_2$.

Bei der Zweitafelprojektion dreht man die erste Bildebene, die Grundrissebene π_1 so um die Projektionsachse $_1p_2$, dass sie in die zweite Bildebene, die Aufrissebene π_2 fällt.

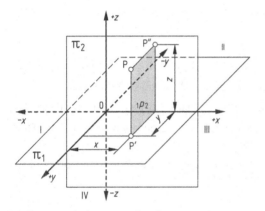

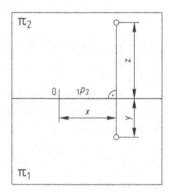

5.1 Raumpunkt im ersten Quadranten   **5.2** Punkt in der Zweitafelprojektion

Die Projektion des Raumpunktes P auf die beiden Bildebenen π_1 und π_2 wird im Grundriss mit P′ und im Aufriss mit P″ bezeichnet.

Die Striche bei den Buchstaben erleichtern die Zuordnung zu den Projektionsebenen.

Ein Koordinatensystem **5.2** ermöglicht die Festlegung des Punktes P; dabei wird die Rissachse $_1p_2$ als x- Achse definiert.

Die Koordinaten des Punktes P werden in der Schreibweise P(x/y/z) angegeben.

Bei den folgenden Darstellungen in der Zweitafelprojektion wird die Bildebene nicht mehr durch einen Rahmen begrenzt und die Bildebenenbezeichnung entfällt.

5.1.1 Projektion eines Punktes

Mit den vier Raumquadranten I, II, III und IV können Raumpunkte in allgemeiner Lage **5.3** dargestellt werden.

U. Kurz, H. Wittel, *Konstruktives Zeichnen Maschinenbau*,
DOI 10.1007/978-3-658-17257-2_5, © Springer Fachmedien Wiesbaden GmbH 2017

Dabei liegt der Punkt:

P_1 im I. Quadrant über der Grundrissebene und vor der Aufrissebene,

P_2 im II. Quadrant über der Grundrissebene und hinter der Aufrissebene,

P_3 im III. Quadrant unter der Grundrissebene und hinter der Aufrissebene,

P_4 im IV. Quadrant unter der Grundrissebene und vor der Aufrissebene.

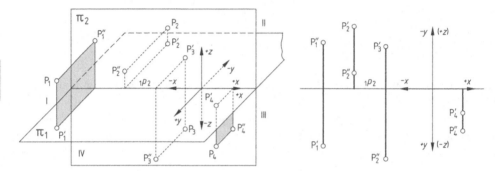

5.3 Lage der Raumpunkte in den Raumquadranten

5.1.2 Projektion einer Geraden

Eine im Raum liegende Strecke wird durch zwei Punkte z. B. A und B festgelegt.

Eine Verlängerung dieser Strecke über beide Endpunkte hinaus führt zur Raumgeraden g, **5.4**.

Diese Raumgerade durchstößt, wenn sie eine allgemeine Lage einnimmt, die beiden Bild-ebenen π_1 und π_2 und verläuft durch drei Quadranten.

Die Durchstoßpunkte werden als Spurpunkte bezeichnet, wobei der Horizontalspurpunkt H in der π_1-Ebene, der Vertikalspurpunkt V in der π_2-Ebene liegt.

Durch die Projektionen A' und B' erhält man g', in der Grundrissebene und durch A″ und B″ ist g'' in der Aufrissebene festgelegt.

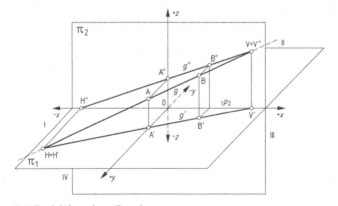

5.4 Projektion einer Geraden

Geradenlage	Erläuterung
	Gerade steht senkrecht auf π_1: Projektion g' ist ein Punkt und g'' steht senkrecht auf $_1p_2$
	Gerade steht senkrecht auf π_2: Projektion g' steht senkrecht auf $_1p_2$ und g'' ist ein Punkt
	Gerade liegt parallel zu π_1: Projektion g'' verläuft parallel zu $_1p_2$ Gerade ist eine **Höhenlinie**
	Gerade liegt parallel zu π_2: Projektion g' verläuft parallel zu $_1p_2$ Gerade ist eine **Frontlinie**
	Gerade liegt parallel zu π_1 und π_2: Projektionen g' und g'' verlaufen parallel zu $_1p_2$ Gerade ist **Höhen- u. Frontlinie**
	Gerade liegt parallel zu π_3: Projektionen g' und g'' stehen senkrecht auf $_1p_2$

5.5 Sonderlagen von Geraden

5.1.3 Projektion einer Ebene

Eine Ebene ε in allgemeiner Raumlage schneidet die Projektionsebenen π_1 und π_2 in einer Geraden, **5.6**. Diese Schnittgeraden werden als Spuren der Ebene bezeichnet.

Die Spuren e_1 und e_2 schneiden sich auf der Projektionsachse $_1p_2$, dem Knotenpunkt der Ebene.

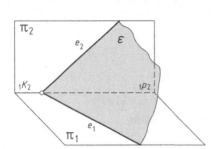

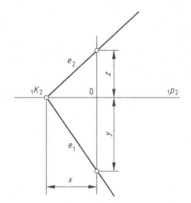

5.6 Ebene in allgemeiner Lage   **5.7** Koordinatenangabe

Mit einem Koordinatensystem, **5.7** kann die Ebene ε in der Schreibweise ε (x/y/z) eindeutig dargestellt werden.

Hauptlinien der Ebene

Sind Geraden in einer Ebene parallel zu einer Projektionsebene π_1 bzw. π_2, so sind sie auch zu der entsprechenden Spur der Ebene parallel. Die Höhenlinie, **5.8** verläuft im Grundriss parallel zur Spur e_1 und im Aufriss parallel zur Projektionsachse $_1p_2$. Strecken, die auf einer Höhenlinie liegen, werden im Grundriss in wahrer Länge abgebildet.

Die Frontlinie, **5.9** verläuft im Grundriss parallel zur Projektionsachse $_1p_2$ und im Aufriss parallel zur Spur e_2.

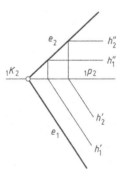

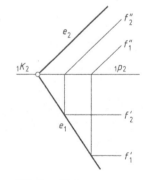

5.8 Höhenlinien   **5.9** Frontlinien

Strecken, die auf einer Frontlinie liegen, werden im Aufriss in wahrer Länge abgebildet.

Ebenenlage	Erläuterung
	Ebene steht senkrecht auf π_1: Spur e_2 steht senkrecht auf $_1p_2$ **erstprojizierende Ebene**
	Ebene steht senkrecht auf π_2: Spur e_1 steht senkrecht auf $_1p_2$ **zweitprojizierende Ebene**
	Ebene steht senkrecht auf π_1 und π_2: Spuren e_2 und e_2 stehen senkrecht auf $_1p_2$ **doppeltprojizierende Ebene**
	Ebene liegt parallel zu π_1: Spur e_2 verläuft parallel zu $_1p_2$ **Höhenlinie**
	Ebene liegt parallel zu π_2: Spur e_1 verläuft parallel zu $_1p_2$ **Frontlinie**
	Ebene verläuft parallel zu $_1p_2$: Spuren e_1 und e_2 verlaufen parallel zu $_1p_2$

5.10 Sonderlagen von Ebenen

5.1.4 Wahre Länge einer Strecke

Eine Strecke bzw. Kante einer Fläche wird nur dann in wahrer Länge abgebildet, wenn sie parallel zu einer Bildebene liegt.

Die Bestimmung der wahren Länge einer im Raum liegenden Strecke kann durch Drehen oder Umklappen erfolgen.

Bei der Drehmethode wird eine Strecke so um eine vertikale bzw. horizontale Achse in einem Endpunkt der Strecke gedreht, dass sie zu einer der beiden Bildebenen parallel liegt.

Die Drehung um die vertikale Achse, wie in **5.11** dargestellt, ergibt die wahre Länge in der Aufrissebene π_2.

Die Verlängerung der Waagerechten C'' und B'' über B'' hinaus schneidet die in B_0' errichtete Ordnungslinie in B_0''. Die Verbindung A'' mit B_0'' ist die wahre Länge der Strecke AB.

Dreht man die Strecke AB um die horizontale Achse, wie **5.12** zeigt, entsteht die wahre Länge in der Grundrissebene π_1.

Die Konstruktion ist sinngemäß die Gleiche wie zuvor beschrieben. Die räumliche Strecke AB gibt im Grundriss und Aufriss die verkürzten Projektionen $A'B'$ und $A''B''$.

Bei der Konstruktion der wahren Länge mittels eines Projektionstrapezes werden die senkrechten Abstände der Punkte A'' und B'' bis zur Projektionsachse $_1p_2$ rechtwinklig an die Projektion $A'B'$ angetragen.

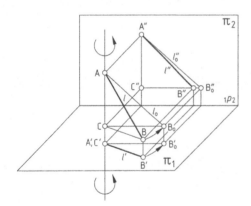
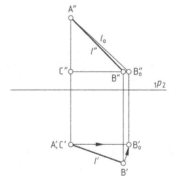

5.11 Drehung um die vertikale Achse

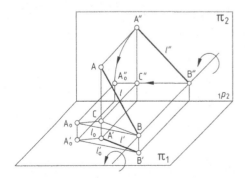
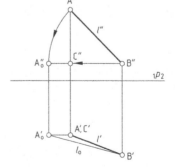

5.12 Drehung um die horizontale Achse

Durch Verbinden der Punkte A_0' mit B_0' erhält man die wahre Länge der Strecke AB, **5.13**.

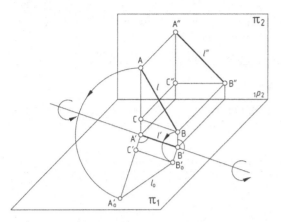
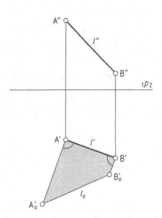

5.13 Umklappen des Projektionstrapezes

5.1.5 Wahre Größe einer Fläche

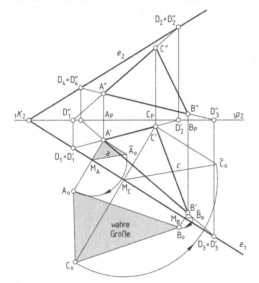

5.14 Wahre Größe einer Dreiecksfläche

Eine in der Ebene ε liegende Fläche kann in wahrer Größe dargestellt werden, wenn diese Ebene um die Grundriss- oder Aufrissspur in die Bildebene π_1 oder π_2 gedreht wird.

Die Konstruktion der wahren Größe einer Dreiecksfläche erfolgt, wie **5.14** zeigt, über Stützdreiecke, die senkrecht auf e_1 und π_1 stehen.

Die senkrechten Abstände der Punkte A″, B″ und C″ auf die Projektionsachse 1p2 werden in A′, B′ und C′ parallel zur Grundrissspur e_1 angetragen und mit $\overline{A}_0$, $\overline{B}_0$ und $\overline{C}_0$ bezeichnet.

Die Senkrechten zur Grundrissspur e_1 durch die Projektionspunkte A′, B′ und C′ ergeben mit den Kreisbögen um M_A, M_B und M_C mit den entsprechenden Radien $M_A\overline{A}_0$, $M_B\overline{B}_0$ und $M_C\overline{C}_0$ die wahre Größe der Dreiecksfläche ABC.

5.2 Dreitafelprojektion

Ein räumlicher Gegenstand der in der Zweitafelprojektion, das heißt in der Grund- und Aufrissebene, nur unzureichend dargestellt werden kann, bildet man in einer weiteren Bildebene, dem Seitenriss ab.

Diese dritte Bildebene π_3 wird, insbesondere bei technischen Zeichnungen so gewählt, dass sie senkrecht zur Grundriss- und auch senkrecht zur Aufrissebene steht.

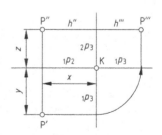

5.15 Punkt in der Dreitafelprojektion

Zur Darstellung in der Zeichenebene dreht man die dritte Bildebene π_3 um die Projektionsachse $_2p_3$ in die zweite Bildebene π_2.

Wie **5.15** zeigt fällt dabei die Rissachse $_1p_3$ mit der Rissachse $_1p_2$ zusammen. Die Projektion des Raumpunktes P auf die Bildebene π_3 wird mit P''' bezeichnet.

Die Projektionen P'' und P''' liegen auf derselben Höhenlinie.

5.2.1 Normalschnitte an Grundkörpern

Eine Schnittebene die senkrecht zu zwei Projektionsebenen oder senkrecht zu einer Projektionsebene und geneigt zu einer anderen steht wird als Normalschnitt bezeichnet.

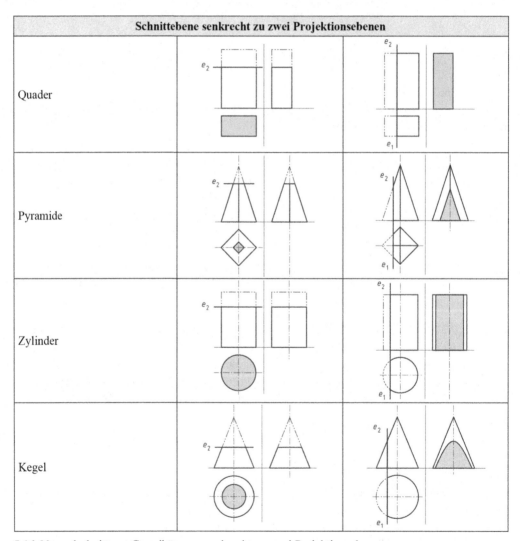

5.16 Normalschnitte an Grundkörpern, senkrecht zu zwei Projektionsebenen

Bei prismatischen oder zylinderförmigen Körpern bleibt die Grundrissabbildung unabhängig davon ob die Schnittebene parallel oder geneigt zur Grundrissebene verläuft.

Normalschnitte parallel zur Grundrissebene verändern bei Pyramiden und Kegeln, wegen der schrägen Anordnung der Körperkanten, die Grundrissabbildung.

Schnittebenen, die senkrecht zur Aufrissebene und geneigt zur Grundrissebene liegen, verändern die Grundriss- und Seitenrissabbildung, wie **5.16** und **5.17** zeigen.

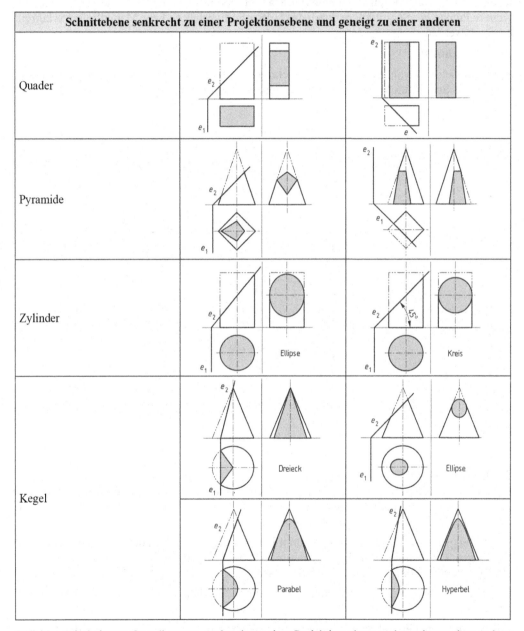

5.17 Normalschnitte an Grundkörpern, senkrecht zu einer Projektionsebene und geneigt zu einer anderen

Bei ebenflächigen Grundkörpern, Prisma, Pyramide bilden sich die Durchstoßpunkte der Körperkanten mit der Schnittebene auf den Spuren e_2 bzw. e_1 ab. Die Übertragung dieser Eckpunkte auf die beiden anderen Bildebenen erfolgt durch Ordnungslinien, dabei entstehen geradlinig begrenzte Schnittflächen.

Da man bei krummflächigen Grundkörpern Zylinder und Kegel nur die äußeren Konturpunkte der Schnittfigur als Durchstoßpunkte der Mantellinien mit der Schnittebene erhält, müssen weitere Punkte der Schnittkurve durch das Hilfsschnittverfahren bzw. Mantellinienverfahren ermittelt werden.

Zylinderschnitte

Wird ein Zylinder von einer Ebene ε geschnitten, die normal zur Aufrissebene steht, dann entsteht als Schnittfläche ein Kreis, eine Ellipse oder ein Rechteck.

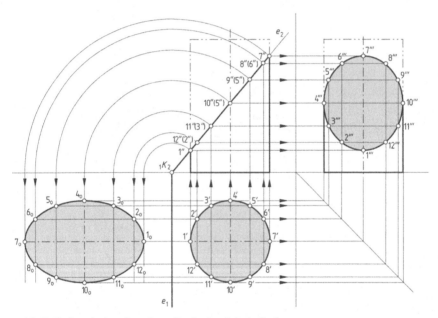

5.18 Zylinderschnitt mit wahrer Größe der Schnittfläche

Mantellinienverfahren

Die Konstruktion der Schnittfläche beginnt mit dem gleichmäßigen Aufteilen, meist eine 12er Teilung, des Zylindermantels in der Grundrissebene. Eine Bezeichnung der Teilung erleichtert das Auffinden der Schnittkurvenpunkte im Seitenriss.

Die Teilungspunkte $1'$ bis $12'$ werden nun mittels Ordnungslinien in den Auf- und Seitenriss übertragen. Höhenlinien durch die Schnittpunkte der Ordnungslinien mit der Aufrissspur e_2 ergeben die Schnittkurvenpunkte im Seitenriss.

Durch die Verbindung der Schnittpunkte $1'''$ bis $12'''$ erhält man die Schnittfläche in der Projektion.

Zur Bestimmung der wahren Größe der Schnittfläche zieht man Kreisbögen um den Knoten der Schnittebene ε mit den Radien $_1K_21$ usw., diese schneiden die Ordnungslinien durch die Teilungspunkte $1'$ bis $12'$ in den Punkten 1_0 bis 12_0.

Hilfsschnittverfahren

Beliebige Hilfsschnitte parallel zur Grundrissebene schneiden die Aufrissspur e_2 als Höhenlinien. Die Ordnungslinien durch diese Schnittpunkte in die Grundriss- bzw. Seitenrissebene führen zu den gesuchten Schnittkurvenpunkten.

Eine Bezeichnung der Hilfsschnitte erleichtert auch hier die Konstruktion der Schnittkurve.

Kegelschnitte

Wird ein Kegel von einer Ebene ε geschnitten, die normal zur Aufrissebene steht, dann sind folgende Schnittlagen und Schnittflächen möglich:

- – parallel zur Grundrissebene: Kreis
- – schräg zur Kegelachse: Ellipse
- – parallel zu einer Mantellinie: Parabel
- – parallel oder geneigt zur Kegelachse: Hyperbel
- – durch die Kegelspitze von der Grundrissebene: Dreieck

Die Schnittkurve kann durch das Mantellinienverfahren bzw. durch das Hilfsschnittverfahren konstruiert werden.

Mantellinienverfahren

Die Konstruktion der Schnittfläche beginnt mit dem gleichmäßigen Aufteilen, meist eine 12-er Teilung, des Kegelgrundkreises.

Die Verbindungslinie zwischen zwei gegenüberliegenden Teilungspunkten 1' bis 12' durch den Mittelpunkt des Grundkreises ergeben Schnittgeraden im Grundriss, **5.19**.

Durch Ordnungslinien in den Teilungspunkten erhält man auf der Projektionsachse $_1p_2$ die Projektionspunkte 1" bis 12" und im Seitenriss auf $_1p_3$ die Projektionen 1''' bis 12'''.

In der Aufrissebene verbindet man nun die Punkte 1' bis 12', wobei die verdeckten Punkte 8" bis 12" nicht eingetragen werden, mit der Kegelspitze S".

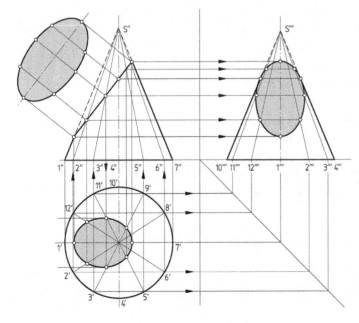

5.19
Kegelschnitt mit wahrer Größe
der Ellipsenschnittfläche

Diese Mantellinien ergeben auf der Aufrissspur e_2 der Schnittebene ε die Schnittkurvenpunkte.

Ordnungslinien durch diese Schnittpunkte schneiden im Grund- und Seitenriss die entsprechenden Mantellinien in den Kurvenpunkten.

Im Grund- und Seitenriss entsteht als Schnittfigur eine Ellipse.

Zur Bestimmung der wahren Größe der Schnittfläche errichtet man auf der Schnittgeraden Ordnungslinien senkrecht zu e_2 und überträgt aus dem Grundriss den Abstand von der Mittelachse zum entsprechenden Kurvenpunkt auf die zugehörige Senkrechte.

Hilfsschnittverfahren

Beliebige Hilfsschnitte parallel zur Grundrissebene schneiden die Aufrissspur e_2 als Höhenlinien. Im Grundriss bilden diese Hilfsschnitte Kreise, wie **5.20** zeigt.

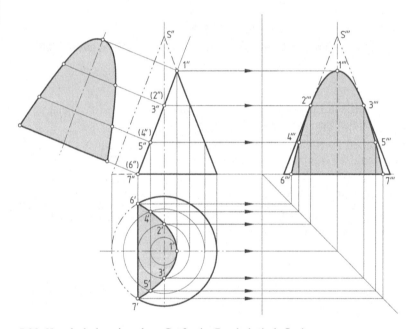

5.20 Kegelschnitt mit wahrer Größe der Parabelschnittfläche

Diese Kreise werden von den im Aufriss in den Schnittpunkten auf der Aufrissspur e_2 errichteten Ordnungslinien geschnitten, den gesuchten Schnittkurvenpunkten der Parabel.

Durch die Projektion der Schnittpunkte 1′ bis 7′ aus dem Grundriss in den Seitenriss entstehen auf den zugehörigen Höhenlinien die Kurvenpunkte im Seitenriss.

Die Bestimmung der wahren Größe erfolgt wie zuvor beschrieben.

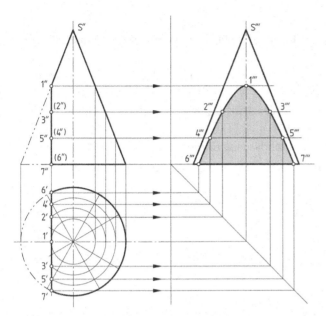

5.21 Kegelschnitt mit Hyperbelschnittfläche

Die Konstruktionsdurchführung beim hyperbolischen Kegelschnitt entspricht der Beschreibung, nach **5.20**.

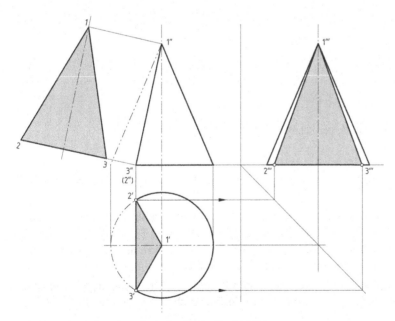

5.22 Kegelschnitt mit wahrer Größe der Dreieckfläche

Kugelschnitt

Beliebige Hilfsschnitte parallel zur Grundrissebene schneiden die Aufrissspur e_2 als Höhen-linien.

Im Grundriss bilden diese Hilfsschnitte Kreise, deren Größe wiederum von der Lage der Höhenlinie abhängt.

Ordnungslinien durch die Schnittpunkte auf der Aufrissspur e_2 schneiden im Grundriss die entsprechenden Kreise in den Kurvenpunkten.

Als Schnittfigur entsteht im Grund- und Seitenriss eine Ellipse.

Die Bestimmung der wahren Größe der Schnittfläche erfolgt wie zuvor beschrieben.

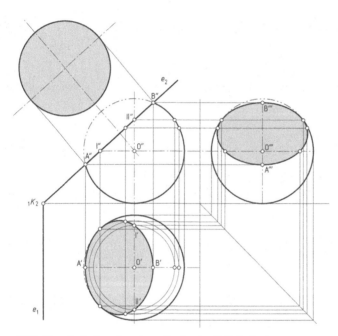

5.23 Kugelschnitt mit wahrer Größe der Schnittfläche

5.3 Durchdringungen

Durchdringen sich ebenflächige Körper, so entstehen als Durchdringungsfiguren geradlinige Durchdringungskanten.

Durchdringen sich krummflächige Körper, oder ebenflächige mit krummflächigen Körpern dann entstehen, wenn man einige Sonderfälle ausklammert, Durchdringungskurven.

Der Konstruktionsaufwand reduziert sich, wenn bei Körperdurchdringungen die Hilfsebenen so gelegt werden, dass als Schnittfiguren geradlinig begrenzte Flächen oder Kreisflächen entstehen.

Aufwändig wird es, wenn die Hilfsebene zunächst die Konstruktion einer Ellipse, Parabel oder Hyperbel als Schnittfigur notwendig macht.

Durchdringungen lassen sich auf die Grundaufgabe, Durchstoßpunkt der Geraden mit der Ebene, zurückführen.

Eine Bezeichnung der Durchstoßpunkte mit Ziffern, der Körperkanten mit Buchstaben erleichtert das Einzeichnen der Durchdringungskanten bzw. Durchdringungskurven.

Durchdringung zweier Prismen

Ein auf der Grundrissebene stehendes Sechskantprisma mit ungleichmäßiger Grundfläche wird von einem Vierkantprisma durchdrungen.

Die Körperkanten beider Prismen liegen parallel zur Aufrissebene, dadurch können die Durchstoßpunkte einfach über die Seitenrissebene konstruiert werden.

Im Seitenriss durchstoßen die Kanten des Sechskantprismas, bis auf die Körperkante $\overline{EE_h}$ die Mantelfläche des Vierkantprismas.

5.24 zeigt die Lage der Durchstoßpunkte im Grund- und Seitenriss.

Die in den Durchstoßpunkten im Grundriss errichteten senkrechten Ordnungslinien schneiden die zugehörigen waagrechten aus dem Seitenriss in den gesuchten Durchstoßpunkten im Aufriss.

Durch geradliniges Verbinden der Durchstoßpunkte ergeben sich die Durchdringungskanten, dabei ist auf die Sichtbarkeit der einzelnen Kanten zu achten.

5.37 zeigt die Durchdringung zweier unregelmäßiger Vierkantprismen, deren Körperachsen schiefwinklig zueinander liegen. Die Prismenkanten befinden sich in Ebenen parallel zur Aufrissebene.

Die Durchstoßpunkte 1′, 2′, 4′, 5′, 6′, 7′, 8′ und 9′ können aus dem Grundriss mit Ordnungslinien direkt auf die entsprechenden Kanten im Aufriss übertragen werden.

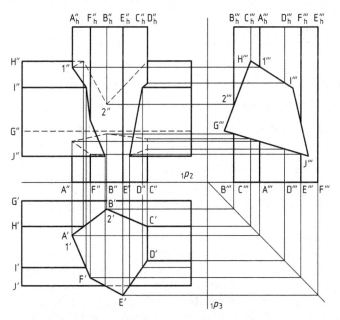

5.24 Rechtwinklige Prismendurchdringung

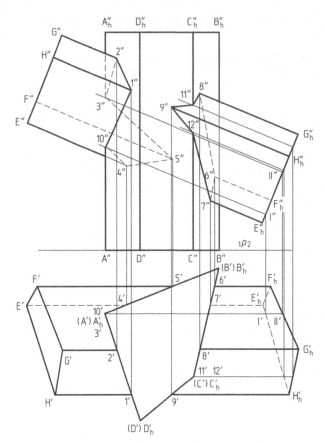

5.25 Schiefwinklige Prismendurchdringung

Die Hilfsebene durch A′ schneidet die Kante $\overline{E'_h\,H'_h}$ und $\overline{F'_h\,G'_h}$ in den Hilfspunkten I′ und II′. Ordnungslinien durch diese Hilfspunkte ergeben im Aufriss die Hilfspunkte I″ und II″.

Mit den Schnittgeraden durch I″ und II″ parallel zur Körperachse findet man auf der Prismenkante $\overline{A''A'_h}$ die Durchstoßpunkte 3″ und 10″.

Entsprechend werden die Durchstoßpunkte 11″ und 12″ konstruiert.

Die geradlinigen Verbindungen der zusammengehörigen Durchstoßpunkte, dabei ist die Sichtbarkeit der einzelnen Kanten zu beachten, ergeben die beiden Durchdringungsfiguren.

Durchdringung Pyramide mit Prisma

Eine auf der Grundrissebene stehende schiefe Pyramide mit sechseckiger Grundfläche wird von einem Vierkantprisma senkrecht durchdrungen. Die Körperachse der Pyramide und die Seitenkanten des Prismas liegen parallel zur Aufrissebene, wie **5.26** zeigt. Aus dem Grundriss können die Durchstoßpunkte bis auf 3′ und 4′ mit Ordnungslinien auf die entsprechenden Kanten im Aufriss übertragen werden. Zur Bestimmung der Durchstoßpunkte 3″ und 4″ legt man eine Schnittgerade s′ von 4′ nach S′. Die Verlängerung ergibt auf $\overline{E'F'}$ den Hilfspunkt 12′.

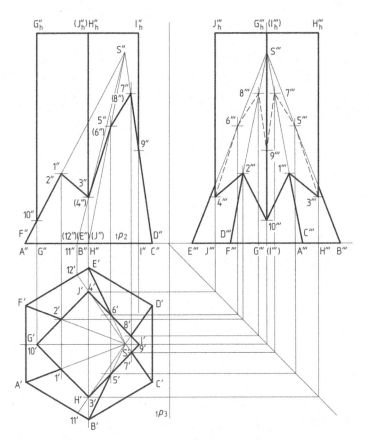

5.26 Pyramide von senkrechtem Prisma durchdrungen

Eine in 12′ errichtete Ordnungslinie schneidet $\overline{E''F''}$ in 12″.

Die Verbindungslinie s″ zwischen 12″ und S″ schneidet die Kante $\overline{J''H''}$ im Durchstoßpunkt 4″.

Mit Höhenlinien durch die Durchstoßpunkte im Aufriss erhält man auf den entsprechenden Kanten die Durchstoßpunkte im Seitenriss.

Die Durchdringungskanten ergeben sich durch Verbinden der zusammengehörigen Durchstoßpunkte, dabei ist auf die Sichtbarkeit der einzelnen Kanten zu achten.

Durchdringung Kegel mit Prisma

Ein auf der Grundrissebene stehender Kegel wird von einem Dreikantprisma durchdrungen. Die Körperachse des Kegels und die Seitenkanten des Prismas liegen parallel zur Aufrissebene.

5.27 zeigt die Lage der Durchdringungskurven im Grund- und Aufriss.

Hilfsschnitte parallel zur Grundrissebene durch die Prismeneckpunkte A‴, B‴ und C‴ ergeben im Grundriss konzentrische Kreise, diese schneiden die entsprechenden Prismenkanten in den Durchstoßpunkten 1′ bis 5′.

Die in den Durchstoßpunkten im Grundriss errichten Ordnungslinien schneiden die entsprechenden Höhenlinien in den gesuchten Durchstoßpunkten 1″ bis 5″ im Aufriss. Zusätzliche Hilfsschnitte erhöhen die Genauigkeit der Durchdringungskurven. Durch Verbinden der

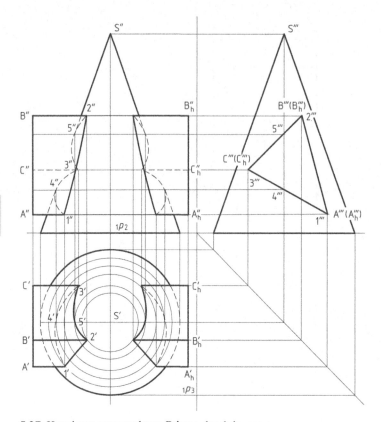

5.27 Kegel von waagrechtem Prisma durchdrungen

Durchstoßpunkte, wobei auf die Sichtbarkeit zu achten ist, erhält man die Durchdringungskurven im Grund- und Aufriss.

Drehkörper

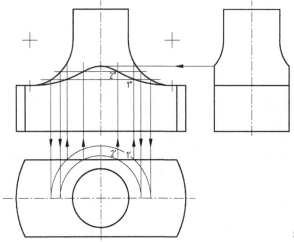

5.28 Stangenende

Ein auf der Grundrissebene stehender Drehkörper wird von zwei Ebenen die parallel zur Aufrissebene verlaufen geschnitten.

Hilfsschnitte parallel zur Grundrissebene ergeben im Aufriss Schnittpunkte im Ausrundungsbereich. Durch die Projektion dieser Schnittpunkte auf die Mittelachse im Grundriss entstehen konzentrische Kreise, diese schneiden die ebene Fläche in den Kurvenpunkt 1', 2', ...

Die Ordnungslinien durch 1', 2' ... ergeben mit den zugehörigen Höhenlinien die Kurvenpunkte 1'', 2'' ... im Aufriss. Aus dem Seitenriss erhält man den höchsten Punkt der Schnittkurve.

Für kegelige Bohrungen wird die Konstruktion der Durchdringungslinien schwieriger, weil die Schnitte parallel zur Achse des Kegels keine Rechtecke sondern Hyperbeln ergeben, die auch wieder konstruiert werden müssen. Da aber die meisten dieser Bohrungen durch die Achse des Hauptkörpers, also mittig, verlaufen, bietet sich für Zylinder, Kegel und Kugel das Hilfskugelverfahren als Konstruktionsmöglichkeit für die Durchdringungslinien an.

Dabei nutzt man die Kenntnis, dass zentrisch angebohrte Kugeln immer Kreisbögen als Schnittlinien aufweisen. Man stellt sich also Kugeln unterschiedlicher Größe vor, die mit dem Zentrum im Schnittpunkt der Durchdringungskörper liegen. Die Kugeln durchdringen diese Körper und erzeugen in der entsprechenden Ansicht, senkrecht zur Kreislinie Geraden. Die Schnittpunkte der beiden zusammengehörigen Durchmessergeraden liegen auf der Durchdringungskurve. Die Durchdringungskurve wird zur Geraden, wenn die Hilfskugel die Mantellinien beider Drehkörper berührt. Der Vorteil des **Hilfskugelverfahrens** liegt darin, dass zur Bestimmung der Durchdringungskurven nur eine Ansicht notwendig ist.

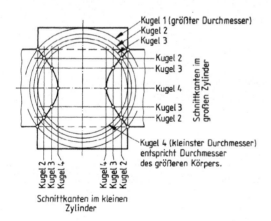

5.29 Hilfskugelverfahren Rechtwinklige Durchdringung

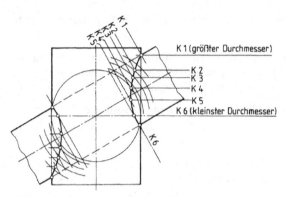

K 1 (größter Durchmesser)

K 2
K 3
K 4
K 5
K 6 (kleinster Durchmesser)

K 6

Die Schnittlinien verlaufen senkrecht zur Körpermittellinie

5.30 Hilfskugelverfahren Schiefwinklige Durchdringung

5.31 und **5.32** zeigen Durchdringungsfiguren konstruiert nach dem Hilfskugelverfahren. Bei **5.32** berührt die Hilfskugel die Mantellinien beider Zylinder, deshalb entsteht eine Gerade.

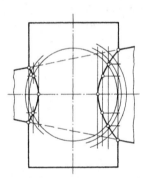

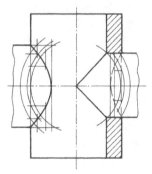

5.31 Zylinder von waagrechtem Kegel durchdrungen

5.32 Zylinder von waagrechtem Zylinder durchdrungen

5.4 Abwicklungen

Zur gesamten Abwicklung eines Körpers gehört die Mantelfläche, Grundfläche und die Schnittfläche, beim ungeschnittenen Körper die Deckfläche.

Prismenabwicklung

Beim senkrecht auf der Grundrissebene stehenden Prisma werden die Kantenlängen im Aufriss in wahrer Länge abgebildet. Die wahren Breiten der Seitenflächen können aus dem Grundriss entnommen werden.

Zum Aufzeichnen des Mantels wird das Prisma längs einer Kante aufgeschnitten, im Allgemeinen an der kürzesten Körperkante. Beim Ausbreiten der Mantelfläche wird dann die Innenseite sichtbar.

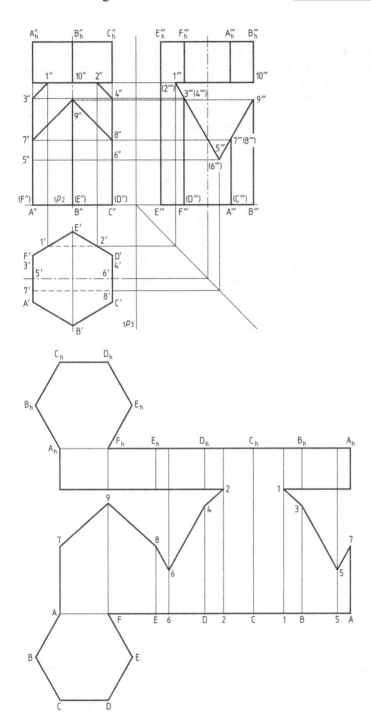

5.33 Sechseckprisma mit Dreikantdurchbruch und Abwicklung nach dem Kantenverfahren

Pyramidenabwicklung

Zunächst sind die wahren Längen der Seitenkanten zu bestimmen. Dazu werden diese um die Spitze S in eine parallele Lage zur Aufrissebene gedreht. In einer Hilfskonstruktion bestehend aus einer Normalen auf der Rissachse ₁p₂ mit der Pyramidenhöhe und den Abständen der Eckpunkte A′, B′ und C′ zum Punkt S′ im Grundriss ergeben sich die wahren Längen der Pyramidenkanten und damit die Mantellängen in der Abwicklung. Die wahren Breiten der Seitenflächen können direkt aus dem Grundriss übertragen werden.

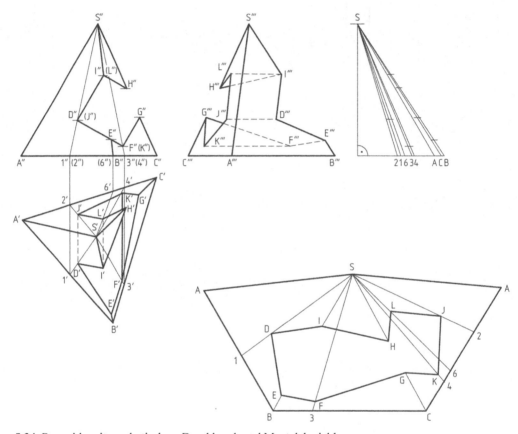

5.34 Pyramide mit quadratischem Durchbruch und Mantelabwicklung

Mittels Kreisbögen um die Spitze S mit den Längen $\overline{SA}$, $\overline{SB}$ und $\overline{SC}$ aus der Hilfskonstruktion und um A, B, C mit den entsprechenden Breiten $\overline{A'B'}$, $\overline{B'C'}$ und $\overline{C'A'}$ aus dem Grundriss erhält man die Eckpunkte der Mantelfläche.

Bei Pyramidenschnitten oder Durchbrüchen werden zusätzliche Mantellinien durch die Durchstoßpunkte gelegt.

Die Mantellinie im Aufriss z. B. durch D″ schneidet $\overline{A''B''}$ in 1″. Mit einer Ordnungslinie ergibt sich 1′ auf $\overline{A'B'}$. Die Verbindung von 1′ zu S′ stellt die Projektion der Mantellinie $\overline{S''1''}$ im Grundriss dar. Durch die Übertragung von $\overline{S'1'}$ in die Hilfskonstruktion erhält man die wahre Länge der Mantellinie. Aus dem Grundriss wird der Abstand $\overline{A'1'}$ auf die Pyramidenseite $\overline{AB}$ der Abwicklung von A aus abgetragen und der Punkt 1 mit der Spitze S verbunden.

Mit einer Höhenlinie z. B. durch den Durchstoßpunkt D″ im Aufriss erhält man in der Hilfskonstruktion mit der entsprechenden Mantellinie den Schnittpunkt D_s. Die Übertragung des
Abstandes $\overline{SD_s}$ aus der Hilfskonstruktion auf die Mantellinie in der Abwicklung ergibt den
Eckpunkt D des Mantelausschnittes. Die Konstruktion der anderen Durchstoßpunkte verläuft
entsprechend.

5.35 zeigt eine schiefe Pyramide, die von einem Vierkantprisma senkrecht durchdrungen wird.
Die Mantelabwicklung für das Durchdringungsprisma konstruiert man nach dem Kantenverfahren.

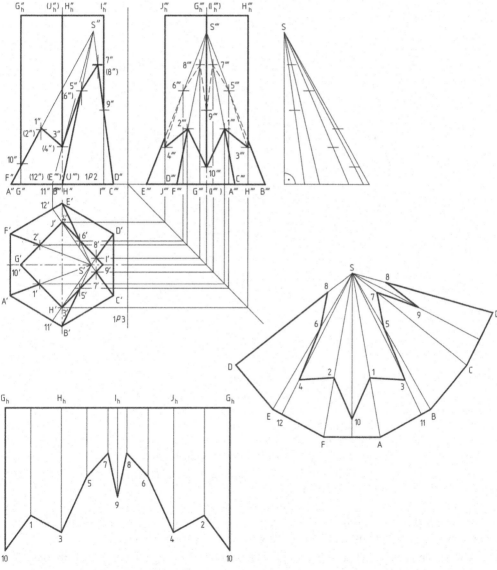

5.35 Prismenabwicklung nach dem
Kantenverfahren

Pyramidenabwicklung nach dem
Mantellinienverfahren

Die Längen- und Breitenmaße können direkt aus dem Aufriss bzw. Grundriss übertragen werden. Die Mantelabwicklung für die Pyramide macht das schon beschriebene Mantellinienverfahren notwendig.

Kegelabwicklung

Bei der Kegelabwicklung handelt es sich um einen Kreisausschnitt mit dem Radius der Mantellänge L. Die Kreisbogenlänge entspricht dem Umfang des Kegelgrundkreises $U = D \cdot \pi$. Zum Einzeichnen der Mantellinienabstände teilt man den Grundkreis mit dem Zirkel in 12 gleiche Teile und trägt anschließend die Teilstrecke s auf dem Kegelgrundkreis ab. Da beim Abtragen der Teilstrecke s die Bogensehne und nicht die Bogenlänge eingestellt ist, ergibt sich eine kleine Ungenauigkeit. Zur genaueren Konstruktion berechnet man den Öffnungswinkel α des Kreisausschnittes.

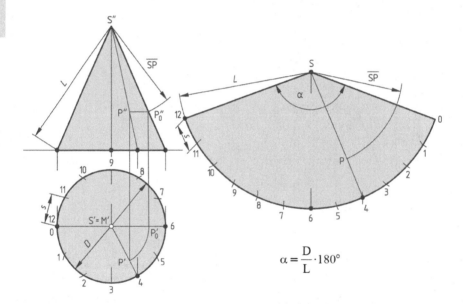

$$\alpha = \frac{D}{L} \cdot 180°$$

5.36 Kegelabwicklung

In **5.36** ist der Durchstoßpunkt P'' auf dem Mantel eines geraden Kegels dargestellt. Zur Eintragung in die Abwicklung des Kegelmantels muss zunächst die Mantellinie, auf der P'' liegt, in eine Lage parallel zur Aufrissebene gedreht werden. Im Grundriss wandert der Punkt P' dabei auf einer Kreisbahn zur Rissachse und schneidet diese im Punkt P_0', siehe auch **5.11**. Die im P_0' errichtete Ordnungslinie schneidet die Umrissmantellinie in P_0''. Der Abstand von der Kegelspitze S'' bis zum Schnittpunkt P_0'' ist dann die gesuchte Länge.

Zum gleichen Ergebnis kommt man auch, wenn durch P'' eine Höhenlinie gelegt wird. Diese schneidet die Umrissmantellinie ebenfalls in P_0''.

5.37 zeigt die waagerechte Durchdringung eines Kegels mit einem Dreikantprisma. Für die Mantelabwicklung des Dreikantprismas können die Längen- und Breitenmaße nach dem Kantenverfahren direkt aus dem Grund- bzw. Seitenriss entnommen werden.

Die Abwicklung des Kegelmantels erfolgt nach dem in **5.36** dargestellten Konstruktionsprinzip. Zu den nach der 12-er Teilung festgelegten Mantellinien im Seitenriss werden zusätzliche Mantellinien durch die Eckpunkte, Durchstoßpunkte der Prismenkanten $\overline{A'''A'''}_h$, $\overline{B'''B'''}_h$ und $\overline{C'''C'''}_h$ gelegt.

Durch die Projektion dieser Mantellinien, Schnittgeraden in die Grundrissebene erhält man auf dem Kegelgrundkreis die entsprechenden Abstände der Mantellinien für die Eckpunkte der Mantelausschnitte in der Abwicklung.

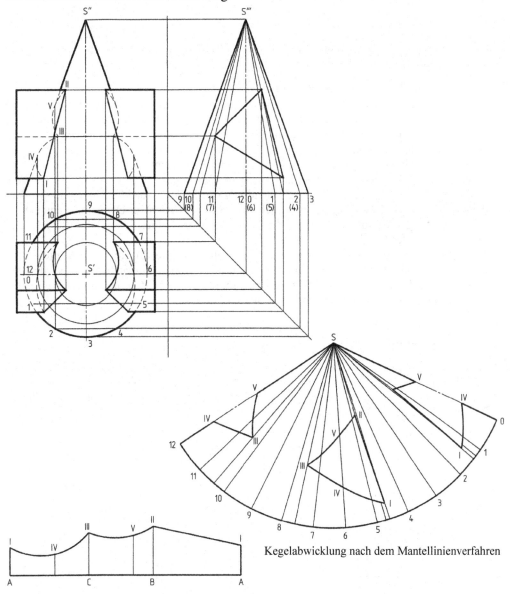

Kegelabwicklung nach dem Mantellinienverfahren

5.37 Prismenabwicklung nach dem Kantenverfahren

5.5 Übungen

Hinweis:
Auf der Verlagshomepage unter extras.springer.com finden sie 73 Aufgaben mit ausführlichen Lösungen zu diesem Kapitel.

6 Darstellung von Ansichten

In technischen Zeichnungen werden die Ansichten von Körpern in der Normalprojektion nach DIN ISO 128-30, siehe Kapitel 4.3 dargestellt.

Dabei sind folgende Regeln zu beachten:

1. Es werden nur so viele Ansichten gezeichnet, wie zum vollständigen und eindeutigen Erkennen der Geometrie des Körpers notwendig sind, **6.1**. Die Darstellung ist für alle Werkstoffe auch für durchsichtige einheitlich. Teile, die sich hinter durchsichtigen Elementen befinden, dürfen nach DIN ISO 128-34 wie sichtbare dargestellt werden.
2. Die Ansichten sind so auszuwählen, dass die Hauptansicht wesentliche Merkmale des Körpers zeigt und möglichst wenige verdeckt darzustellende Kanten gezeichnet werden müssen, **6.2**.
3. Auf jeder Zeichnung wird nur eine der Darstellungsmethoden, Projektionsmethoden 1 oder 3 angewandt. Die Verwendung des entsprechenden Symbols macht die Darstellung eindeutig. Die Eintragung des Symbols erfolgt in der Nähe des Schriftfeldes. In der DIN ISO 5456-2 sind die Maße des Symbols festgelegt.
4. Darstellungselemente für die Form sind die breite Volllinie für sichtbare Kanten, die schmale Volllinie für Bruchlinien und Lichtkanten, die schmale Strichlinie für verdeckte Kanten, die schmale Strich-Punkt-Linie für Symmetrie- und Mittellinien und die schmale Strich-Zweipunkt-Linie für Schwerlinien und Umrisse, **6.3**.

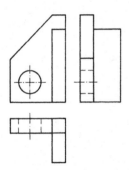 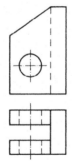 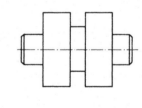

6.1 Notwendige Ansichten

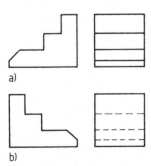

a)

b)

6.2 Lage Hauptansicht
  a) günstig, b) ungünstig, verdeckte Kanten

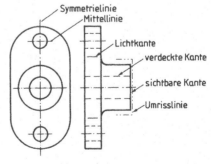

6.3 Darstellungselemente

Symmetrielinie
Mittellinie
Lichtkante
verdeckte Kante
sichtbare Kante
Umrisslinie

U. Kurz, H. Wittel, *Konstruktives Zeichnen Maschinenbau*,
DOI 10.1007/978-3-658-17257-2_6, © Springer Fachmedien Wiesbaden GmbH 2017

Die Pfeilmethode, siehe Kapitel 4.3, wird angewendet wenn man ungünstige Projektionen vermeiden oder wenn eine Ansicht aus Platzgründen nicht in der richtigen Anordnung dargestellt werden kann.

6.1 Besondere Ansichten

In Fertigungszeichnungen hat die Eindeutigkeit der Darstellung Vorrang. Das bedeutet, dass man in Fällen, in denen die Normalprojektion die Darstellung verzerrt, besondere Ansichten benutzt. Dies trifft immer dann zu, wenn Hauptachsen nicht senkrecht zur Projektionsrichtung liegen, siehe **6.4**. Die Darstellung kann dann nach a) projektionsgerecht oder b) in gedrehter Lage erfolgen. Der Drehwinkel muss zusätzlich eingetragen werden.

Teilansichten

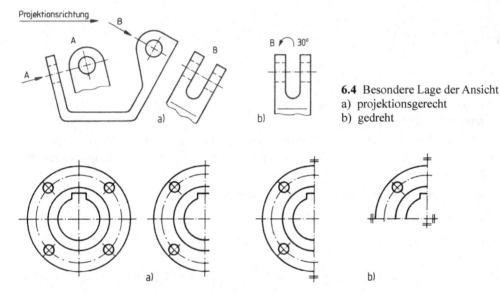

6.4 Besondere Lage der Ansicht
a) projektionsgerecht
b) gedreht

6.5 Darstellung symmetrischer Gegenstände

Symmetrische Werkstücke können als Halb- oder Viertelschnitt gezeichnet werden, wenn eine eindeutige und vollständige Darstellung möglich ist, **6.5**.

Die sichtbaren Umrisse werden dann nach a) etwas über die Symmetrielinie hinaus gezeichnet oder b) sie enden an der Symmetrielinie, in diesem Fall muss das grafische Symbol am Ende der Symmetrielinie stehen.

Symmetrische Formen

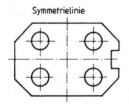

6.6 Symmetrie trotz Nut

Symmetrisch sind Gegenstände auch dann, wenn die Grundform einseitig in Einzelheiten verändert ist, **6.6**. Dies ist dann von Bedeutung, wenn bei der Bemaßung die symmetrische Form eine Rolle spielt.

Unterbrochene Ansichten

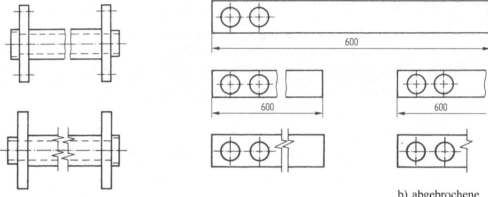

6.7 a) Unterbrochene Darstellungen

b) abgebrochene Darstellung

Aus Platzgründen können flache, runde oder konische Werkstücke durch Bruchkanten verkürzt dargestellt werden, **6.7**.

Nach DIN ISO 128-34 werden Bruchkanten als schmale Freihandlinien, bei CAD-Zeichnungen als schmale Zickzacklinie ausgeführt. Die Formelemente müssen eng aneinander gezeichnet werden.

Die Zickzacklinien gehen etwas über die Umrisslinie hinaus.

Lichtkanten

Gerundete Übergänge, so genannte Lichtkanten, werden durch schmale Volllinien, die vor den Körperkanten enden dargestellt.

Die Lage der Lichtkante ergibt sich aus dem Schnittpunkt der verlängerten Kanten. Dieser Schnittpunkt wird auch für die Bemaßung verwendet, **6.9**.

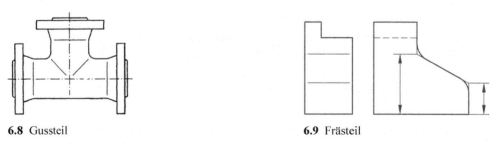

6.8 Gussteil

6.9 Frästeil

6.2 Besondere Darstellungen

Wird die maßstabgetreue Darstellung von Einzelheiten eines Gegenstands zu klein und damit zu ungenau, dann werden diese Einzelheiten im vergrößerten Maßstab gesondert gezeichnet. In der eigentlichen Zeichnung verzichtet man auf die genaue Darstellung der Einzelheit. Der

Bereich der Einzelheit wird mit einer schmalen Volllinie eingerahmt z. B. mit einem Kreis und mit einem Großbuchstaben (X, Y, Z) gekennzeichnet. Die Einzelheit wird in vergrößerter Form möglichst in der Nähe der Einrahmung angeordnet und mit dem entsprechenden Buchstaben und dem Vergrößerungsmaßstab benannt, **6.10**. Sollten an der eingerahmten Stelle in der Zeichnung Schraffuren, umlaufende Kanten oder Bruchlinien vorhanden sein, so dürfen diese in der vergrößerten Darstellung entfallen, **6.11**.

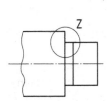 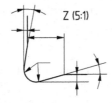 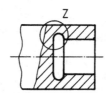

6.10 Einzelheit Z

6.11 Einzelheit ohne Schraffur, umlaufende
Kante, Bruchlinie

6.3 Vereinfachte Darstellungen

Technische Zeichnungen sollen trotz der notwendigen Eindeutigkeit auch übersichtlich sein. In allen Fällen, in denen sich gleiche geometrische Elemente, Bohrungen, Schlitze, Schneidenformen an Werkzeugen, Zahnformen an Zahnrädern, z. B. wiederholen, müssen nur so viele Elemente dargestellt werden, wie zur eindeutigen Bestimmung erforderlich sind, **6.12**, **6.13**. Die Mitten von Bohrungen und Schlitzen werden durch Mittellinien, sonstige Formen durch schmale Volllinien festgelegt.

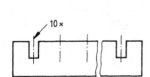 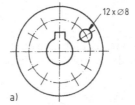

6.12 Sich wiederholende Elemente.
Mittellinienzeichnung

6.13 Sich wiederholende Elemente.
a) Lagekennzeichnung,
b) Kennzeichnung durch Volllinie

Geringe Neigungen, wie sie vor allem an gewalzten und gegossenen Werkstücken auftreten, werden in den zugehörigen Projektionen nicht dargestellt. Es ist nur eine breite Volllinie in der Projektion des kleinen Maßes zu zeichnen, **6.14**. Sehr flache Durchdringungskurven werden nicht gezeichnet.

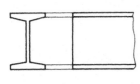 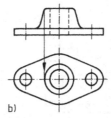

6.14 Darstellung geringer Neigungen
a) Walzschrägen (I-Profil)

b) Gussschrägen

6.15 zeigt eine Passfedernut in einer Welle bzw. eine Querbohrung in einer Hülse.

In beiden Fällen kann auf die Darstellung der flach verlaufenden Durchdringungskurven verzichtet werden.

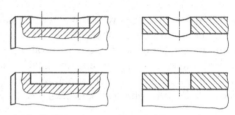

6.15 Gering versetzte Durchdringungskurven

6.4 Schnittdarstellungen

Um Zeichnungen klar und deutlich darzustellen, sollen die Gegenstände möglichst nur mit sichtbaren Kanten gezeichnet werden. Die Bemaßung an verdeckten Kanten ist zu vermeiden. Bei Hohlkörpern und Durchbrüchen in verschiedenen Ebenen einer Ansicht ist dies nur mit einer besonderen Darstellung möglich. Die Gegenstände, in denen Verdecktes sichtbar werden soll, zeichnet man aufgeschnitten. Es gelten dabei weiterhin die Regeln über die Anordnung der Ansichten; die Strichlinien der verdeckten Kanten werden durch breite Volllinien ersetzt. In **6.16** und **6.17** dargestellt.

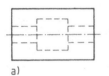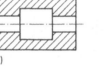

a) b)

a) b)

6.16 Vollschnitt am Hohlkörper
  a) ungeschnitten b) geschnitten

6.17 Vollschnitt durch mehrere Ebenen
  a) ungeschnitten b) geschnitten

Die Lage der Schnittebenen wird durch eine breite Strichpunkt-Linie angezeigt, **6.18**. Dies ist nicht nötig, wenn die Lage des Schnittes wie in **6.19** eindeutig ist.

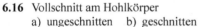

B-B   A B   A-A

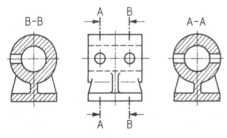

A B

6.18 Anordnung der Schnittdarstellung

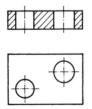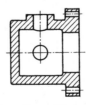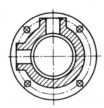

6.19 Anordnung der Schnittdarstellung. Eindeutige Schnittlagen

Kennzeichnung des Schnittverlaufs

Ist der Schnittverlauf nicht eindeutig erkennbar, so wird er durch eine breite, kurze Strichpunktlinie am Anfang und Ende und gegebenenfalls an der Knickstelle gekennzeichnet.

Der Schnittverlauf kann auch ergeben, dass eine Schnittfläche in eine Ansicht übergeht. Die Übergangsstelle wird dann durch eine dünne Freihandlinie dargestellt, **6.21**.

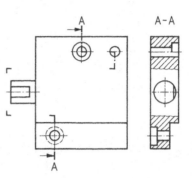

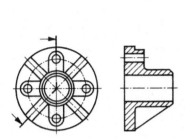

6.20 Abgewinkelte Schnittführung

6.21 Geknickte Schnittführung

In **6.20** sind zwei Schnittebenen in einem Winkel zueinander gezeichnet. Um eine Verkürzung bei der Projektion die Seitenansicht zu vermeiden, wird die Schnittebene durch die Rippe des Werkstücks in die Projektionsebene gedreht.

Nach DIN ISO 128-44 dürfen Umrisse und Kanten entfallen, wenn sie nicht zur Verdeutlichung der Abbildung beitragen.

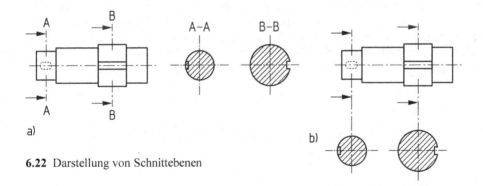

6.22 Darstellung von Schnittebenen

Bei Wellen mit Nuten sind häufig mehrere Profilschnitte notwendig. Die Anordnung der Schnitte auf der Projektionsachse macht eine Bezeichnung der Schrittebenen mit Großbuchstaben, **6.22**a) notwendig.

Bei einer Anordnung der Schnitte direkt unterhalb ihrer zugehörigen Schnittebene entfällt die Schnittkennzeichnung, **6.22**b).

Der Schnitt muss aber mit der Ansicht durch eine schmale Strich-Punktlinie verbunden sein.

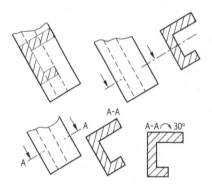

Schnitte dürfen in die zugehörige Ansicht gedreht werden. Die Umrisse des Schnittes werden mit schmalen Volllinien dargestellt.

Neben der durch Blickrichtungspfeile festgelegten Anordnung dürfen Schnitte auch an anderen Stellen projektionsgerecht oder gedreht gezeichnet werden.

Bei der Darstellung in gedrehter Lage ist der Drehwinkel anzugeben, **6.23**.

6.23 Herausgezogene und gedrehte Schnitte

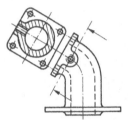

Um schiefe Projektionen zu vermeiden können Schnittdarstellungen auch um schräg liegende Kanten geklappt werden, **6.24**. Eine besondere Kennzeichnung ist nicht notwendig.

6.24 Schnittdarstellung geklappt

Schraffuren

Die Schnittflächen werden durch Schraffuren gekennzeichnet. Diese sind nach DIN ISO 128-50 genormt und umfassen auch die Kennzeichnung der z. B. feste Stoffe, Flüssigkeiten und Gase, **12.1**. Wird der Werkstoff nicht besonders gekennzeichnet, benutzt man die Grundschraffur U, Universalschraffur. Die Schraffurart ersetzt nicht die Werkstoffangabe in der Stückliste. Die Schraffurlinien sind schmale Volllinien, die unter 45° gegen die Schnittkanten oder Symmetrielinien verlaufen, **6.25**.

Schmale Schnittflächen z. B. dünne Bleche, Profile, Buchsen dürfen voll geschwärzt werden.

Stoßen geschwärzte Schnittflächen zusammen, so sind diese mit einen Abstand von mindestens 0,7 mm darzustellen, **6.26**.

Bei großen Schnittflächen genügt die Schraffur der Randzone, **6.27**.

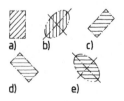

6.25 Schraffurrichtungen

6.26 Schmale Schnittflächen
a) Einzelprofil
b) zusammengesetztes Profil

6.27 Randschraffur

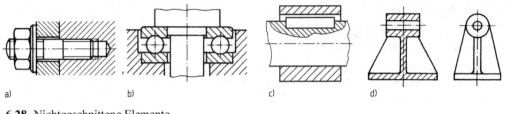

6.28 Nichtgeschnittene Elemente
a) Stiftschraube　　　b) Wälzkörper　　　c) Passfeder　　　d) Gussrippen

Zur übersichtlichen Gestaltung von Haupt- oder Gruppenzeichnungen werden bestimmte Bereiche, auch wenn sie in der Schnittebene liegen, ungeschnitten dargestellt. Dazu zählen in Längsrichtung gezeichnete Achsen, Wellen, Bolzen, Stifte, Schrauben, Niete, Passfedern, Keile, Wälzkörper, **6.28**.

Nicht geschnitten werden außerdem Rippen an Gussstücken, Stege, Speichen. Diese Bereiche sollen sich von der Grundform des Werkstücks abheben.

Treffen die Schnittflächen mehrerer Bauteile zusammen, so sind die Schraffurlinien der einzelnen Schnittflächen entgegengesetzt oder der Abstand entsprechend enger oder weiter zu zeichnen, **6.29**.

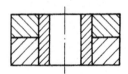

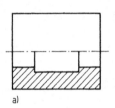

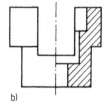

6.29 Schraffuranordnung

6.30 Halbschnitt,
a) horizontal, b) vertikal

Bei rotationssymmetrischen Körpern werden gerne Halbschnitte gelegt. Man erkennt dadurch in einer Darstellung in der Schnitthälfte die innere Form und in der Ansichtshälfte die äußere Kontur. Verdeckte Kanten werden nicht dargestellt. Die Schnitthälften werden bei waagrechter Mittellinie unterhalb und bei senkrechter Mittellinie rechts der Mittellinie gezeichnet, **6.30**.

Körperkanten, die bei einem Halbschnitt auf der Mittellinie liegen, sind zu zeichnen.

Ein Teilschnitt kann als Ausbruch oder als Teilausschnitt dargestellt werden.

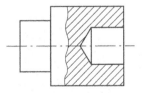

6.31 zeigt einen Teilschnitt als Ausbruch. Hier wird nur ein Teilbereich der Ansicht geschnitten um eine bestimmte Einzelheit zu zeigen.

Die Begrenzungslinie, eine Freihand- oder Zickzacklinie darf nicht mit Umrissen, Kanten oder Hilfslinien zusammenfallen.

6.31 Ausbruch

6.5 Arbeitsfolge beim Aufzeichnen

Beim manuellen Zeichnen ist es vorteilhaft, eine geregelte Arbeitsfolge einzuhalten. Dazu gibt es grundsätzlich zwei Möglichkeiten.

1. Die Arbeitsfolge richtet sich nach den geometrischen Grundformen des Bauteils. Dieses Verfahren soll an dem Halter **6.32** gezeigt werden.

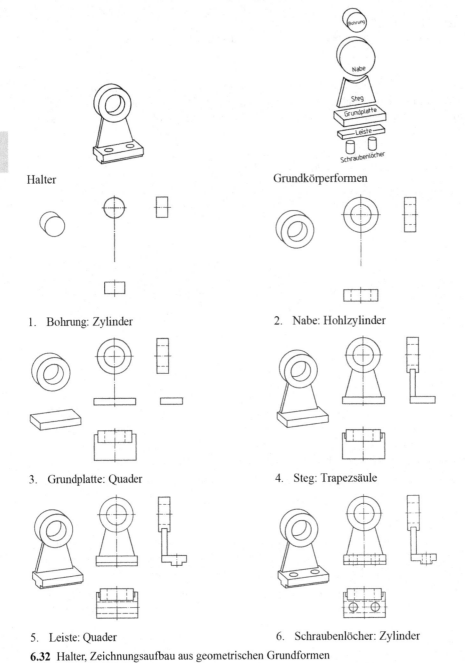

Halter   Grundkörperformen

1. Bohrung: Zylinder   2. Nabe: Hohlzylinder

3. Grundplatte: Quader   4. Steg: Trapezsäule

5. Leiste: Quader   6. Schraubenlöcher: Zylinder

6.32 Halter, Zeichnungsaufbau aus geometrischen Grundformen

2. Die Arbeitsfolge richtet sich nach dem Fertigungsablauf des Bauteils.
   Der Gabelkopf **6.33** ist dafür ein Beispiel.

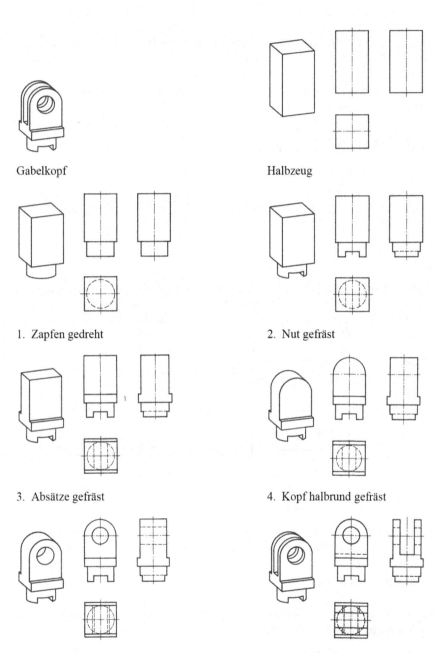

Gabelkopf   Halbzeug

1. Zapfen gedreht   2. Nut gefräst

3. Absätze gefräst   4. Kopf halbrund gefräst

5. Loch gebohrt   6. Schlitz gefräst

6.33 Gabelkopf, Zeichnungsaufbau fertigungsbezogen

7 Maßeintragungen

Durch die Maßeintragungen werden die gezeichneten Formen von Einzelteilen, Baugruppen, Baukonstruktionen und Plänen in ihren Abmessungen definiert und sind damit zu fertigen, zu prüfen und zu montieren.

In der DIN 406-10 sind die Begriffe und allgemeine Grundlagen der Maßeintragung beschrieben, die Elemente und Anwendungsbeispiele erläutert die DIN 406-11.

7.1 Elemente der Maßeintragung

Die Maßeintragungen werden mithilfe folgender Elemente, siehe **7.1**, vorgenommen:

- Maßlinie
- Maßhilfslinie
- Maßlinienbegrenzung
- Maßzahl
- Kennzeichen
- Hinweislinien

Die **Maßlinie** ist eine schmale Volllinie, die bei Längenmaßen parallel zu den zu bemaßenden Elementen gezeichnet wird. Maßlinien sollen andere Linien nicht schneiden. Wenn dies unvermeidlich ist, werden sie nicht unterbrochen, **7.2**. Auch bei unterbrochen dargestellten Ansichten werden sie ohne Unterbrechung gezeichnet, **7.3**.

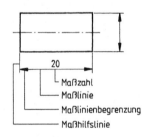
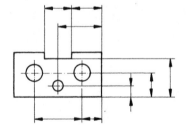
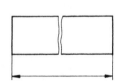

7.1 Elemente der Maßeintragung

7.2 Maßlinie schneidet andere Linie

7.3 Maßlinie bei unterbrochener Ansicht

Der Abstand der Maßlinien hängt von der Größe der Darstellung ab. Zwischen Maßlinie und Körperkante soll er mindestens 10 mm, zwischen einzelnen Maßlinien mindestens 7 mm betragen und einheitlich sein.

Maßlinien dürfen abgebrochen werden bei:

- Halbschnitten
- Teildarstellungen symmetrischer Gegenstände
- der Bemaßung konzentrischer Durchmesser

Die **Maßhilfslinie** ist eine schmale Volllinie. Sie ist die Verbindungslinie zwischen dem zu bemaßenden Element und der Maßlinie. Sie darf unterbrochen werden, z. B. für eine Maßzahleintragung, wenn ihre Fortsetzung eindeutig ist.

Der Maßhilfslinienüberstand beträgt in etwa 2 mm.

U. Kurz, H. Wittel, *Konstruktives Zeichnen Maschinenbau*,
DOI 10.1007/978-3-658-17257-2_7, © Springer Fachmedien Wiesbaden GmbH 2017

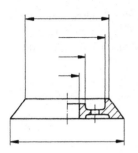

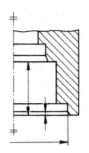

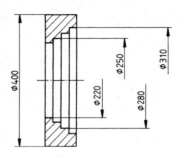

7.4 Maßlinien,
Halbschnitt

7.5 Maßlinien,
Teildarstellung

7.6 Maßlinien,
konzentrische Durchmesser

Als **Maßlinienbegrenzung** wird in der Regel der geschwärzte Pfeil (15°) verwendet, beim rechnerunterstützten Zeichnen auch der offene Pfeil. Im Bauwesen werden der offene Pfeil (90°) und der Schrägstrich bevorzugt. Bei Platzmangel werden vor allem in der Verbindung mit dem geschwärzten Pfeil Punkte als Maßlinienbegrenzung gesetzt, **7.7**. Der offene Kreis kennzeichnet die Ursprungsangabe.

d = Breite der zugeordneten Linie

7.7 Maßlinienbegrenzungen

Die **Maßzahlen** werden nach DIN EN ISO 3098-2 in des Schriftform B, vertikal bevorzugt nach der Methode 1 eingetragen, **7.8**.

Die Maßzahlen können in der Leselage der Zeichnung, Leselage des Schriftfeldes in beiden Hauptleserichtungen von unten und rechts gelesen werden.

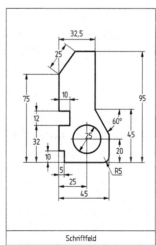

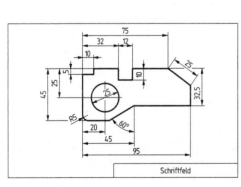

7.8 Bemaßung, Methode 1

7.9 Bemaßung, Methode 2

Methode 1: Die Maßzahlen stehen parallel zur nichtunterbrochenen Maßlinie, auch bei Winkelbemaßungen, **7.10**.

Bei Platzmangel kann die Maßzahl an einer Hinweislinie, **7.11**, über der Verlängerung der Maßlinie, **7.12** oder auch nach **7.13** angeordnet werden.

7.10 Maßzahleneintragung nach Methode 1

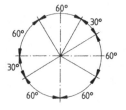
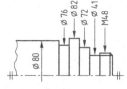

7.11 Maß an   **7.12** Maße an Maßlinien-   **7.13** Durchmessermaß
Hinweislinie   verlängerung   an Formelemente

Methode 2: Die Maßzahlen werden nur in der Leserichtung des Schriftfeldes eingetragen. Horizontale Maßlinien werden nicht unterbrochen. Nichthorizontale Maßlinien werden zum Eintragen der Maßzahlen vorzugsweise in der Mitte unterbrochen, **7.9**.

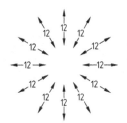
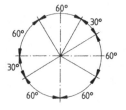
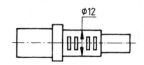

7.14 Maßlinien unterbrochen   **7.15** Maße über Maßlinien   **7.16** Abgewinkelte Maßlinie

Winkelmaße dürfen auch ohne Unterbrechung der Maßlinien in Leselage des Schriftfeldes eingetragen werden. Bei Platzmangel darf die Maßzahl an einer verlängerten und abgewinkelten Maßlinie eingetragen werden, **7.16**. Die Maßeintragung nach der Methode 2 wird nicht weiter behandelt, da die Methode 1 eigentlich üblich ist.

Steigende Bemaßung. Wird diese Bemaßung angewandt – die von einem Bezugspunkt ausgehenden Maßlinien überlagern sich in einer Reihe – sind die Maßzahlen in der Nähe der Maßlinienbegrenzungen senkrecht oder parallel zur Maßlinie anzuordnen, **7.17**.

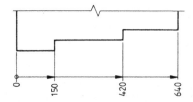
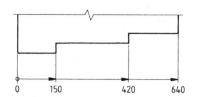

7.17 Steigende Bemaßung
      a) Maße senkrecht zur Maßlinie   b) Maße parallel zur Maßlinie

Kennzeichen sind grafische Symbole, die bei Bedarf zu den Maßzahlen gesetzt werden.

Die am häufigsten benutzten sind:

– das Durchmesserzeichen ∅
– das Quadratzeichen □
– das Verjüngungssymbol ▷
– die Kennzeichnung der Maßzahlen, die vom Maßstab abweichen z. B. <u>80</u>
– der Buchstabe *R* für Radius, *S* für Kugel, *SW* für Schlüsselweite.

a)

b)

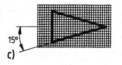
c)

7.18 Kennzeichen, zu den Maßzahlen
a) Durchmesser, b) Quadratzeichen, c) Verjüngungssymbol

Hinweislinien zur Eintragung von Maßen sind schräg aus der Darstellung herauszuziehen. Sie enden:

– mit einem Punkt in Flächen,
– mit einem Pfeil an Körperkanten,
– ohne Begrenzungszeichen an Maß- und Mittellinien, **7.19**.
– mit Begrenzungszeichen, wenn Bezüge hergestellt werden, z. B. zwischen der Maßlinie und einer darauf bezogenen Linie, **7.20**.

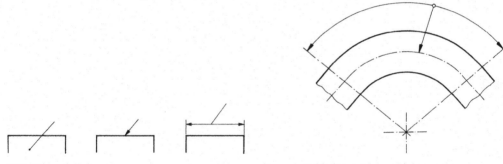

7.19 Hinweislinien

7.20 Bezugskennzeichnung

Für die Maßeintragung gilt in der Regel:

– Die Maße beziehen sich auf den Gegenstand im dargestellten Zustand.
– Es werden nur die für die eindeutige Beschreibung des Gegenstands notwendigen Maße eingetragen.
– Die Formelemente werden nur einmal in einer Zeichnung bemaßt.
– Die Maße werden dort eingetragen, wo das Formelement am deutlichsten zu erkennen ist.
– Die Bemaßung von verdeckten Kanten ist zu vermeiden.
– Die Maßeintragung erfolgt nur in Ziffern (evtl. mit Dezimalangaben). Das Einheitenzeichen kann im Schriftfeld angegeben werden.

7.2 Systeme der Maßeintragung, Arten der Maßeintragung

In der DIN 406-10 sind die allgemeinen Grundlagen, Begriffe, Symbole und die Systeme der Maßeintragung zusammengestellt, **7.18**.

– **Funktionsbezogene Maßeintragung.** Die Maße werden nach konstruktiven Gesichts-
   punkten eingetragen. Das Zusammenwirken der Einzelteile steht im Vordergrund.
– **Fertigungsbezogene Maßeintragung.** Die für die Fertigung benötigten Maße werden aus
   der funktions-bezogenen Zeichnung berechnet und eingetragen. Die Maßtolerierung wird
   angepasst, das Fertigungsverfahren berücksichtigt.
– **Prüfbezogene Maßeintragung.** Entsprechend den vorgesehenen Prüfverfahren werden die
   Maße eingetragen, um einen Soll-/Ist-Vergleich ohne Umrechnungen vornehmen zu können.

Die Maßeintragungen können auf folgende Arten vorgenommen werden:

– **Parallelbemaßung.** Die Maßlinien liegen parallel zueinander. Jedes Maß hat eine eigene
   Maßlinie, **7.22**, **7.23** und **7.24**.
– **Steigende Bemaßung.** Alle Maße einer Richtung haben im Regelfall nur eine Maßlinie,
   die im Ursprung (Kennzeichen offener Kreis) beginnt und an den Maßhilfslinien mit einer
   Maßlinienbegrenzung abgeschlossen wird, **7.25**.

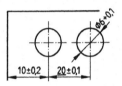   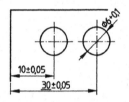   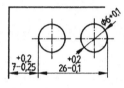

7.21 Maßsysteme
       funktionsbezogen   fertigungsbezogen   prüfbezogen

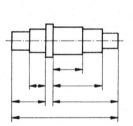   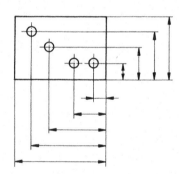   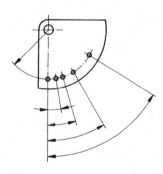

7.22 Parallelbemaßung.   **7.23** Parallelbemaßung.   **7.24** Parallelbemaßung.
       Fertigung durch Drehen   Bezugsebenen unten   Bemaßung auf einem
                                        und rechts   Lochkreis

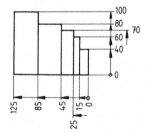   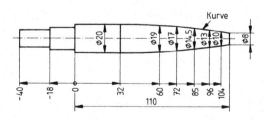

7.25 Steigende Bemaßung   **7.26** Steigende Bemaßung, negative Maßrichtung

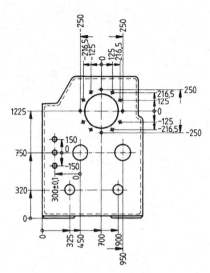

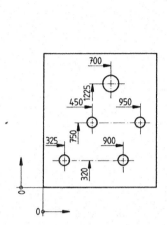

7.27 Steigende Bemaßung, abgebrochene Maßlinien   **7.28** Steigende Bemaßung, mehrere Ursprünge

Werden Maße auch in der Gegenrichtung eingetragen, so ist eine der Richtungen mit einem Minuszeichen zu versehen, **7.26**.

Die steigende Bemaßung kann auch mit abgebrochenen Maßlinien, **7.27** und mit mehreren Ursprüngen angewandt werden, **7.28**.

Im Bedarfsfall lassen sich Parallel- und steigende Bemaßung entsprechend kombinieren, **7.29**.

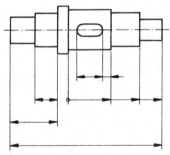

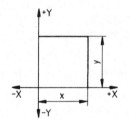

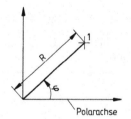

7.29 Kombination von Parallel- und steigender Bemaßung

7.30 Maße (x, y) im kartesischen Koordinatensystem

7.31 Maße (R, φ) im polaren Koordinatensystem

Koordinatenbemaßung. Es werden kartesische, **7.30** und polare, **7.31** Koordinatensysteme verwendet. Die kartesischen Koordinaten werden in Tabellen oder am Werkstück direkt eingetragen, **7.32** und **7.33**. Maß- und Maßhilfslinien werden nicht gezeichnet. Die negativen Richtungen sind mit einem Minuszeichen zu versehen. Die Kombination mit Formelementen z. B. Radius- oder Durchmesserzeichen ist möglich, wie **7.34** zeigt.

Die Polarkoordinaten werden vom Ursprung ausgehend für Radius und Winkel festgelegt und in Tabellen eingetragen. Die Daten sind immer positiv siehe **7.35** und Tabelle 7.1.

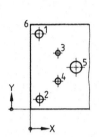

Pos.	x	y	d
1	20	160	⌀19
2	20	20	⌀15
3	60	120	⌀11
4	60	60	⌀13
5	100	90	⌀26
6	0	180	–
7			
8			

7.32 Kartesische Koordinatenbemaßung mit Tabelle

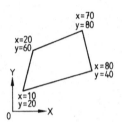

7.33 Kartesische Koordinatenbemaßung am Maßpunkt

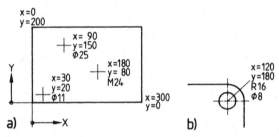

7.34 Kombination Maße und Formelemente

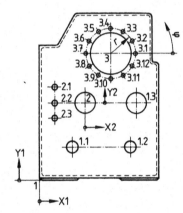

7.35 Kombination kartesische und polare Koordinaten. Haupt- und Nebensysteme

Tabelle 7.1 Werkstücktabelle für Bild **7.35** (Maße in mm)

Koordinaten-ursprung	Pos.	Koordinaten				
		X1 X2	Y1 Y2	r	φ	d
1	1	0	0			–
1	1.1	325	320			⌀ 120 H7
1	1.2	900	320			⌀ 120 H7
1	1.3	950	750			⌀ 200 H7
1	2	450	750			⌀ 200 H7
1	3	700	1225			⌀ 400 H8
2	2.1	– 300	150			⌀ 50 H11
2	2.2	– 300	0			⌀ 50 H11
2	2.3	– 300	– 150			⌀ 50 H11
3	3.1			250	0°	⌀ 26
3	3.2			250	30°	⌀ 26
3	3.3			250	60°	⌀ 26

Fortsetzung s. folgende Seite.

Tabelle 7.1 Fortsetzung

Koordinatenursprung	Pos.	Koordinaten				
		X1 X2	Y1 Y2	r	φ	d
3	3.4			250	90°	⌀ 26
3	3.5			250	120°	⌀ 26
3	3.6			250	150°	⌀ 26
3	3.7			250	180°	⌀ 26
3	3.8			250	210°	⌀ 26
3	3.9			250	240°	⌀ 26
3	3.10			250	270°	⌀ 26
3	3.11			250	300°	⌀ 26
3	3.12			250	330°	⌀ 26

Jedem Koordinaten(Haupt-)system können Nebensysteme zugeordnet werden. Die Systeme und die einzelnen Positionen sind durch Ziffern entsprechend zu kennzeichnen.

7.3 Bemaßungsregeln

Die Maße sollen nach Möglichkeit nach ihrer Zusammengehörigkeit zusammengefasst angeordnet werden. D. h. alle notwendigen Maße für Formelemente, z. B. Bohrung, Schlitz, Nut, Ansatz sind in je einer Ansicht anzugeben, **7.36**. Bei einer Halbschnittbemaßung sind Innen- und Außenmaße entsprechend zu ordnen, **7.37**. Bei Gruppenzeichnungen sind die Maße für das entsprechende Bauteil, z. B. Hülse, Gewindebolzen voneinander getrennt anzuordnen, **7.38**.

Maßketten sollen dort, wo kleine Maßtoleranzen notwendig sind, vermieden werden. Zumindest dürfen nicht alle Maße der Kette bezogen auf das Gesamtmaß eingetragen werden, **7.39**, es sei denn, ein Maß wird als Hilfsmaß in Klammern gesetzt, **7.40**.

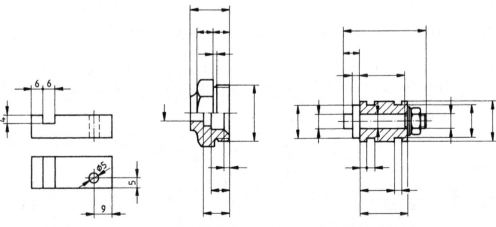

7.36 Maßeintragung.
Ordnen in Ansichten

7.37 Maßeintragung.
Ordnen nach Innen-
und Außenmaßen

7.38 Maßeintragung.
Ordnen nach Einzelteilen

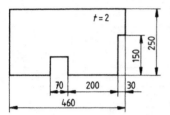

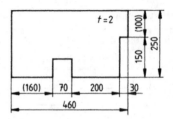

7.39 Maßeintragung, keine geschlossene Maßkette

7.40 Maßeintragung, Hilfsmaß in Klammern

Durchmesserangaben werden stets mit dem grafischen Symbol ⌀ versehen, **7.41** bis **7.44**.

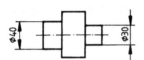

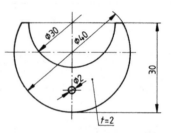

7.41 Durchmesserangaben auf der Maßlinie

7.42 Durchmesserangabe auf der verlängerten Maßlinie

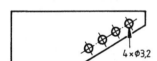

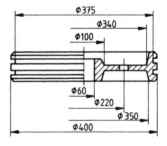

7.43 Durchmesserangabe mit Hinweislinie

7.44 Durchmesserangaben als offene Maße

Radiusangaben werden stets mit dem Buchstaben R versehen. Die Maßlinien mit einem Maßpfeil innerhalb oder außerhalb der Darstellung müssen aus der Richtung der Radiusmittelpunkte kommen und damit senkrecht auf der Kreislinie stehen, **7.45**, **7.46**. Mehrere Radien gleicher Größe lassen sich nach **7.47** zusammenfassen.

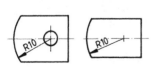

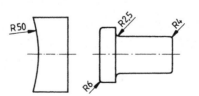

7.45 Angaben der Radiusgröße (vom Mittelpunkt aus)

7.46 Angaben der Radiusgröße

7.47 Zusammenfassung von Radiusangaben

Die Mittelpunkte der Radien sind nur zu bemaßen, wenn sie aus der Geometrie des Gegenstands nicht erkennbar sind, **7.48**. Dabei kann bei großen Radien nach **7.49** verfahren werden.

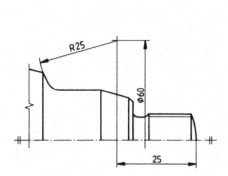

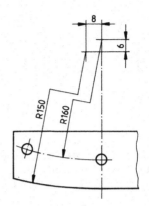

7.48 Bemaßung von Radiusmittelpunkten   **7.49** Bemaßung großer Radien

7

Zu beachten ist, dass der Abschnitt, der den Kreis berührt, senkrecht auf diesem steht und die Maßzahl auf diesem Abschnitt eingetragen wird. Haben mehrere Radien den gleichen Mittelpunkt, so enden die Maßlinien an einem Hilfskreisbogen.

Beim rechnerunterstützten Zeichnen dürfen nur gerade Maßlinien ohne Knick angeordnet werden.

Kugelbemaßungen haben stets vor den Durchmesser- bzw. Radiusangaben den Buchstaben S, **7.50** und **7.51**. Da bei Linsenkuppen, z.B. an Schrauben- und Bolzenenden, die Kugelform eine untergeordnete Rolle spielt, kann in solchen Fällen der Buchstabe S auch entfallen, **7.52**.

Bei gerundeten Übergängen mit kleinem Halbmesser wie in **7.53** wird eine schmale Volllinie, die die Körperkanten nicht berührt, als Lichtkante gezeichnet.

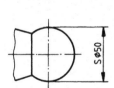

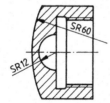

7.50 Kugelbemaßung des Durchmessers   **7.51** Kugelbemaßung von Radien   **7.52** Linsenkuppe

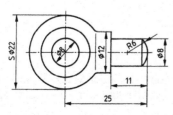

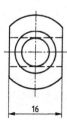

7.53 Übergang Kugel-Zylinder mit Lichtkante

Quadratische Formen werden mit dem grafischen Symbol □ gekennzeichnet. Es wird nur an einer Quadratseite bemaßt, wie **7.54** zeigt.

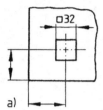

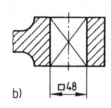

7.54 Bemaßung quadratischer Formen
a) in Achsrichtung,
b) quer zur Achsrichtung

Die **Seitenlängen von Rechtecken** können nach **7.55** angegeben werden. Das erste Maß entspricht der Seitenlänge, auf die die Hinweislinie zeigt. Auch Tiefenangaben sind möglich, wenn eine zweite Ansicht dazu gesetzt wird, **7.56**

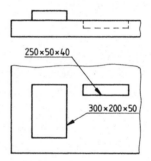

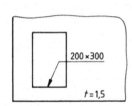

7.55 Bemaßung von Rechtecken

7.56 Bemaßung von Rechtecken mit Tiefenangabe

Schlüsselweite. Lässt sich der Abstand der Schlüsselflächen, **7.57**a) in der Darstellung nicht bemaßen, so ist die Maßangabe nach **7.57**b) möglich. Die Großbuchstaben SW stehen immer vor der Maßzahl.

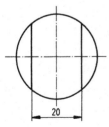

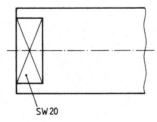

7.57 Bemaßung der Schlüsselweite
a) in Achsrichtung   b) quer zur Achsrichtung

Neigungen sind stets mit dem grafischen Symbol ◿ vor der Maßzahl zu versehen, **7.58** und **7.59**. Vorzugsweise werden die Angaben auf einer abgeknickten Hinweislinie eingetragen wie in **7.60** und **7.61** dargestellt.

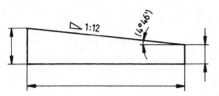

7.58 Neigungsangabe mit
Neigungsverhältnis

7.59 Neigungsangabe mit
Prozentangabe

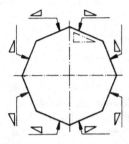

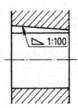

7.60 Neigungsangabe auf Hinweislinie

7.61 Neigungsangabe bei einer Keilnut

7

Fasen und Senkungen. Bei Fasen mit einem Winkel von 45° oder Senkungen von 90° wird der Winkel und die Fasenbreite, achsparallel angegeben, **7.62**.

Dargestellte und nicht dargestellte 45°-Fasen können auch mit einer abgewinkelten Hinweislinie, siehe **7.63**, bemaßt werden.

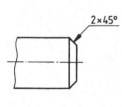

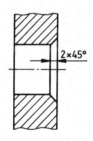

7.62 Angabe der Fasenmaße (Winkel 45°)

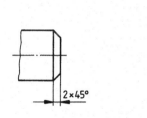

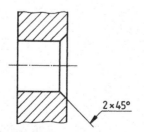

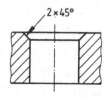

7.63 Angabe der Fasenmaße (Winkel 45°) auf Hinweislinie

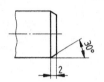
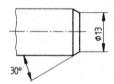
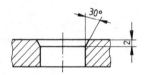

7.64 Angabe der Fasenmaße (Winkel 30°)

Bei Fasen mit einem von 45° abweichenden Winkeln wird die Fasenbreite oder der Fasen-
durchmesser und der Winkel mit Maßlinie und Maßhilfslinie eingetragen.

Winkelangaben bis 30° dürfen mit geraden Maßlinien angegeben werden, **7.64**.

Bogenbemaßung. Vor die Maßzahl der Bogenlänge wird das grafische Symbol ⌒ gesetzt, das
bei manueller Anfertigung der Zeichnung in flacherer Form auch über die Maßzahl gesetzt
werden kann, **7.65**, **7.66**. Die Maßhilfslinien sind bei Bögen mit Winkeln unter 90° parallel
zu zeichnen (Maßlinienlänge = Bogenmaß). Aneinander grenzende Bogenmaße haben daher
immer eigene Maßhilfslinien, **7.67**. Bei Bögen mit Winkeln über 90° verlaufen die Maßhilfslinien auf den Bogenmittelpunkt zu, Maßlinienlänge ≠ Bogenmaß, **7.68**. Ist der Bezug auf eine
bestimmte Bogenlänge nicht eindeutig, so muss die Maßlinie mit dem zu bemaßenden Element, z.B. Mittellinie durch eine Hinweislinie mit Punkt verbunden werden, **7.68**.

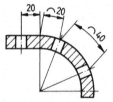
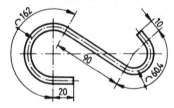

7.65	**7.66**	**7.67**	**7.68**
Bogenbemaßung.	Bogenbemaßung.	Bogenbemaßung.	Bogenbemaßung. Winkel größer
Kennzeichen vor	Kennzeichen über	Winkel bis 90°	als 90°
der Maßzahl	der Maßzahl		

Vereinfachte Darstellungen 7.69, **7.70** führen auch zu vereinfachten Maßeintragungen. Angegeben wird Anzahl und Abstand der Elemente und zusätzlich die Gesamtlänge bzw. der
Gesamtwinkel als Ergebnis in Klammern.

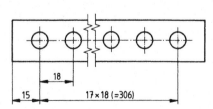
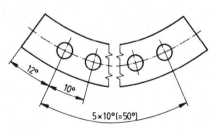

7.69 Vereinfachte Maßeintragung von
         Längenmaßen

7.70 Vereinfachte Maßeintragung von
         Winkelmaßen

Die Anzahl gleicher sich wiederholender Formelemente kann durch vollständige Darstellungen, **7.71**, durch die Anzahl der Teilungen bzw. Abstandsmaße, **7.72** oder nach **7.73** angegeben werden.

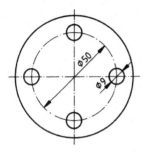

7.71 Gleiche Formelemente, vollständige Darstellung

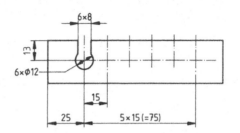

7.72 Gleiche Formelemente, nur eine Darstellung

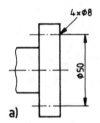 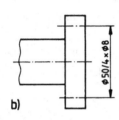

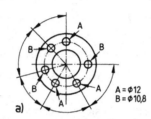 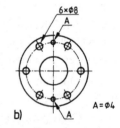

7.73 Gleiche Formelemente, ohne Darstellung

7.74 Gleiche Formelemente verschiedener Größe

7

Treten unterschiedliche sich wiederholende Elemente z. B. Bohrungen verschiedener Größe in einer Zeichnung auf, so werden die Gruppen mit Großbuchstaben gekennzeichnet die in der Nähe erklärt werden müssen, **7.74**.

Verjüngungen. Das grafische Symbol ▷ wird in jedem Fall vor die Maßzahl der Verjüngung als Verhältnis 1 : a oder als Prozentzahl a % gesetzt. Die Richtung des grafischen Symbols stimmt mit der Richtung der Verjüngung überein. Die Angaben sind auf abgeknickte Hinweislinien zu setzen, **7.75**.

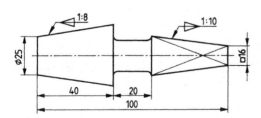

7.75 Verjüngungssymbol am Kegel und an der Pyramide

7.4 Kegelbemaßung

Nach der DIN ISO 3040 sind für die Bemaßung allgemeiner Kegelformen, Bild **7.76**, folgende Angaben notwendig:

- großer Durchmesser *D*,
- kleiner Durchmesser *d*,
- Kegellänge *L*.

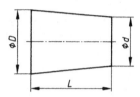

7.76 Bemaßung allgemeiner Kegelformen

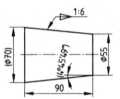

7.77 Bemaßung von Passkegeln

Kegel mit genauer Form (Passkegel) gehören zu den Formelementen, bei denen häufig mehr Maße angegeben werden als nach den Bemaßungsregeln notwendig wären. Zusätzlich zu den genannten 3 Kenngrößen *D*, *d*, *L* werden die Kegelverjüngung *C* und der Einstellwinkel $\frac{\alpha}{2}$ angegeben, **7.77**.

Eine Überbemaßung wird vermieden durch die Klammern um den Einstellwinkel $\frac{\alpha}{2}$ und dem großer Durchmesser *D* in **7.77**. Wahlweise auch kann der Kleine Durchmesser *d* eingeklammert werden.

Die Kegelverjüngung errechnet sich aus $C = \dfrac{D-d}{L}$

z. B. $C = \dfrac{60-50}{30} = \dfrac{10}{30} = \dfrac{1}{3}$

  $C = 1{:}3$

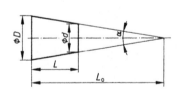

7.78 Berechnung der Kegelverjüngung

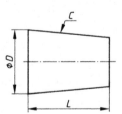

7.79 Angabe der Kegelverjüngung

Die Angabe in der Zeichnung erfolgt mit dem Verjüngungssymbol. Das gleichschenklige Dreieck, siehe **7.18**, zeigt in Richtung der Kegelverjüngung und wird auf einer Hinweislinie über der Kegelmantellinie parallel zur Kegelachse eingetragen, **7.79**.

Der Einstellwinkel $\dfrac{\alpha}{2}$ als Hilfsmaß für die Fertigung errechnet sich aus

$$\tan\frac{\alpha}{2}=\frac{1}{2}\frac{D-d}{L};\text{z.B.:}\quad \tan\frac{\alpha}{2}=\frac{1}{2}\frac{60-50}{30}=\frac{1}{6};\tan\frac{\alpha}{2}=0,1\overline{6}\quad \frac{\alpha}{2}=9°27'44''$$

Der Kegelwinkel ist folglich doppelt so groß: $\alpha = 18°55'28''$.

Für bestimmte Anwendungsbereiche empfiehlt DIN 254 Kegelverjüngungen, z. B. für Dichtungskegel, Kegelbuchsen für Wälzlager, Kegel zur Werkzeugaufnahme.

Werkzeugkegel nach DIN 228 werden auch als Morsekegel bezeichnet. Statt der Kegelverjüngung wird dann z. B. Morse 3 eingetragen, **7.80**.

Soll innerhalb der Kegellänge an bestimmter Stelle L_x ein genauer Durchmesser D_x eingehalten werden, so ist das entsprechend **7.81** in die Zeichnung einzutragen.

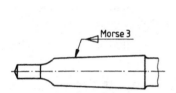

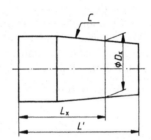

7.80 Angabe für Morsekegel   7.81 Passmaß an bestimmter Stelle

7.5 Übungen

Hinweis:
Auf der Verlagshomepage unter extras.springer.com finden Sie 45 Aufgaben mit ausführlichen Lösungen zu diesem Kapitel.

8 Toleranzen und Passungen

8.1 Längen- und Winkelmaßtoleranzen

Grundbegriffe (DIN EN ISO 286-1)

Maße und Toleranz. Ein in der Zeichnung mit vorgeschriebenen Maßen dargestelltes Werkstück kann bei der Herstellung nur mit größeren oder kleineren Abweichungen vom Nennmaß gefertigt werden. Stets wird das am Werkstück als Messergebnis festgestellte Maß, das Istmaß, kleiner oder größer sein. Um die Abweichungen zu begrenzen, werden, wenn nötig, zwei Grenzmaße festgelegt, zwischen denen (beide einbegriffen) das Istmaß beliebig liegen darf. Das größere ist das Höchstmaß, das kleinere das Mindestmaß, **8.1** bis **8.3**. Der Unterschied zwischen dem Höchstmaß und dem Mindestmaß (also auch die Differenz zwischen dem oberen und dem unteren Abmaß) heißt Maßtoleranz oder kurz Toleranz. Dabei ist die Toleranz ein absoluter Wert ohne Vorzeichen. In einer grafischen Darstellung von Toleranzen wird das Feld zwischen zwei Linien, die das Höchstmaß und das Mindestmaß darstellen, Toleranzfeld genannt, hier die enger schraffierten Flächen in den Zeichnungen **8.1** bis **8.3**.

Das Toleranzfeld wird festgelegt durch die Größe der Toleranz und deren Lage zur Nulllinie, **8.2**.

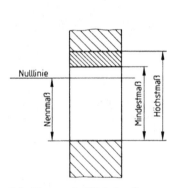

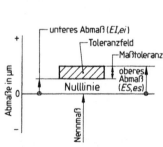

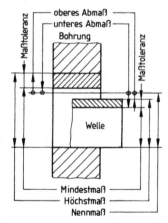

8.1 Nennmaß, Höchstmaß und Mindestmaß

8.2 Übliche Darstellung eines Toleranzfelds

8.3 Grafische Darstellung von Toleranzfeldern. In diesem Beispiel sind die beiden Grenzabmaße der Bohrung positiv und die der Welle negativ

Beispiel		
Durchmesserhöchstmaß	=	50,05 mm
Durchmessermindestmaß	=	49,98 mm
Maßtoleranz	=	0,07 mm

Die Größe einer Toleranz wird grafisch durch die Feldhöhe ausgedrückt und richtet sich nach dem Verwendungszweck des Werkstücks. Sie soll nicht unnötig klein sein, damit sich die Herstellung nicht durch übertriebene Maßgenauigkeit verteuert.

U. Kurz, H. Wittel, *Konstruktives Zeichnen Maschinenbau*,
DOI 10.1007/978-3-658-17257-2_8, © Springer Fachmedien Wiesbaden GmbH 2017

> Die Grenzmaße (Mindest- oder Höchstmaße) dürfen an keiner Stelle des Werkstücks über- bzw. unterschritten werden.
>
> Toleranzen werden für Längen- und Winkelmaße, Formen und Lage der Werkstückflächen zueinander angegeben.

Eine vorgeschriebene zylindrische Form kann daher im Rahmen der Toleranz krumm, ballig, kegelig usw. sein. Beide Grenzmaße werden im Regelfall in der Zeichnung durch das Nennmaß und die Abmaße festgelegt.

Abmaß. Alle Abmaße werden von einer Linie, der Nulllinie, aus aufgebaut. Diese wird durch das Nennmaß festgelegt, auf das sich alle Abmaße beziehen.

Abmaße für Wellen werden mit Kleinbuchstaben (*es, ei*), Abmaße für Bohrungen mit Großbuchstaben *(ES, EI)* gekennzeichnet, **8.2**.

Oberes Abmaß ist der Unterschied zwischen dem Höchstmaß und dem Nennmaß, unteres Abmaß der zwischen dem Mindestmaß und dem Nennmaß. Hieraus ergibt sich, dass die Abmaße Vorzeichen (+ oder –) haben. Die Vorzeichen geben die Lage der Toleranz zur Nulllinie, die Zahlen die Größe der Toleranz an.

Beispiel Nennmaß = 50 mm, Höchstmaß = 50,05 mm, Mindestmaß = 49,98 mm
Dann ist das obere Abmaß = 50,05 mm – 50 mm = + 0,05 mm
und das untere Abmaß = 49,98 mm – 50 mm = – 0,02 mm.

8

Eintragen der Toleranzen mittels Abmaßen (DIN 406-12)

Abmaße und die Kurzzeichen der Toleranzklassen werden vorzugsweise in gleicher Schriftgröße wie das Nennmaß ausgeführt. Sie dürfen auch in kleinerer Schrift, jedoch nicht unter 2,5 mm Höhe, hinter das Nennmaß geschrieben werden. Das obere Abmaß wird über oder vor dem unteren Abmaß eingetragen, **8.4**.

Gleich große Abmaße sind zu einer Zahl mit beiden Vorzeichen zusammenzufassen, **8.5**.

Das Abmaß 0 (Null) darf eingetragen werden, **8.6**.

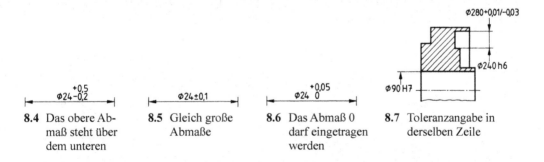

8.4 Das obere Abmaß steht über dem unteren	**8.5** Gleich große Abmaße	**8.6** Das Abmaß 0 darf eingetragen werden	**8.7** Toleranzangabe in derselben Zeile

Vereinfachend dürfen die Toleranzangaben in derselben Zeile hinter das Nennmaß geschrieben werden, **8.7**. Die Abmaße sind dann mit einem Schrägstrich voneinander zu trennen.

Innen- und Außenmaß. Ein Außenteil ist ein Werkstück, das ein Innenteil umschließt. Bohrungen sind somit Außenteile, Wellen Innenteile. Maße an Außenteilen (Bohrungsdurchmesser) sind Innenmaße, Maße an Innenteilen (Wellendurchmesser) Außenmaße. Bei ineinander gesteckt (zusammengebaut) gezeichneten Werkstücken steht das Maß für das Außenteil (Innenmaß) über dem Maß für das Innenteil (Außenmaß), **8.8**.

Die Zuordnung der Maße wird durch Wortangaben (z. B. Innen, Außen) oder durch Positionsnummern gekennzeichnet.

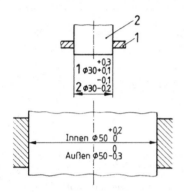

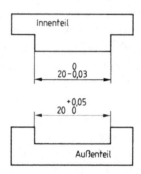

8.8 Zusammenfassen der Maße für
Außenteil und Innenteil

8.9 Maximum- und Minimum-Material-Grenze

Maximum- und Minimum-Material-Grenze (MML; LML). Die Maximum-Material-Grenze ist das bei Fertigung zuerst erreichte Grenzmaß (alte Bezeichnung: Gutgrenze). Es lässt die Wegnahme von Werkstoff innerhalb der Toleranz noch zu und ist bei Außenteilen (Bohrungen) das Mindestmaß, bei Innenteilen (Wellen) das Höchstmaß. Es kann als Nennmaß gewählt werden und hat demgemäß das Abmaß 0, wie **8.9** zeigt. Mithin ist für das Außenteil und für das Innenteil 20 die Maximum-Material-Grenze. Das jeweils andere Grenzmaß (für das Außenteil 20 + 0,05 = 20,05 und für das Innenteil 20 – 0,03 = 19,97) ist die Minimum-Material-Grenze (alte Bezeichnung: Ausschussgrenze), weil bei seiner Überschreitung am Außenteil oder Unterschreitung am Innenteil der Toleranzbereich verlassen wird.

Wird die Maximum-Material-Grenze als Nennmaß eingesetzt, gehört zu einem Außenteil das obere Abmaß mit dem Vorzeichen + und zu einem Innenteil das untere Abmaß mit dem Vorzeichen –. Diese Eintragung ist vorteilhaft, weil die Maximum-Material-Grenze sofort erkennbar, nur ein Abmaß notwendig und dies zugleich die Größe der Toleranz ist.

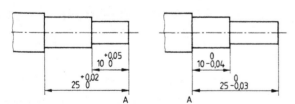

8.10 Die Vorzeichen richten sich nach Lage der
Maßbezugsebene

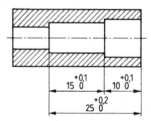

8.11 Falsche Bemaßung

Absatzmaße gehen gewöhnlich von einer Maßbezugsebene (zuerst fertigzustellende Bezugsebene) aus und können je nach Wahl der Bezugsebene als Innen- oder Außenmaße aufgefasst werden. Die Maßbezugsebene ist in **8.10** mit „A" gekennzeichnet. Sie wird in Zeichnungen angegeben, z.B. bei Koordinatenbemaßung und im Zusammenhang mit Form- und Lagetoleranzen (s. Abschn. 8.2 DIN EN ISO 1101).

Liegt die Maßbezugsebene in der Stirnfläche, haben die Absatzmaße die Bedeutung von Innenmaßen; die (oberen) Abmaße erhalten mithin das Vorzeichen +, siehe **8.10**a). Sind die Absatzmaße gleichbedeutend mit Außenmaßen, haben die (unteren) Abmaße somit das Vorzeichen –, siehe **8.10**b).

Maßketten. Aneinander gereihte Maße bilden eine Maßkette. Die einzelnen Maße der Maßkette und das Gesamtmaß dürfen nicht toleriert werden, wenn dadurch die Gefahr des Ausschusses bei der Fertigung entsteht, **8.11**.

Würde man z.B. das Maß 25 + 0,2 mit der Summentoleranz + 0,2 auf das Mindestmaß = 25 und eines der Kettenmaße, z.B. 10 + 0,1 auf das Höchstmaß = 10,1 bringen, wären für das andere Maß nur 25 – 10,1 = 14,9 übrig. Die risikolose Herstellung des Teils ist also ausgeschlossen.

Mittenabstände werden gleichmäßig nach ± toleriert, **8.12**. Auch für den Abstand einer Lochmitte von einer zuvor bearbeiteten Kante ist die Maßtoleranz gewöhnlich nach beiden Seiten gleich groß. Wird aber der Abstand einer Fläche von der Lochmitte aus bestimmt, ist die Lochmitte die Maßbezugsebene, **8.13**. Bei beiden Maßen ist mithin das bei der Bearbeitung zuerst erreichte Maß (Maximum-Material-Grenze) als Nennmaß einzutragen und die Minimum-Material-Grenze durch ein Abmaß mit richtigem Vorzeichen festzulegen.

8

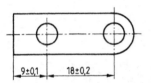

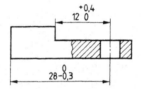

8.12 Tolerierte Lochabstände

8.13 Lochmitte als Maßbezug

Tolerierte Abstände einzelner Löcher voneinander können von einer Lochmitte, **8.14** oder Kante, **8.15** aus bemaßt werden. Ein Summieren der Toleranzen von einzelnen Maßen wird vermieden, wenn die Maßeintragung der entsprechenden Maße von einem gemeinsamen Bezugselement vorgenommen wird.

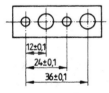

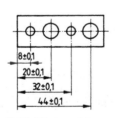

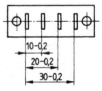

8.14 Von einer Lochmitte aus bemaßte Teilungen

8.15 Werkstückkante als Maßbezugsebene

8.16 Vereinfachte Bemaßung

8.17 Abstände rechteckiger Löcher

Winkeltoleranzen werden nach **8.18** eingetragen. Damit ihre Auswirkung zwischen den Winkelschenkeln erkennbar wird, ist die Überprüfung in Längentoleranzen zu empfehlen.

Grenzmaße in einer Richtung. Bei einseitigen Schwankungen des Istmaßes trägt man das betreffende Grenzmaß und den Zusatz Höchstmaß oder max. bzw. Mindestmaß oder min. ein. Solche Angaben sollten nicht in Fertigungszeichnungen, sondern nur z. B. in Angebotszeichnungen verwendet werden.

Einschränkende Festlegungen. Soll eine Toleranz nur für einen bestimmten Bereich gelten, kann dieser Bereich mithilfe einer schmalen Volllinie angegeben und bemaßt werden, **8.19**.

 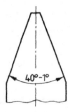 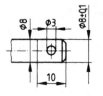 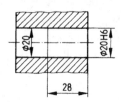

8.18 Eintragung der Winkeltoleranzen   **8.19** Toleranzbegrenzung auf einen bestimmten Bereich

Allgemeintoleranzen für Längenmaße, Rundungshalbmesser und Fasenhöhen (Schrägungen), Winkelmaße, Geradheit und Ebenheit sowie Zylinderform (DIN ISO 2768-1 und DIN ISO 2768-2, s. Abschn. 8.3).

8.2 Form- und Lagetolerierung (DIN EN ISO 1101)

Angaben über Form- und Lagetoleranzen dienen mit dazu, einwandfreie Bedingungen für die Funktion und Austauschbarkeit von Werkstücken und Baugruppen zu sichern. Sie sind aber nur dann erforderlich, wenn von ihnen die Funktion und/oder die wirtschaftliche Herstellung des betreffenden Teils abhängen. Andernfalls werden sie durch die festgelegten Maßtoleranzen zwangsläufig mit begrenzt. Eine Ausnahme bilden lediglich Symmetrie-, Koaxialitäts- und Laufabweichungen.

Grundbegriffe

Toleranzzone ist die Zone, innerhalb der alle Punkte eines geometrischen Elements (Fläche, Achse oder Mittelebene) liegen müssen. Je nach der zu tolerierenden Eigenschaft und ihrer Bemaßungsart ist die Toleranzzone:
– die Fläche innerhalb eines Kreises oder zwischen zwei konzentrischen Kreisen (Kreisen mit gemeinsamem Mittelpunkt),
– die Fläche zwischen zwei abstandsgleichen Linien oder zwei parallelen geraden Linien,
– der Raum innerhalb eines Zylinders oder zwischen zwei koaxial liegenden Zylindern (Zylindern mit gemeinsamer Achse),
– der Raum zwischen zwei abstandsgleichen Flächen oder zwei parallelen Ebenen,
– der Raum innerhalb eines Quaders.

Formtoleranzen geben die Höchstwerte für die Weite des zugelassenen Bereichs für eine Formabweichung an. Sie bestimmen die Toleranzen, innerhalb der das geometrische Element liegen muss und beliebige Form haben darf.

Lagetoleranzen. Hierzu gehören Richtungs-, Orts- und Lauftoleranzen. Sie geben die Höchstwerte für die zulässigen Abweichungen von der geometrisch idealen Lage zweier oder meh-

rerer Elemente zueinander an. Ein Element, erforderlichenfalls auch zwei, werden als Bezugselement festgelegt. Die Lagetoleranzen bestimmen die Toleranzzone, innerhalb der das tolerierte Element liegen muss. Ist keine Formtoleranz angegeben, darf das Element innerhalb
dieser Toleranzzone beliebige Form haben.

Bezugselement ist ein an einem Teil vorhandenes Element (z. B. eine Kante, Fläche oder
Bohrung), das zur Lagebestimmung eines Bezugs verwendet wird. Es dient bei der Lagetoleranz als Ausgangsbasis und sollte dies möglichst auch bei der Funktion des Werkstücks sein.
Das Bezugselement muss genügend formgenau sein. Erforderlichenfalls sind Formtoleranzen
vorzuschreiben.

Minimumbedingung. Bei der Prüfung, ob die Geradheit oder Ebenheit, die Rundheit oder
Zylindrizität eines geometrischen Werkstückelements als einwandfrei (innerhalb der Toleranz)
angenommen werden kann, ist die Mini-
mumbedingung zu Grunde zu legen. Beim
Messen von Formabweichungen sind die Begrenzungslinien bzw. die Flächen so an die
Ist-Form anzulegen, dass sich die geringste
Formabweichung ergibt (h_1 und Δr_1 in **8.20**).
Wird diese Minimumbedingung nicht be-
achtet, ergeben sich größere Abweichungen
(h_2 und Δr_2 in **8.20**), die zu falschen Mess-
ergebnissen führen.

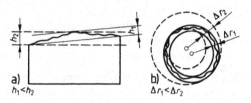

8.20 Minimumbedingung
a) für Geradheit oder Ebenheit
b) für Rundheit oder Zylinderform

8

Maximum-Material-Prinzip (DIN ISO 2692). Nach diesem Tolerierungsgrundsatz darf der
wirksame Zustand für ein toleriertes Formelement oder die geometrisch ideale Form für ein
Bezugselement die Maximum-Material-Bedingung nicht durchbrechen.

Die Maximum-Material-Bedingung gibt vor, dass das betreffende Formelement überall an
dem Grenzmaß (Maximum-Material-Maß) liegt, bei dem das Material dieses Formelements
sein Maximum hat, **8.21**. Zur Kennzeichnung der Maximum-Material-Bedingung dient das
Symbol Ⓜ in **8.26**. Je nachdem, ob sich die Maximum-Material-Bedingung auf das tolerierte
Element, das Bezugselement oder beide bezieht, erfolgt die Eintragung.

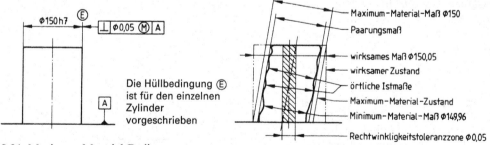

8.21 Maximum-Material-Bedingung

Die Bedeutung des Maximum-Material-Prinzips liegt darin, dass eine eingetragene Toleranz
um den Betrag vergrößert werden darf, der bei einer anderen, mit ihr korrespondierenden
Toleranz nicht ausgenutzt wird. Dies hat zur Folge, dass funktionstaugliche und zu paarende
Teile u. U. nicht verworfen werden müssen, wenn einzelne Maße oder Lagetoleranzen nicht
eingehalten sind (Ausschussverringerung). Die Anwendung des Tolerierungsgrundsatzes

empfiehlt sich immer dann, wenn Teile (z. B. mit mehreren Bohrungen), mit Gegenstücken gepaart werden (u. a. für Lochbilder, die mit Bolzenlehren geprüft werden). In der Elektroindustrie sind fast alle Steckverbindungen auf diese Weise bemaßt.

Das Maximum-Material-Prinzip sollte nicht für kinematische Ketten, Getriebezentren, Gewindelöcher, Löcher bei Übermaßpassungen usw. angewendet werden, bei denen die Funktion durch eine Vergrößerung der Toleranz gefährdet werden kann.

Zusammenhang zwischen Maß-, Form- und Lagetoleranzen

Es geht dabei hauptsächlich um den Zusammenhang zwischen Maßtoleranzen und Formabweichungen bei Passungen an kreiszylindrischen und planparallelen Passflächen.

Unabhängigkeitsprinzip. Es ist in der neuen DIN EN ISO 8015:2011 als elementarer Grundsatz der Tolerierung festgelegt. Solange keine anderen Angaben zum Tolerierungsgrundsatz gemacht werden, gilt grundsätzlich das Unabhängigkeitsprinzip. Jede Toleranz wird also für sich alleine geprüft. Wegen der Eindeutigkeit sollte jedoch auf der Zeichnung oder am Schriftfeld stehen „Tolerierung ISO 8015". Bei Passungen wird die Hüllbedingung durch Ⓔ beim Passmaß einzeln eingetragen, z. B. 20g6Ⓔ oder 20±0,3Ⓔ.

Hüllbedingung beim Unabhängigkeitsprinzip. Sie gilt nur für ein einzelnes Maßelement, z. B. parallele Ebenen oder Kreiszylinder. Die Hülle hat dabei die geometrisch ideale Gestalt des Gegenstückes zum Maßelement und seinem Maximum-Material-Grenzmaß MML. Ihre Prüfung erfordert eine Paarungslehre oder ein Messgerät.

Hüllprinzip als Tolerierungsgrundsatz. Für sämtliche einfachen Maßelemente, d. h. Kreiszylinder und Parallelebenenpaare, gilt grundsätzlich die Hüllbedingung (Taylorscher Prüfgrundsatz), aber ohne Eintragung von Ⓔ hinter den einzelnen Maßen. Wenn für eine Zeichnung das Hüllprinzip als Tolerierungsgrundsatz gelten soll, muss am Schriftfeld „Maße nach DIN EN ISO 14405 Ⓔ" oder „Size ISO 14405 Ⓔ" angegeben werden. Die Hüllbedingung kann durch Einzeleintragung eines Spezifikations-Modifikationssymbols (z. B. LP) am Maßelement aufgehoben werden.

Das Hüllprinzip galt in Deutschland lange Zeit als Grundlage der Tolerierung. Seine allgemeine Gültigkeit – meist haben nur wenige Maßelemente Passfunktion – stellt an Fertigung und Prüfung nutzlose Anforderungen und ist im Allgemeinen auszuschließen.

Bei Wellen darf die Oberfläche des Formelements die geometrisch ideale Form (Zylinder) mit Höchstmaß nicht überschreiten (Hüllbedingung). Außerdem darf an keiner Stelle das Istmaß das Mindestmaß unterschreiten. Der Zylinder mit Höchstmaß wird durch den Gutlehrring verkörpert, **8.22**c) oben.

Bei Bohrungen darf die Oberfläche des Formelements die geometrisch ideale Form (Zylinder) mit Mindest-

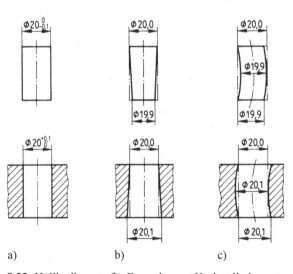

8.22 Hüllbedingung für Formelement Kreiszylinder
a) Zeichnungseintragung
b) und c) gepaarte Welle und Bohrung genügen
dem Taylorschen Grundsatz

maß nicht unterschreiten (Hüllbedingung). Außerdem darf an keiner Stelle das Istmaß das Höchstmaß überschreiten. Der Zylinder mit Mindestmaß wird durch den Gutlehrdorn verkörpert, **8.22**c) unten.

Eintragen der Form- und Lagetoleranzen (DIN EN ISO 1101)

Es werden verwendet:

- Toleranzrahmen mit Bezugspfeil, auf das tolerierte Element weisend, **8.23**a),
- Toleranzrahmen wie oben mit zusätzlichem Feld für Hinweis auf das Bezugselement, **8.23**b) und **8.27**,
- Bezugsdreieck mit Rahmen für den Bezugsbuchstaben zum Kennzeichen des Bezugselements, **8.24**,
- rechteckiger Rahmen zum Kennzeichnen von theoretischen genauen Maßen für die Angabe der geometrisch idealen Lage der Toleranzzone, **8.25**,
- Symbol für Maximum-Material-Bedingung (DIN ISO 2692, **8.26**).

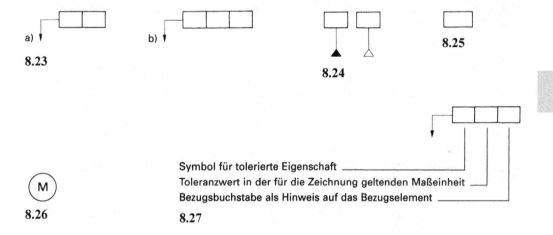

a) **8.23** b) **8.25** **8.24**

Symbol für tolerierte Eigenschaft ⎯⎯⎯⎯⎯⎯⎯
Toleranzwert in der für die Zeichnung geltenden Maßeinheit ⎯⎯
Bezugsbuchstabe als Hinweis auf das Bezugselement ⎯⎯⎯⎯

(M) **8.26**   **8.27**

Das Symbol für die tolerierte Eigenschaft (Toleranzart), der Toleranzwert und gegebenenfalls der Hinweis auf das Bezugselement werden im Toleranzrahmen mit Bezugspfeil wie in **8.27** angegeben.

Ist das tolerierte Element eine Fläche oder Linie (z. B. Mantellinie), aber keine Achse, wird der Bezugspfeil wie in **8.28** eingetragen. Um Verwechslungen zu vermeiden, müssen Maßlinien und Bezugspfeile deutlich versetzt angeordnet sein.

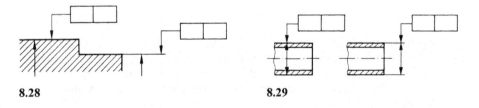

8.28   **8.29**

Ist das tolerierte Element eine Achse oder Mittellinie, zeichnet man Bezugspfeil und Hinweislinie als Verlängerung einer Maßlinie, **8.29**.

Bezieht sich die Toleranzangabe auf alle durch die Mittellinie dargestellten Achsen oder Mittelebenen gemeinsam, steht der Bezugspfeil senkrecht auf dieser Mittellinie, **8.30**.

Bei Platzmangel darf ein Maßpfeil als Bezugspfeil verwendet werden, **8.31**. Ist die Toleranzzone des tolerierten Elements ein Kreis oder ein Zylinder, setzt man vor den Toleranzwert das Durchmesserzeichen (z. B. $\varnothing$ 0,1). Andernfalls liegt die Weite der Toleranzzone am tolerierten Element in Richtung des Bezugspfeils.

Gilt der Toleranzwert für ein toleriertes Element nur für eine bestimmte Teillänge, die jedoch beliebig innerhalb der Gesamtlänge liegt, setzt man diese Länge in der für die Zeichnung geltenden Maßeinheit durch einen Schrägstrich getrennt rechts neben den Toleranzwert, **8.32**. Das gilt auch für Flächen.

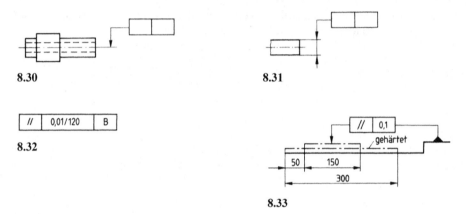

8.30   **8.31**

//	0,01/120	B

8.32

8.33

Gilt die Toleranzangabe nur für einen vorgeschriebenen Bereich, ist dieser mit einer breiten Strichpunktlinie zu kennzeichnen und zu bemaßen, **8.33**.

Gilt neben der Toleranz im Gesamten eine weitere gleichartige Toleranz für eine Teillänge beliebiger Lage, gibt man diese im unteren Teilfeld des waagerecht halbierten Feldes im Toleranzrahmen an, **8.34**.

Sind zu einem tolerierten Element Toleranzen für zwei tolerierte Eigenschaften nötig, werden beide Toleranzangaben in besonderen Toleranzrahmen untereinander und mit nur einem Bezugspfeil an das tolerierte Element gesetzt, **8.35**.

8.34   **8.35**

Ein Bezugselement wird durch ein Bezugsdreieck gekennzeichnet, das entweder direkt mit dem Toleranzrahmen verbunden, **8.36**a) oder mit einem Bezugsbuchstaben gekennzeichnet ist, **8.36**b). Der Bezugsbuchstabe muss im Toleranzrahmen wiederholt werden, **8.36**c). Kann der Toleranzrahmen direkt mit dem Bezug durch eine Hinweislinie verbunden werden, kann der Bezugsbuchstabe entfallen, **8.33**.

Das Bezugsdreieck steht entweder direkt auf der Konturlinie des Bezugselements, **8.37**a) oder auf der Maßhilfslinie, allerdings deutlich versetzt von der Maßlinie, **8.37**b).

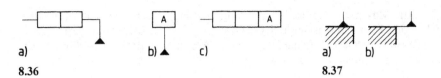

a)　　　　　　　　b)　　c)　　　　　　　　a)　　b)

8.36　　　　　　　　　　　　　　　　**8.37**

Beispiele für eine ebene Fläche oder gerade Linie als Bezugselement zeigt **8.38**, für eine Achse oder eine Mittelebene als Bezugselement **8.39**a) und b), für eine Mantellinie oder Fläche **8.39**c).

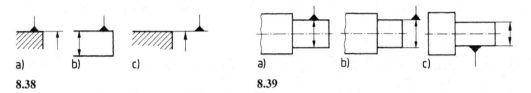

a)　　b)　　c)　　　　　　a)　　　　　　b)　　　　　　c)

8.38　　　　　　　　　　**8.39**

Bei Platzmangel darf das Bezugsdreieck an Stelle eines der beiden Maßpfeile eingetragen werden, **8.40**. Hat das Bezugselement eine mehreren Formelementen gemeinsame Achse oder Mittelebene, wird das Bezugsdreieck wie in **8.41** eingetragen.

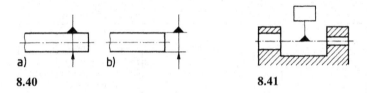

a)　　b)　　　　　　　　　　　**8**

8.40　　　　　　　**8.41**

Theoretisch genaue Maße, die zur Angabe der geometrisch idealen (theoretisch genauen) Lage der Toleranzzone bei Neigungs-, Positions- oder Profiltoleranzen erforderlich sind, trägt man in rechteckige Rahmen ein. Für diese Maße gelten Grenzabweichungen für Maße ohne Toleranzangabe nicht. Die entsprechenden Istmaße am Werkstück unterliegen der eingetragenen Form- bzw. Lagetoleranz, **8.42** und **8.43**.

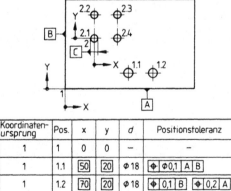

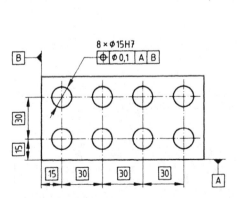

Koordinatenursprung	Pos.	x	y	d	Positionstoleranz
1	1	0	0	–	–
1	1.1	50	20	⌀ 18	⌖ ⌀0,1 A B
1	1.2	70	20	⌀ 18	⌖ 0,1 B ⌖ 0,2 A
1	2	30±0,3	70±0,3	–	–
2	2.1	0	0	⌀11H13	–

8.42

8.43 Koordinatenbemaßung mit theoretisch genauen Maßen und Positionstoleranzen

Das Symbol Ⓜ für die Maximum-Material-Bedingung setzt man rechts neben den Toleranz-wert, **8.44**a), neben den Bezugsbuchstaben, **8.44**b) oder neben den Toleranzwert zusammen mit dem Bezugsbuchstaben, **8.44**c) – je nachdem, ob die Maximum-Material-Bedingung für das tolerierte Element, das Bezugselement oder beide gilt.

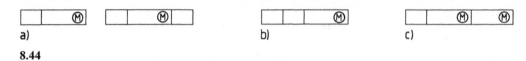

a)   b)   c)

8.44

Tabelle 8.1   Form- und Lagetoleranzen mit Erklärung und Beispielen für die Zeichnungseintragung (DIN EN ISO 1101, Auswahl)

Art der Toleranz	tol. Eigen-schaft	Sym-bol	Anwendungsbeispiele		
			Toleranzzone	Zeichnungseintragung	Erklärung
Form-toleranzen	Gerad-heit	—		Ø 0,08	Die Achse des mit dem Toleranzrahmen verbun-denen (äußeren) Zylinders muss innerhalb einer zy-lindrischen Toleranzzone mit Ø 0,08 mm liegen.
	Gerad-heit	—		— 0,1	Jede parallel zur Zeichen-ebene liegende Linie der oberen Fläche muss zwischen zwei parallelen Geraden vom Abstand 0,1 mm liegen.
	Eben-heit	▱		▱ 0,02	Die tolerierte Fläche muss zwischen zwei parallelen Ebenen mit 0,02 mm Ab-stand liegen.
	Rund-heit (Kreis-form)	○		○ 0,05	Die Umfangslinie jedes Querschnitts muss zwi-schen zwei in derselben Ebene liegenden konzen-trischen Kreisen mit 0,05 mm radialem Ab-stand liegen.
	Zylin-derform	⌭		⌭ 0,1	Die tolerierte Mantel-fläche muss zwischen zwei koaxialen Zylindern liegen, die einen radialen Abstand von 0,1 mm haben.
	Profil-form einer Linie	⌒		⌒ 0,04	In jedem Schnitt parallel zur Zeichenebene muss das tolerierte Profil zwi-schen zwei Hülllinien an Kreisen mit Ø 0,04 mm liegen, deren Mittelpunkte auf der geometrisch idea-len Linienform liegen.

Fortsetzung s. nächste Seite.

Tabelle 8.1 Fortsetzung

Art der Toleranz	tol. Eigenschaft	Symbol	Anwendungsbeispiele		
			Toleranzzone	Zeichnungseintragung	Erklärung
	Profilform einer Fläche	⌒	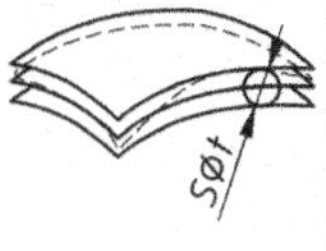	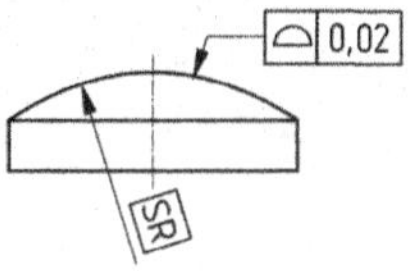 ⌒ 0,02	Die tolerierte Fläche muss zwischen zwei Hüllflächen an Kugeln mit ⌀ 0,02 mm liegen, deren Mittelpunkte auf der geometrisch idealen Fläche liegen.
Richtungstoleranzen	Parallelität	//	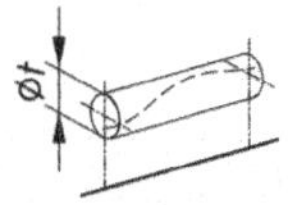	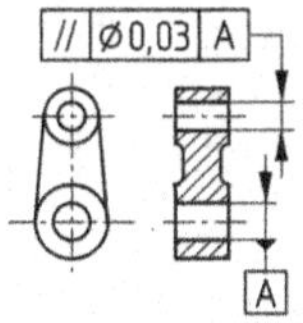 // ⌀0,03 A	Die tolerierte mittlere Linie muss innerhalb eines Zylinders vom Durchmesser 0,03 mm liegen, der parallel zur Bezugsgeraden A ist.
	Parallelität	//	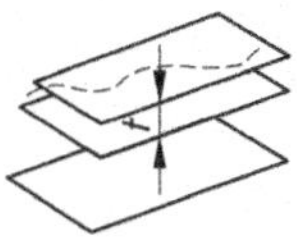	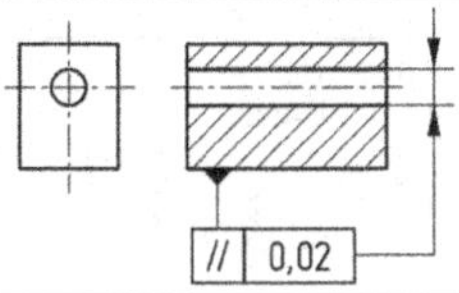 // 0,02	Die tolerierte mittlere Linie muss zwischen zwei zur Bezugsebene parallelen Ebenen mit 0,02 mm Abstand liegen.
	Rechtwinkligkeit	⊥	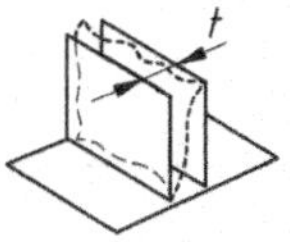	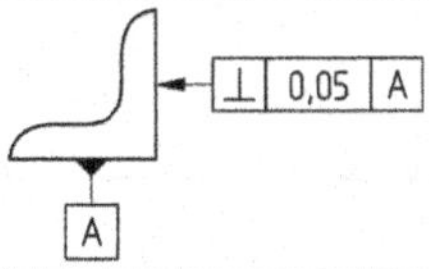 ⊥ 0,05 A	Die tolerierte Fläche muss zwischen zwei parallelen und zur Bezugsebene A senkrechten Ebenen mit 0,05 mm Abstand liegen.
	Neigung (Winkligkeit)	∠	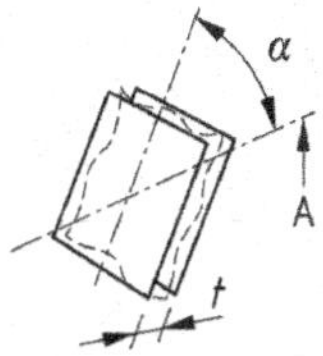	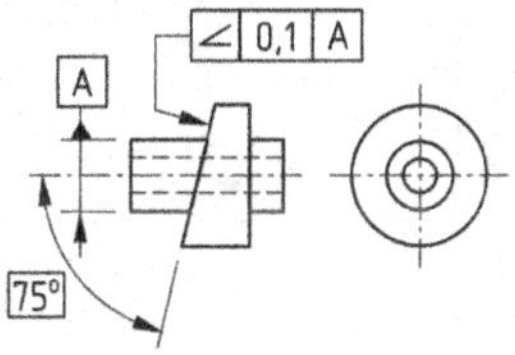 ∠ 0,1 A	Die tolerierte Fläche muss zwischen zwei parallelen Ebenen vom Abstand 0,1 mm liegen, die im theoretisch genauen Winkel von 75° zur Bezugsgeraden A geneigt sind.
Ortstoleranz	Position	⊕	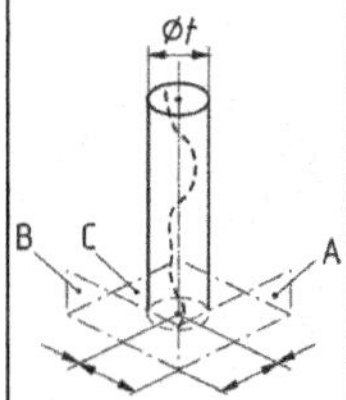	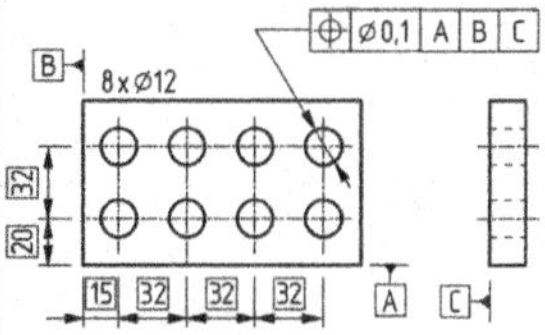 ⊕ ⌀0,1 A B C	Die mittlere Linie jeder Bohrung muss innerhalb einer zylindrischen Toleranzzone vom Durchmesser 0,1 mm liegen, deren Achse mit dem theoretisch genauen Ort der betrachteten Bohrung zu den Bezugsebenen A, B und C übereinstimmt.

8

Fortsetzung s. nächste Seite

Tabelle 8.1 Fortsetzung

Art der Toleranz	tol. Eigenschaft	Symbol	Anwendungsbeispiele		
			Toleranzzone	Zeichnungseintragung	Erklärung
Orts-toleranzen	Koaxialität	⊚			Die Achse des Zylinders, der mit dem Toleranzrahmen verbunden ist, muss innerhalb eines zur Bezugsgeraden *A-B* koaxialen Zylinders mit ∅ 0,05 mm liegen.
	Symmetrie	⚌			Die tolerierte Achse der Bohrung muss zwischen zwei parallelen Ebenen mit 0,05 mm Abstand liegen, die symmetrisch zur Mittelebene der Bezugsnuten *A* und *B* angeordnet sind.
Lauf-toleranzen	Rundlauf	↗			Bei einer Umdrehung um die Bezugsachse *A-B* darf die Rundlaufabweichung in jeder achssenkrechten Messebene 0,2 mm nicht überschreiten.
	Planlauf	↗			Bei Drehung um die Bezugsachse *D* darf die Planlaufabweichung an jeder beliebigen Messposition 0,2 mm nicht überschreiten.
	Gesamtrundlauf	↗↗			Die tolerierte Fläche muss zwischen zwei koaxialen Zylindern vom radialen Abstand 0,05 mm liegen, deren Achsen mit der gemeinsamen Bezugsgerade *A-B* übereinstimmen (entspricht ◯ + ↗).

Beispiele für Form- und Lagetoleranzen

1. Allgemeintoleranzen nach DIN ISO 2768-2

Die in dünnen Strich-Zweipunktlinien (rechteckige und kreisförmige Rahmen) eingetragenen Toleranzen sind Allgemeintoleranzen für Form und Lage, aber auch für Längen- und Winkelmaße, **8.45**b. Diese Toleranzwerte würden automatisch durch eine Fertigung mit werkstattüblicher Genauigkeit gleich oder kleiner als ISO 2768-mH erreicht und brauchen üblicherweise nicht geprüft zu werden.

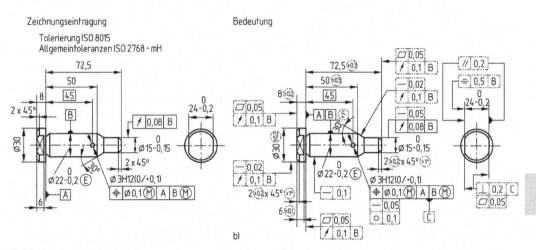

8.45 Zeichnung eines Bolzens
   a) mit eingetragenem Hinweis auf Allgemeintoleranzen,
   b) mit ausnahmsweise eingetragenen Toleranzwerten (Rahmen in Strich-Zweipunktlinien)

Da einige Toleranzeigenschaften auch andere Form- und Lageabweichungen desselben Formelements begrenzen (z. B. begrenzt die Rechtwinkligkeitstoleranz die Geradheitsabweichungen) sind in **8.45**b) nicht alle Allgemeintoleranzen eingetragen.

Die werkstattübliche Genauigkeit von Form und Lage ist von der Ungenauigkeit der Werkstatteinrichtung und vom Ausrichten beim Umspannen der Werkstücke abhängig. Sie entspricht im Maschinenbau erfahrungsgemäß ISO 2768-H bzw. ISO 2768-mH. Die Vorteile der Anwendung von Allgemeintoleranzen sind übersichtlichere und besser zu lesende Zeichnungen, verringerter Prüfaufwand und niedrigere Konstruktionskosten.

2. Positionstolerierung einer Grundplatte

Auf der dargestellten Grundplatte werden verschiedene Instrumente montiert. Die Lage der Instrumente ist verhältnismäßig unwichtig. Dagegen werden hohe Anforderungen bezüglich der Lage der Löcher innerhalb jeder Lochgruppe gestellt. Diese Forderung wird durch die eingetragenen Positionstoleranzen erfüllt.

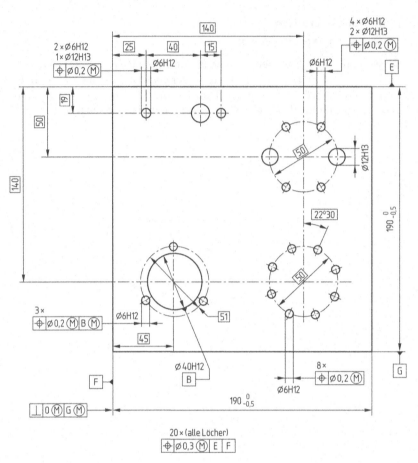

8.46 Grundplatte als Instrumententräger

3. Anwendung des Maximum-Material-Prinzips für Positionstoleranzen

8.47 zeigt die Zeichnungseintragung für eine Gruppe von vier feststehenden Stiften, die in die Gruppe der vier Löcher passen. Bei den Berechnungen des wirksamen Maßes wird davon ausgegangen, dass die Stifte und Löcher Maximum-Material-Maß und geometrisch ideale Form haben.

Das Mindestmaß für die Löcher ist $\varnothing 8,1$, das Höchstmaß für die Stifte $\varnothing 7,9$. Die Differenz zwischen dem Maximum-Material-Maß der Löcher und Stifte darf diese Differenz nicht überschreiten. In **8.47** ist die Toleranz gleichmäßig zwischen Löchern und Stiften verteilt. D. h., die Positionstoleranz für die Löcher beträgt $\varnothing 0,1$ und die für die Stifte ebenfalls $\varnothing 0,1$. Die Toleranzzonen von $\varnothing 0,1$ liegen an ihrem theoretisch genauen Ort.

Abhängig vom Istmaß jedes Formelements kann die Vergrößerung der Positionstoleranz für jedes Formelement verschieden sein.

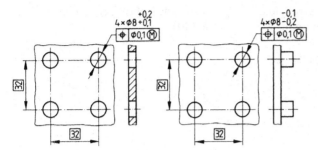

8.47 Zeichnungseintragung für eine Gruppe zueinander passender Löcher und Stifte unter Anwendung des Maximum-Material-Prinzips

4. Fluchten von Bohrungen

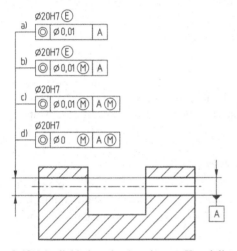

8.48 Möglichkeiten der Angabe von Koaxialitätstoleranzen

Im Fall a) muss jede Bohrung einzeln der Hüllbedingung Ⓔ genügen. Die Achse der linken Bohrung muss innerhalb eines Toleranzzylinders vom Durchmesser 0,01 liegen, der mit der (nach der Minimum-Wackel-Bedingung) ausgerichteten Bezugsachse der Bezugsbohrung fluchtet. Unabhängig von der Größe der Bohrungen, also auch bei Maximum-Material-Maßen, darf die linke Bohrung eine Koaxialitätsabweichung von 0,005 aufweisen.

Im Fall b) muss jede Bohrung einzeln der Hüllbedingung Ⓔ genügen. Die linke Bohrung muss außerhalb eines Maximum-Material-Virtual-Zylinders (Lehre) vom Durchmesser Maximum-Material-Maß minus Koaxialitätstoleranz (20 – 0,01 = 19,99) liegen, der mit der (nach der Minimum-Wackel-Bedingung) ausgerichteten Bezugsachse der Bezugsbohrung fluchtet.

Im Fall c) muss sich ein abgesetzter Prüfdorn (Lehre) durch die Bohrungen stecken lassen, dessen Durchmesser links gleich dem Maximum-Material-Maß minus Koaxialitätstoleranz (20 – 0,01 = 19,99) und rechts gleich dem Maximum-Material-Maß (20) ist.

Im Fall d) muss sich ein Prüfdorn (Lehre) gleichzeitig durch beide Bohrungen stecken lassen, dessen Durchmesser gleich dem Maximum-Material-Maß (20) ist.

5. Rechtwinkligkeitstoleranz eines Biegeteils

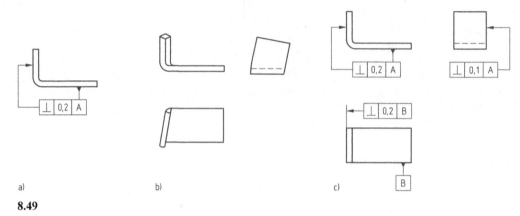

a)   b)   c)

8.49

An einem Biegeteil soll die Rechtwinkligkeit einer Außenfläche toleriert werden. Als Bezugselement wurde die andere Außenfläche gewählt, **8.49**a). Mit dieser Eintragung ist jedoch die Rechtwinkligkeit der Seitenflächen des kürzeren Schenkels nicht erfasst. Mögliche Abweichungen zeigt **8.49**b). Können diese Abweichungen nicht geduldet werden, ist eine weitere Rechtwinkligkeitstoleranz anzugeben, **8.49**c).

Praktische Anwendung der Form- und Lagetolerierung

Die praktische Umsetzung der Form- und Lagetolerierung wird nachfolgend in einzelnen Schritten beschrieben. Ein durchgehendes Beispiel **8.50** dient der Veranschaulichung. Der dargestellte Kugelzapfen (oberflächengehärtet) ist Teil eines tragenden Kugelgelenkes **8.51** eines Radträgers für die Vorderräder eines Pkw.

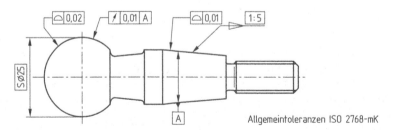

8.50 Kugelzapfen (nur mit Form- und Lagetolerierung der wesentlichen Formelemente)

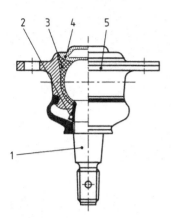

(1) Kugelzapfen
(2) Schutzring
(3) Kunststoffschale
(4) Blechdeckel
(5) Flansch

8.51 Tragendes Kugelgelenk

1. Tolerierungsgrundsatz

Es gilt immer das Unabhängigkeitsprinzip, auch ohne besondere Zeichnungseintragung. Für Passflächen sind die Hüllbedingungen einzeln einzutragen, indem man Ⓔ hinter das tolerierte Passmaß setzt.

Wenn für eine Zeichnung das Hüllprinzip gelten soll, muss im Schriftfeld „Maße DIN EN ISO 14405 Ⓔ" (Size ISO 14405 Ⓔ) angegeben werden. Für sämtliche einfachen Maßelemente (Kreiszylinder und Parallelebenenpaare) gilt die Hüllbedingung, aber ohne Eintragung von Ⓔ.

Für das Beispiel Kugelzapfen gilt das Unabhängigkeitsprinzip, da ein Hinweis auf einen Tolerierungsgrundsatz fehlt.

2. Allgemeintoleranzen für Form und Lage

sind für spanend gefertigte Formelemente vorgesehen. Für andere Fertigungsverfahren sind weitere Normen zu beachten, z. B. für Gesenkschmieden DIN EN 10243, für Metallguss ISO/DIS 8062 und für Schweißkonstruktionen DIN EN ISO 13920.

Angabe der Toleranzklasse (H, K oder L) erforderlich um „werkstattübliche Genauigkeit" zu sichern.

Zeichnungseintragung: z. B. ISO 2768-K oder ISO 2768-mK

Im Beispiel wird ISO 2768 angegeben mit den Toleranzklassen m (Längen- und Winkelmaße) sowie K (Form und Lage).

3. Funktionswichtige Elemente

sind zu erkennen. Für sie ist eine Form- und Lagetolerierung vorzusehen, die die Allgemeintoleranzen einschränkt.

Im Beispiel wird der Kugelzapfen mit dem **Kegel** 1:5 in den Achsschenkel eingesetzt und mit einer Kronenmutter verspannt. An der **Kugel** greift der Lenkhebel an.

4. Lagefunktionen und Lagetoleranzart

– Worauf kommt es an bei den funktionswichtigen Elementen?
– Welches Element muss zu welchem stimmen?

8

    – Welche Toleranzart ist einzutragen?

    – Welche Eigenschaften sind zu tolerieren?

Im Beispiel müssen Kugel und Kegel koaxial sitzen. Die Lauftoleranz schließt die Koaxialität ein, zumindest wenn sie in der Rundlaufrichtung gemessen wird.

5. **Bezug**

    – Welches der funktionswichtigen Elemente bildet den Bezug?

    – Welches Element bestimmt die Lage des Bauteils?

    – Auf welchem Element liegt das Bauteil bei der Fertigung bzw. Prüfung auf?

Im Beispiel legt der Kegel die Lage des Kugelzapfens fest. Seine Achse A ist über einen offenen Maßpfeil gekennzeichnet. Das Bezugsdreieck darf nicht auf die Achse selbst gezeichnet werden.

6. **Größe der Lagetolerierung**

    – Wie **klein** muss die Toleranz sein, um die Funktion sicher zu stellen?

    – Wie **groß** muss die Toleranz sein, damit sie wirtschaftlich gefertigt werden kann?

Beim Kugelzapfen scheint die Lauftoleranz mit t = 0,01 mm zur Sicherung der Funktion viel zu eng. Die verlangte Beweglichkeit des Lenkgetriebes (Kunststoffschale, Federung) lässt weit größere Toleranzen zu.

7. **Formgenauigkeit und Formtoleranzart**

Alle funktionswichtigen Elemente müssen formtoleriert sein.

    – Welche Eigenschaft ist zu tolerieren?

    – Wo ist die Hüllbedingung Ⓔ vorzuschreiben (bei ISO 8015)?

    – Wo bestehen zusätzliche Anforderungen an die Form (z. B. Sitze von Wälzlagern)?

    – Oft ist die Formtoleranz begrenzt durch die Allgemeintoleranz (ISO 2768-2), die Hüllbedingung (Formabweichung $\leq$ Maßtoleranz) oder durch die Lagetoleranz.

Im Beispiel wird die Form des Kegels und der Kugel mit einer Flächenprofiltoleranz erfasst.

8. **Größe der Formtoleranz**

Als Anhaltswert sollte der Formtoleranzwert nicht größer sein als die kleinste Lagetoleranz. Für Pass- und Anlageflächen von Wälzlagern soll nach DIN 5425-1 die Zylinderform- und Rechtwinkligkeitstoleranz um einen Genauigkeitsgrad enger sein als die zugehörige Durchmessertoleranz.

Beispiel Gehäusebohrung 100H7 → Formtoleranz IT6, d. h. 0,022 mm auf ⌀100 mm bezogen →

    | ⌀̸ | 0,011 | und | ⊥ | 0,022 |

Im Beispiel entspricht die Formtoleranz der auf den Kegel bezogenen Lauftoleranz t = 0,01 mm.

9. **Materialbedingungen**

    – Die Maximum-Material-Bedingung Ⓜ kann angewendet werden, wenn ein Grenzmaß durch die Summe von einer Form- bzw. Lagetoleranz bestimmt wird. Sie gestattet eine Toleranzüberschreitung. Bei der Prüfung mit starrer Lehre ist sie unbedingt erforderlich.

    – Die Minimum-Material-Bedingung Ⓛ dient zur Sicherung der Mindestbearbeitungszugabe oder -wanddicke.

Im Beispiel ist keine Materialbedingung vorhanden.

8.3 Passungen

Bedeutung. Einheitliche Bauformen und Massenherstellung in Spezialbetrieben erleichtern die Bedarfsrechnung und wirken kostendämpfend. Die Einzelteile müssen einbaufertig und untereinander willkürlich austauschbar sein, sollen also ohne Nacharbeit so miteinander kombiniert werden können, wie es der Zweck erfordert. Wenn zwei Werkstücke gepaart werden sollen, heißt die Beziehung aus dem Unterschied ihrer Maße (Maß der Innenpassfläche minus Maß der Außenpassfläche) Passung. Bekanntestes Beispiel ist die Paarung von Bohrung und Welle (Kreiszylinderpassung).

Grundbegriffe (DIN EN ISO 286-1)

Passteile sind Werkstücke mit einer oder mehreren Passflächen. Passflächen sind mit einem Passmaß versehene Flächen, mit denen sich die Passteile bei der Paarung berühren können (Innenpassfläche an inneren, Außenpassfläche an äußeren Formelementen). Bohrungen und Wellen haben zylindrische Passflächen und ergeben Kreiszylinderpassungen. Die Passungen zwischen zwei Paaren paralleler Ebenen hießen bisher Flachpassungen. Zusammengehörige Passteile haben je nach Lage (positiv/negativ) des Maßunterschiedes zwischen Innen- und Außenpassfläche Spiel oder Übermaß.

Spiel. Das Innenmaß des Außenteils (Maß der Innenpassfläche – Bohrung) ist größer als das Außenmaß des Innenteils (Maß der Außenpassfläche – Welle, **8.52**; positiver Unterschied).

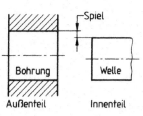

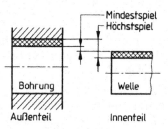

8.52 Spiel   **8.53** Spielpassung

Höchstspiel bei einer Spiel- oder Übergangspassung ist der positive Unterschied zwischen dem Höchstmaß des Außenteils (Bohrung) und dem Mindestmaß des Innenteils (Welle), wie **8.53** zeigt.

Mindestspiel bei einer Spielpassung ist der positive Unterschied zwischen dem Mindestmaß des Außenteils (Bohrung) und dem Höchstmaß des Innenteils (Welle), dargestellt in **8.53**.

Übermaß. Das Innenmaß des Außenteils (Maß der Innenpassfläche – Bohrung) ist kleiner als das Außenmaß des Innenteils (Maß der Außenpassfläche – Welle, **8.54**; negativer Unterschied).

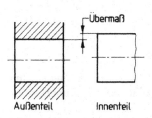

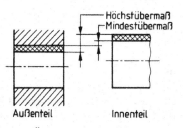

8.54 Übermaß   **8.55** Übermaßpassung

Mindestübermaß bei einer Übermaßpassung ist die negative Differenz zwischen dem Höchstmaß der Bohrung (Außenteil) und dem Mindestmaß der Welle (Innenteil), **8.55**.

Höchstübermaß bei einer Übermaß- oder Übergangspassung ist die negative Differenz zwischen dem Mindestmaß der Bohrung (Außenteil) und dem Höchstmaß der Welle (Innenteil), **8.55**.

Passung ist die Beziehung, die sich aus dem Unterschied zwischen den Maßen zweier zu fügender Formelemente (Bohrung und Welle) ergibt. Die zwei zu einer Passung gehörenden Passteile haben dasselbe Nennmaß.

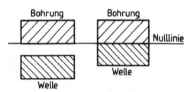

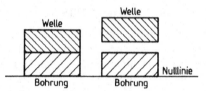

8.56 Schematische Darstellung von Spielpassungen im Passungssystem Einheitsbohrung

8.57 Schematische Darstellung von Übermaßpassungen im Passungssystem Einheitsbohrung

Spielpassung ist eine Passung, bei der beim Fügen von Bohrung und Welle immer ein Spiel entsteht. D. h., das Mindestmaß der Bohrung ist größer oder im Grenzfall gleich dem Höchstmaß der Welle, **8.56**.

Übermaßpassung ist eine Passung, bei der beim Fügen von Bohrung und Welle überall ein Übermaß entsteht. D. h., das Höchstmaß der Bohrung ist kleiner oder im Grenzfall gleich dem Mindestmaß der Welle, **8.57**.

Übergangspassung ist eine Passung, bei der beim Fügen von Bohrung und Welle – abhängig von den Istmaßen der Bohrung und Welle – entweder ein Spiel oder ein Übermaß entsteht. D. h., die Toleranzfelder von Bohrung und Welle überdecken sich vollständig oder teilweise, **8.58**.

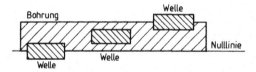

8.58 Schematische Darstellung von Übergangspassungen im Passungssystem Einheitsbohrung

Passtoleranz ist die arithmetische Summe der Toleranzen beider Formelemente (Bohrung und Welle), die zu einer Passung gehören. Die Passtoleranz ist ein absoluter Wert ohne Vorzeichen.

Passungssysteme

Unterschiede in den Größen der Spiele und Übermaße ergeben verschiedene Passungen. Eine sinnvoll aufgebaute Reihe Passtoleranzen heißt Passungssystem. Gleichberechtigt nebeneinander bestehen die ISO-Passungssysteme Einheitsbohrung und Einheitswelle; mit jedem ist der gleiche Zweck erreichbar.

Im System Einheitsbohrung ist für alle Bohrungen das untere Abmaß A_u gleich Null. D. h., das Mindestmaß der Bohrung ist gleich dem Nennmaß und fällt mit der Nulllinie zusammen, **8.59**. Die für die verschiedenen Passungen erforderlichen Spiele und Übermaße entstehen durch entsprechend gewählte Wellenmaße. Demgemäß sind das untere Abmaß A_u der Bohrung gleich Null und das obere Abmaß A_o gleich der Maßtoleranz der Bohrung. Wellen mit verschiedenen Toleranzklassen sind Bohrungen mit einer einzigen Toleranzklasse zugeordnet.

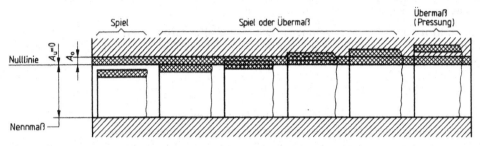

8.59 ISO-Passsystem Einheitsbohrung

Im System Einheitswelle ist die Welle für alle Passungen desselben Nenndurchmessers gleich groß, **8.60**. Die für die verschiedenen Passungen erforderlichen Spiele und Übermaße entstehen durch größere und kleinere Bohrungsdurchmesser. Bei der Einheitswelle liegt die Nulllinie im Höchstmaß der Welle und ist damit gleich dem Nennmaß. Mithin sind deren oberes Abmaß A_o gleich Null und das untere Abmaß A_u gleich der Maßtoleranz der Welle. Bohrungen mit verschiedenen Toleranzklassen sind Wellen mit einer einzigen Toleranzklasse zugeordnet.

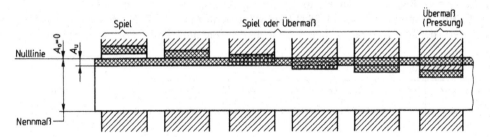

8.60 ISO-Passungssystem Einheitswelle

Aufbau des ISO-Systems für Grenzmaße und Passungen (DIN EN ISO 286-1 und DIN EN ISO 286-2)

Das in der Internationalen Norm festgelegte ISO-System für Grenzmaße und Passungen bezieht sich auf Maße an Teilen für Rund- und Flachpassungen (z. B. Durchmesser, Längen, Breiten oder Tiefen). ISO-Grundtoleranzen sind für die Abmessungen von 1 bis 500 mm festgelegt. Diese sind in 13 Nennmaßbereiche gegliedert, und zwar:

bis 3 mm	> 18 bis 30 mm	> 80 bis 120 mm	> 250 bis 315 mm
> 3 bis 6 mm	> 30 bis 50 mm	> 120 bis 180 mm	> 315 bis 400 mm
> 6 bis 10 mm	> 50 bis 80 mm	> 180 bis 250 mm	> 400 bis 500 mm
> 10 bis 18 mm			

Einige Bereiche sind für die Grundabmaße a bis c und r bis zc oder A bis C und R bis ZC in Zwischenbereiche unterteilt.

8

Toleranzreihe. Für jeden Nennmaßbereich gibt es 20 verschiedene Grundtoleranzen. Diese Grundtoleranzgrade werden mit den Zahlen 01, 0, 1, 2 bis 18 benannt. Zum Toleranzgrad 01 gehören die kleinsten, zum Toleranzgrad 18 die größten Toleranzen. Nun lässt sich aber mit derselben Toleranz für eine größere Abmessung am Werkstück nicht der gleiche Zweck erreichen wie mit einer kleineren. Für größere Werkstücke sind also für gleiche Zwecke größere Toleranzen vorzusehen. Jedem einzelnen Toleranzgrad sind daher, mit der Stufung der Nennmaßbereiche steigend, gröbere Toleranzen zugeordnet. Die Gesamtheit der Toleranzen innerhalb eines Toleranzgrads heißt Grundtoleranzreihe.

Toleranzfaktor (bisher Toleranzeinheit). Die Werte aller Grundtoleranzen werden in μm ausgedrückt (1 μm = 1 Mikrometer = 0,001 mm) und sind aus dem ISO-Toleranzfaktor i entstanden. Der Toleranzfaktor wird berechnet nach der Gleichung

$$i = 0,45 \cdot \sqrt[3]{D} + 0,001 \cdot D. \qquad i \text{ in μm, } D \text{ in mm}$$

Der Wert D wird als geometrisches Mittel der beiden Grenzwerte (Bereichsgrenzen) des jeweiligen Nennmaßbereichs eingesetzt. Liegen diese z. B. bei 80 mm und 120 mm, wird

$$D = \sqrt{80 \text{ mm} \cdot 120 \text{ mm}} = \sqrt{96000 \text{ mm}^2} \approx 98 \text{ mm}$$

Der den Grundtoleranzen dieses Nennmaßbereichs zu Grunde liegende Toleranzfaktor ist also

$$i = 0,45 \cdot \sqrt[3]{D} + 0,001 D = 0,45 \cdot \sqrt[3]{98} + 0,001 \cdot 98 \approx 0,45 \cdot 4,61 + 0,098 \approx 2,173 \text{ μm}$$

Der Toleranzfaktor ist mithin eine veränderliche Größe und von den Grenzwerten eines Nennmaßbereichs abhängig.

Grundtoleranzreihe. In Anlehnung an die Toleranzklassenzahlen tragen die Grundtoleranzreihen die Bezeichnung IT01 bis IT 18 (**IT = ISO-T**oleranzreihe). Für Nennmaße > 3 bis 500 sind die Werte der Toleranzgrade ≥ 5 als Vielfaches des Toleranzfaktors i festgelegt, Tabelle 8.2.

Tabelle 8.2 Grundtoleranzgrade

Grundtoleranz-grade	IT5	IT6	IT7	IT8	IT9	IT10	IT11	IT12	IT13	IT14	IT15	IT16	IT17	IT18
Anzahl der Toleranzfaktoren i	≈ 7	10	16	25	40	64	100	160	250	400	640	1000	1600	2500

Beispiel Die Toleranz für die Toleranzklasse 9 und für den Nennmaßbereich 80 mm bis 120 mm wird durch Multiplizieren des für diesen Bereich berechneten Toleranzfaktors $i \approx 2,173$ μm mit der für IT9 geltenden Anzahl Toleranzfaktoren (= 40) ermittelt:
2,173 μm · 40 = 87 μm.
Nach diesem Beispiel sind die Toleranzen von IT6 bis IT18 aufgestellt worden; für die Übrigen gelten andere Regeln.

Die Grundtoleranzgrade IT01 bis IT7 sind überwiegend für die Lehrenherstellung vorgesehen. IT5 bis IT13 gelten besonders für Toleranzen an spanend bearbeiteten Werkstücken, IT14 bis IT18 für die spanlose Formung (Walzen, Ziehen, Pressen, Schmieden, Stanzen u. a.).

Bezeichnung der ISO-Toleranzklassen

Die Lage der Toleranzfelder (Grundabmaße) zur Nulllinie wird durch B u c h s t a b e n angegeben.

Grundabmaße sind die Abmaße, die die Lage der Toleranzfelder in Bezug zur Nulllinie festlegen. Dies kann das obere oder das untere Abmaß sein. Üblicherweise ist es das Abmaß, das der Nulllinie am nächsten liegt.

Außen- und Innenteile. Für Außenteile (Innenmaße von Bohrungen) werden die Großbuchstaben A bis Z, **8.61**, für Innenteile (Außenmaße von Wellen) die Kleinbuchstaben a bis z verwendet, **8.62**. I, L, O, Q, W, i, l, o, q und w scheiden jedoch zur Kennzeichnung aus, um Missverständnisse zu vermeiden. Für später angefügte Toleranzen sind dann die Bezeichnungen CD, EF, FG, JS (hier nicht wiedergegeben) sowie ZA, ZB, ZC und cd, ef, fg, js (hier nicht wiedergegeben), za, zb und zc hinzugekommen.

Die Toleranzklasse wird entsprechend der Reihe, in die sie gehört, mit der Zahl des Grundtoleranzgrads von 01 bis 18 gekennzeichnet.

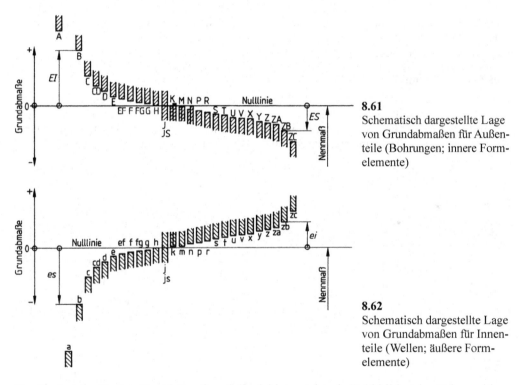

8.61
Schematisch dargestellte Lage von Grundabmaßen für Außenteile (Bohrungen; innere Formelemente)

8.62
Schematisch dargestellte Lage von Grundabmaßen für Innenteile (Wellen; äußere Formelemente)

Der Buchstabe für das Grundabmaß und die dahinterstehende Zahl bilden das Toleranzklassen-Kurzzeichen, z.B. „H7" oder „m6". Es legt somit Lage und Größe des Toleranzfelds eindeutig fest. Unter Voraussetzung bestimmter Toleranzklassen entstehen:

- **Spielpassungen** durch Bohrung H, **8.61** mit den Wellen a bis h, **8.62** und durch die Welle h, **8.62** mit Bohrungen A bis H, **8.61**.
- **Übergangspassungen,** von kleinen Nennmaßen in Grenzfällen abgesehen, durch die Bohrung H mit den Wellen j, k, m, n, **8.62** und durch die Welle h mit den Bohrungen J, K, M, N, **8.61**.
- **Übermaßpassungen (8.62)** durch die Bohrung H mit den Wellen r bis zc, **8.62** und durch die Welle h mit den Bohrungen R bis ZC, **8.61**.

DIN EN ISO 286-2 enthält ein umfangreiches Tabellenwerk für berechnete Grenzabmaße, das hier nicht wiedergegeben werden kann.

Passungsauswahl nach DIN 7154-1 und DIN 7155-1

Alle Toleranzklassen für Außen- und für Innenteile können beliebig miteinander gepaart werden. Damit ergeben sich zahlreiche unterschiedliche Passungen. Mit Rücksicht auf geringe Kosten für Werkzeuge und Messgeräte muss jedoch eine Auswahl getroffen werden.

Für das Passungssystem Einheitsbohrung wurden die acht Bohrungen (innere Formelemente) H6 bis H13 ausgewählt (DIN 7154-1). Zu jeder Einheitsbohrung gehören mehrere Wellen (äußere Formelemente) mit größeren und kleineren Durchmessern. Alle Passungen mit der gleichen Einheitsbohrung bilden eine Passungsfamilie.

Für das System Einheitswelle wurden entsprechend die acht Wellen (äußere Formelemente) h5, h6 und h8 bis h13 ausgewählt (DIN 7155-1). Auch sie bilden mit je einer Reihe unterschiedlicher Bohrungen (innere Formelemente) Passungsfamilien.

Die Normen DIN 7154-1, DIN 7155-1 und DIN 7157 wurden nicht durch DIN EN ISO 286-1 und DIN EN ISO 286-2 ersetzt. Da auf Grund der sachlichen Übereinstimmung und bezüglich der geänderten Benennungen (z. B. Toleranzfeld, -klasse) keine Missverständnisse zu erwarten sind, wurden die Normen nicht überarbeitet.

Auswahlsystem nach DIN 7157

Zur weiteren Verbesserung der Wirtschaftlichkeit in Konstruktion und Fertigung wurde eine noch engere Auswahl von Passungen aus beiden Systemen (Einheitsbohrung und -welle) zusammengestellt, **8.63**. Sie entspricht nicht mehr in allen Festlegungen dem heutigen Stand der Technik, reicht für die meisten Zwecke bzw. für eine Orientierung aber noch aus.

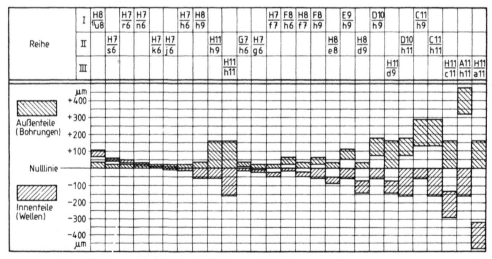

1) Toleranzfeld x 8 für Nennwerte ≤ 24 mm, u8 für Nennwerte > 24 mm

8.63 Ausgewählte Passungen nach DIN 7157, dargestellt für Nennmaß 50 mm

Die Passungen in **8.63** sind wie folgt zusammengestellt: Reihe I aus Toleranzklassen der Reihe 1, Reihe II aus Toleranzklassen der Reihen 1 und 2, Reihe III nur aus Toleranzklassen der Reihe 2. Es ist aber jede beliebige Paarung innerhalb der Reihen möglich. Für besondere Zwecke können auch andere Toleranzklassen gebildet werden (DIN EN ISO 286-1). Das Istmaß einer mit dem Spiralbohrer hergestellten Bohrung liegt gewöhnlich innerhalb der Toleranz H11. Sie ist nur für Spielpassungen zu gebrauchen. Tabelle 8.3 enthält Abmaße für Toleranzklassen zum Berechnen der Toleranzen und Passungsmaße.

Tabelle 8.3 Abmaße in µm für ausgewählte Toleranzklassen (DIN 7152).[1],[2]) Reihe 1 = Vorzugsreihe, Reihe 2 = Ergänzungsreihe (Auswahl)

Nennmaßbereich in mm	x8 / u8[1]	s6	r6	n6	k6	j6	h6	h9	h11	g6	f7	e8	d9	c11	a11	H7	H8	H11	G7	F8	E9	D10	C11	A11
1 bis 3	+34 / +20	+20 / +14	+16 / +10	+10 / +4	+6 / 0	+4 / −2	0 / −6	0 / −25	0 / −60	−2 / −8	−6 / −16	−14 / −28	−20 / −45	−60 / −120	−270 / −330	+10 / 0	+14 / 0	+60 / 0	+12 / +2	+20 / +6	+39 / +14	+60 / +20	+120 / +60	+330 / +270
> 3 bis 6	+46 / +28	+27 / +19	+23 / +15	+16 / +8	+9 / +1	+6 / −2	0 / −8	0 / −30	0 / −75	−4 / −12	−10 / −22	−20 / −38	−30 / −60	−70 / −145	−270 / −345	+12 / 0	+18 / 0	+75 / 0	+16 / +4	+28 / +10	+50 / +20	+78 / +30	+145 / +70	+345 / +270
> 6 bis 10	+56 / +34	+32 / +23	+28 / +19	+19 / +10	+10 / +1	+7 / −2	0 / −9	0 / −36	0 / −90	−5 / −14	−13 / −28	−25 / −47	−40 / −76	−80 / −170	−280 / −370	+15 / 0	+22 / 0	+90 / 0	+20 / +5	+35 / +13	+61 / +25	+98 / +40	+170 / +80	+370 / +280
> 10 bis 14	+67 / +40	+39 / +28	+34 / +23	+23 / +12	+12 / +1	+8 / −3	0 / −11	0 / −43	0 / −110	−6 / −17	−16 / −34	−32 / −59	−50 / −93	−95 / −205	−290 / −400	+18 / 0	+27 / 0	+110 / 0	+24 / +6	+43 / +16	+75 / +32	+120 / +50	+205 / +95	+400 / +290
> 14 bis 18	+72 / +45	+39 / +28	+34 / +23	+23 / +12	+12 / +1	+8 / −3	0 / −11	0 / −43	0 / −110	−6 / −17	−16 / −34	−32 / −59	−50 / −93	−95 / −205	−290 / −400	+18 / 0	+27 / 0	+110 / 0	+24 / +6	+43 / +16	+75 / +32	+120 / +50	+205 / +95	+400 / +290
> 18 bis 24	+87 / +54	+48 / +35	+41 / +28	+28 / +15	+15 / +2	+9 / −4	0 / −13	0 / −52	0 / −130	−7 / −20	−20 / −41	−40 / −73	−65 / −117	−110 / −240	−300 / −430	+21 / 0	+33 / 0	+130 / 0	+28 / +7	+53 / +20	+92 / +40	+149 / +65	+240 / +110	+430 / +300
> 24 bis 30	+81 / +48	+48 / +35	+41 / +28	+28 / +15	+15 / +2	+9 / −4	0 / −13	0 / −52	0 / −130	−7 / −20	−20 / −41	−40 / −73	−65 / −117	−110 / −240	−300 / −430	+21 / 0	+33 / 0	+130 / 0	+28 / +7	+53 / +20	+92 / +40	+149 / +65	+240 / +110	+430 / +300
> 30 bis 40	+99 / +60	+59 / +43	+50 / +34	+33 / +17	+18 / +2	+11 / −5	0 / −16	0 / −62	0 / −160	−9 / −25	−25 / −50	−50 / −89	−80 / −142	−120 / −280	−310 / −470	+25 / 0	+39 / 0	+160 / 0	+34 / +9	+64 / +25	+112 / +50	+180 / +80	+280 / +120	+470 / +310
> 40 bis 50	+109 / +70	+59 / +43	+50 / +34	+33 / +17	+18 / +2	+11 / −5	0 / −16	0 / −62	0 / −160	−9 / −25	−25 / −50	−50 / −89	−80 / −142	−130 / −290	−320 / −480	+25 / 0	+39 / 0	+160 / 0	+34 / +9	+64 / +25	+112 / +50	+180 / +80	+290 / +130	+480 / +320
> 50 bis 65	+133 / +87	+72 / +53	+60 / +41	+39 / +20	+21 / +2	+12 / −7	0 / −19	0 / −74	0 / −190	−10 / −29	−30 / −60	−60 / −106	−100 / −174	−140 / −330	−340 / −530	+30 / 0	+46 / 0	+190 / 0	+40 / +10	+76 / +30	+134 / +60	+220 / +100	+330 / +140	+530 / +340
> 65 bis 80	+148 / +102	+78 / +59	+62 / +43	+39 / +20	+21 / +2	+12 / −7	0 / −19	0 / −74	0 / −190	−10 / −29	−30 / −60	−60 / −106	−100 / −174	−150 / −340	−360 / −550	+30 / 0	+46 / 0	+190 / 0	+40 / +10	+76 / +30	+134 / +60	+220 / +100	+340 / +150	+550 / +360
> 80 bis 100	+178 / +124	+93 / +71	+73 / +51	+45 / +23	+25 / +3	+13 / −9	0 / −22	0 / −87	0 / −220	−12 / −34	−36 / −71	−72 / −126	−120 / −207	−170 / −390	−380 / −600	+35 / 0	+54 / 0	+220 / 0	+47 / +12	+90 / +36	+159 / +72	+260 / +120	+390 / +170	+600 / +380
> 100 bis 120	+198 / +144	+101 / +79	+76 / +54	+45 / +23	+25 / +3	+13 / −9	0 / −22	0 / −87	0 / −220	−12 / −34	−36 / −71	−72 / −126	−120 / −207	−180 / −400	−410 / −630	+35 / 0	+54 / 0	+220 / 0	+47 / +12	+90 / +36	+159 / +72	+260 / +120	+400 / +180	+630 / +410
> 120 bis 140	+233 / +170	+117 / +92	+88 / +63	+52 / +27	+28 / +3	+14 / −11	0 / −25	0 / −100	0 / −250	−14 / −39	−43 / −83	−85 / −148	−145 / −245	−200 / −450	−460 / −710	+40 / 0	+63 / 0	+250 / 0	+54 / +14	+106 / +43	+185 / +85	+305 / +145	+450 / +200	+710 / +460
> 140 bis 160	+253 / +190	+125 / +100	+90 / +65	+52 / +27	+28 / +3	+14 / −11	0 / −25	0 / −100	0 / −250	−14 / −39	−43 / −83	−85 / −148	−145 / −245	−210 / −460	−520 / −770	+40 / 0	+63 / 0	+250 / 0	+54 / +14	+106 / +43	+185 / +85	+305 / +145	+460 / +210	+770 / +520
> 160 bis 180	+273 / +210	+133 / +108	+93 / +68	+52 / +27	+28 / +3	+14 / −11	0 / −25	0 / −100	0 / −250	−14 / −39	−43 / −83	−85 / −148	−145 / −245	−230 / −480	−580 / −830	+40 / 0	+63 / 0	+250 / 0	+54 / +14	+106 / +43	+185 / +85	+305 / +145	+480 / +230	+830 / +580
> 180 bis 200	+308 / +236	+151 / +122	+106 / +77	+60 / +31	+33 / +4	+16 / −13	0 / −29	0 / −115	0 / −290	−15 / −44	−50 / −96	−100 / −172	−170 / −285	−240 / −530	−660 / −950	+46 / 0	+72 / 0	+290 / 0	+61 / +15	+122 / +50	+215 / +100	+355 / +170	+530 / +240	+950 / +660
> 200 bis 225	+330 / +258	+159 / +130	+109 / +80	+60 / +31	+33 / +4	+16 / −13	0 / −29	0 / −115	0 / −290	−15 / −44	−50 / −96	−100 / −172	−170 / −285	−260 / −550	−740 / −1030	+46 / 0	+72 / 0	+290 / 0	+61 / +15	+122 / +50	+215 / +100	+355 / +170	+550 / +260	+1030 / +740
> 225 bis 250	+336 / +284	+169 / +140	+113 / +84	+60 / +31	+33 / +4	+16 / −13	0 / −29	0 / −115	0 / −290	−15 / −44	−50 / −96	−100 / −172	−170 / −285	−280 / −570	−820 / −1110	+46 / 0	+72 / 0	+290 / 0	+61 / +15	+122 / +50	+215 / +100	+355 / +170	+570 / +280	+1110 / +820

1) Toleranzfeld x8 für Nennmaße ≤24, u8 für Nennmaße >24
2) Norm zurückgezogen

8

Beispiel

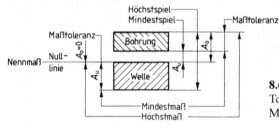

8.64

Toleranzfelder der Spielpassung $\varnothing$ 60F8/h9 im Maßstab 100:1

Maße in mm

Rundpassung $\varnothing$ 60 F8/h9	Bohrung $\varnothing$ 60 F8	Welle $\varnothing$ 60 h9
oberes Abmaß A_o unteres Abmaß A_u Höchstmaß Mindestmaß Maßtoleranz	$(+ 76\,\mu m =) + 0{,}076$ $(+ 30\,\mu m =) + 0{,}03$ $60 + 0{,}076 = 60{,}076$ $60 + \;\; 0{,}03 = 60{,}03$ $60{,}076 - 60{,}03 = \;\; 0{,}046$	$(0\,\mu m \; =) \;\; 0$ $(- 74\,\mu m =) - 0{,}074$ $60 \pm 0 = 60$ $60 - \;\; 0{,}074 = 59{,}926$ $60 - 59{,}926 \; = \;\; 0{,}074$
	Passung	
Höchstspiel Mindestspiel Passtoleranz	$60{,}076 \; - 59{,}926 = 0{,}15$ $60{,}03 \;\;\; - 60 \;\;\;\;\;\; = 0{,}03$ $0{,}15 \;\;\;\; - \;\; 0{,}03 \;\; = 0{,}12$	

Eintragen von Toleranzklassen (DIN 406-12), Allgemeintoleranzen (DIN EN ISO 2768-1 und DIN EN ISO 2768-2)

Bei Absatzmaßen und Lochmittenabständen sowie Mittigkeiten sind Kurzzeichen nicht anwendbar. Die Toleranzen hierfür werden durch Abmaße in Zahlen bestimmt.

Bei Passmaßen (tolerierte Maße für eine Passfläche bzw. zusammengehörige Passflächen) wird die Toleranzklasse stets hinter das Nennmaß geschrieben. Beide zusammen bilden das Passungsmaß. Kurzzeichen der Toleranzklasse sind vorzugsweise in gleicher Schriftgröße wie die Maßzahl, Kurzzeichen der Toleranzklasse für Innenmaße mit Großbuchstaben, **8.65** stehen wie die für Außenmaße mit Kleinbuchstaben, **8.66** auf einer Linie mit der Maßzahl.

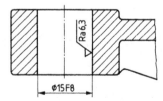

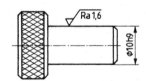

8.65 Passmaß für Innenmaß   **8.66** Passmaß für Außenmaß

Innenmaß und Außenmaß bei ineinander gesteckt gezeichneten Passteilen haben eine gemeinsame Maßlinie, **8.67**. Hierbei werden Kurzzeichen der Toleranzklasse für die Innenmaße vor dem Kurzzeichen für die Außenmaße, oder auch darüber angeordnet.

Gilt eine Toleranzklasse nur für einen Bereich der bemaßten Länge, wird der Geltungsbereich begrenzt, **8.68**.

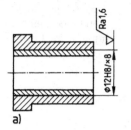

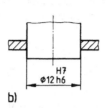

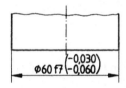

8.67 Kurzzeichen der Toleranzklassen für Innenmaße stehen a) vor oder b) über denen für Außenmaße

8.68 ISO-Toleranzklasse auf einen Bereich der Länge begrenzt

> Die Kurzzeichen der Toleranzklassen beziehen sich nur auf die Maßhaltigkeit der Werkstücke, nicht aber auf die Oberflächenbeschaffenheit. Für diese sind zusätzliche Oberflächenangaben erforderlich.

Einer feinen Toleranz kann zwar eine grobe Oberfläche nicht zugeordnet werden, wohl aber einer groben Toleranz eine feine Oberfläche. Es kann daher sinnvoll sein, zu einer vorgesehenen Toleranz angemessene Rauheitsangaben festzulegen.

Sind Abmaße für die Toleranzen erwünscht, fügt man sie in mm in Klammern den Kurzzeichen der Toleranzklassen bei, **8.69**. Die Abmaße für alle in der Zeichnung enthaltenen Passungsmaße können auch in einer besonderen Tabelle 8.4 neben oder über dem Schriftfeld eingetragen werden. Statt der Abmaße kann man Höchstmaße und Mindestmaße angeben.

8.69 Zusätzliche Angabe der Abmaße

Tabelle 8.4 Abmaßtabelle für Passmaße

Passmaße	Abmaße
∅ 32 h6	0 − 0,016
∅ 18 D10	+ 0,120 + 0,050

Da Passmaße auch bei galvanisierten Teilen den Endzustand angeben, sind in der vorangehenden Fertigung bei Innenteilen Untermaße und bei Außenteilen Übermaße einzuhalten.

Allgemeintoleranzen für Längen- und Winkelmaße sind nach DIN EN ISO 2768-1 gleichmäßig nach + und − im Rahmen der üblichen Fertigungsgenauigkeit festgelegt. Allgemeintoleranzen für Form und Lage sind in DIN EN ISO 2768-2 enthalten. Für Gussrohteile, Stanzteile, Schmiedestücke, Schweißkonstruktionen, Optikeinzelteile usw. sind sie in weiteren DIN-Normen festgelegt.

Hinsichtlich betrieblich bedingter Unterschiede in der erreichbaren Genauigkeit sind Allgemeintoleranzen nach Teil 1 in vier, nach Teil 2 in drei Toleranzklassen unterteilt und einzuhalten, wenn ein Vermerk (z. B. „ISO 2768" oder „IS0 2768-m" oder „Allgemeintoleranzen ISO 2768-m" oder „Allgemeintoleranzen ISO 2768-mK" in die Zeichnung eingetragen wurde oder in sonstigen Unterlagen (z. B. Lieferbedingungen) auf DIN EN ISO 2768 verwiesen wird. Für die Eintragung in der Zeichnung ist im Schriftfeld ein Feld vorgesehen.

8

Die Allgemeintoleranzen nach DIN EN ISO 2768-1 gelten für Längen- und Winkelmaße an Teilen aus allen Werkstoffen, die durch Spanen oder spanlos durch Umformen (z. B. Ziehen, Treiben, Sicken, Stanzen), DIN ISO 2768-2 für Form und Lageabweichungen an Formelementen, die durch Spanen gefertigt sind.

Allgemeintoleranzen gelten:

- für Längenmaße, z. B. Außenmaße, Innenmaße, Absatzmaße, Durchmesser, Breiten, Höhen, Dicken, Lochmittenabstände, Tabelle 8.5,
- für Rundungshalbmesser und Fasenhöhen, Schrägungen, Tabelle 8.6,
- für Winkelmaße, sowohl eingetragene als auch üblicherweise nicht eingetragene, z. B. rechte Winkel, Tabelle 8.7,
- für Längen- und Winkelmaße, die durch Bearbeiten gefügter Teile entstehen, Tabelle 8.5,
- für alle Formelemente, die zueinander in Bezug gesetzt werden können,
- für die Geradheit und Ebenheit einzelner Formelemente, Tabelle 8.8,
- für Rechtwinkligkeit, Tabelle 8.9; der längere (bei gleich langen jeder) der den rechten Winkel bildenden beiden Schenkel dient als Bezugselement,
- für Symmetrie, Tabelle 8.10; das längere (oder eines) der beiden Formelemente muss dabei eine Mittelebene haben, oder die Achsen stehen im rechten Winkel zueinander,
- für Lauf, Rund- und Planlauf sowie beliebige Rotationsflächen, Tabelle 8.11; als Bezugselemente gelten die Lagerstellen, wenn sie als solche gekennzeichnet sind,
- für Rundheit ist die Allgemeintoleranz gleich dem Zahlenwert der Durchmessertoleranz, Tabelle 8.5; sie darf aber nicht größer als die Werte für die Rundlauftoleranz sein, Tabelle 8.10,
- für die Parallelität ergibt sich die Abweichungsbegrenzung aus den Allgemeintoleranzen für die Geradheit oder Ebenheit, Tabelle 8.8 oder aus der Toleranz für das Abstandsmaß, Tabelle 8.5 – je nachdem, welche von beiden die größere ist. Das längere Formelement gilt als Bezugselement,
- für die Zylinderform sind Allgemeintoleranzen nicht festgelegt. Soll bei Passungen mit zylindrischen Flächen die Hüllbedingung gelten, ist das Maß nach ISO 8015 mit dem Symbol Ⓔ zu kennzeichnen (z. B. ⌀ 25 H 7 Ⓔ).

Allgemeintoleranzen gelten nicht:

- für Maße, für die Toleranzen angegeben oder für die in der Zeichnung andere Normen über Allgemeintoleranzen festgelegt sind,
- für Koaxialität; im Extremfall dürfen deren Abweichungen so groß sein wie die Werte für den Rundlauf, Tabelle 8.11,
- für in Klammern stehende Hilfsmaße,
- für rechteckig eingerahmte theoretische Maße,
- für Maße, die sich beim Zusammenbau von Teilen ergeben.

Tabelle 8.5 Grenzabmaße für Längenmaße nach DIN EN ISO 2768-1

Toleranzklasse	Grenzabmaße in mm für Nennmaßbereiche in mm							
	0,5 bis 3	> 3 bis 6	> 6 bis 30	> 30 bis 120	> 120 bis 400	> 400 bis 1000	> 1000 bis 2000	> 2000 bis 4000
f (fein)	± 0,05	± 0,05	± 0,1	± 0,15	± 0,2	± 0,3	± 0,5	–
m (mittel)	± 0,1	± 0,1	± 0,2	± 0,3	± 0,5	± 0,8	± 1,2	± 2
g (grob)	± 0,2	± 0,3	± 0,5	± 0,8	± 1,2	± 2	± 3	± 4
v (sehr grob)	–	± 0,5	± 1	± 1,5	± 2,5	± 4	± 6	± 8

Tabelle 8.6 Grenzabmaße für gebrochene Kanten (Rundungshalbmesser und Fasenhöhen, Schrägungen) nach DIN EN ISO 2768-1

Toleranzklasse	Grenzabmaße in mm für Nennmaßbereiche in mm		
	0,5 bis 3	> 3 bis 6	> 6
f (fein) und m (mittel)	± 0,2	± 0,5	± 1
g (grob) und v (sehr grob)	± 0,4	± 1	± 2

Tabelle 8.7 Grenzabmaße für Winkelmaße nach DIN EN ISO 2768-1

Toleranzklasse	Abmaße in Winkeleinheiten für Nennmaßbereich in mm (Länge des kürzeren Schenkels)				
	≤ 10	> 10 bis 50	> 50 bis 120	> 120 bis 400	> 400
f (fein) und m (mittel)	± 1°	0°30'	0°20'	± 0°10'	± 0°5'
c (grob)	± 1°30'	± 1°	± 0°30'	± 0°15'	± 0°10'
v (sehr grob)	± 3°	± 2°	± 1°	± 0°30'	± 0°20'

Tabelle 8.8 Allgemeintoleranzen für Gerad- und Ebenheit nach DIN EN ISO 2768-2

Toleranzklasse	Allgemeintoleranzen in mm für Geradheit und Ebenheit für Nennmaßbereiche in mm					
	≤ 10	> 10 bis 30	> 30 bis 100	> 100 bis 300	> 300 bis 1000	> 1000 bis 3000
H	0,02	0,05	0,1	0,2	0,3	0,4
K	0,05	0,1	0,2	0,4	0,6	0,8
L	0,1	0,2	0,4	0,8	1,2	1,6

Tabelle 8.10 Allgemeintoleranzen für Rechtwinkligkeit nach DIN EN ISO 2768-2

Toleranzklasse	Rechtwinkligkeitstoleranzen in mm für Nennmaßbereiche in mm für den kürzeren Winkelschenkel			
	≤ 100	> 100 bis 300	> 300 bis 1000	> 1000 bis 3000
H	0,2	0,3	0,4	0,5
K	0,4	0,6	0,8	1
L	0,6	1	1,5	2

Tabelle 8.9 Allgemeintoleranzen für Symmetrie nach DIN EN ISO 2768-2

Toleranzklasse	Symmetrietoleranz in mm für Nennmaßbereiche in mm			
	≤ 100	> 100 bis 300	> 300 bis 1000	> 1000 bis 3000
H	0,5			
K	0,6		0,8	1
L	0,6	1	1,5	2

Tabelle 8.11 Allgemeintoleranzen für Rund- und Planlauf nach DIN EN ISO 2768-2

Toleranzklasse	Lauftoleranz in mm
H	0,1
K	0,2
L	0,5

Tolerierungsgrundsatz. Die Allgemeintoleranzen nach DIN EN ISO 2768-2 sollten in jedem Fall angewendet werden, wenn in der Zeichnung auf DIN EN ISO 8015 hingewiesen ist. Dann gelten die Allgemeintoleranzen für Form und Lage unabhängig von den Istmaßen der Formelemente. Jede Toleranz muss für sich eingehalten werden. Die Allgemeintoleranzen für Form und Lage dürfen somit auch bei Formelementen mit überall Maximum-Material-Maß ausgenutzt werden. Passungen erfordern zusätzlich die einschränkende Hüllbedingung, die in Zeichnungen gesondert anzugeben ist Ⓔ.

Zeichnungseintragung. Sollten die Allgemeintoleranzen nach DIN EN ISO 2768-2 in Verbindung mit den Allgemeintoleranzen nach DIN EN ISO 2768-1 gelten, sind folgende Eintragungen in oder neben dem Zeichnungsschriftfeld vorzunehmen:

Beispiel ISO 2768 – mK

In diesem Fall gelten die Allgemeintoleranzen für Winkelmaße nach Teil 1 nicht für nicht eingetragene 90°-Winkel, da Teil 2 Allgemeintoleranzen für Rechtwinkligkeit festlegt. Sollten die Allgemeintoleranzen für Maße (Toleranzklasse m) nicht gelten, entfällt der entsprechende Kennbuchstabe:

Beispiel ISO 2768 – K

In Fällen, in denen die Hüllbedingung Ⓔ auch für alle einzelnen Maßelemente (zylindrische Flächen oder zwei parallele ebene Flächen) gelten soll, wird der Buchstabe E der allgemeinen Bezeichnung angefügt.

Beispiel ISO 2768 – mK – E

Die Hüllbedingung Ⓔ kann nicht für Formelemente mit einzeln eingetragenen Geradheitstoleranzen gelten, die größer als die Maßtoleranz sind, z. B. Halbzeuge. Wenn DIN 7167 gilt, darf das E in der Bezeichnung entfallen.

Um die vielen bestehenden Zeichnungen, in denen Allgemeintoleranzen nach DIN 7168 zitiert sind, weiterhin verständlich und lesbar zu halten und den Anwender darauf hinzuweisen, dass für Neukonstruktionen DIN ISO 2768-1 und DIN ISO 2768-2 angewendet werden sollen, wurden DIN 7168-1 und DIN 7168-2 zu einer Norm DIN 7168 zusammengefasst und mit entsprechenden Erläuterungen versehen (s. Norm).

8

Tabelle 8.12 Kennzeichen und Anwendungsbeispiele wichtiger Passungen

ISO-Passungen nach			Merkmal	Anwendungsbeispiele
DIN 7154-1[1]) Einheitsbohrung	DIN 7155-1[1]) Einheitswelle	DIN 7157[1]) Passungsauswahl		
Übermaßpassungen H7/s6 H7/r6	R7/h6 S7/h6	H8/x8 H8/u8 H7/r6	Teile unter hohem Druck, durch Erwärmen oder Kühlen fügbar. Zusätzliche Sicherung gegen Verdrehung ist nicht erforderlich.	Kupplungen auf Wellenenden, Buchsen in Radnaben, festsitzende Zapfen und Bunde, Bronzekränze auf Schneckenradkörpern, Ankerkörper auf Wellen
H7/n6	N7/h6	H7/n6	Festsitzteile unter hohem Druck fügbar. Zusätzliche Sicherung gegen Verdrehen ist erforderlich.	Zahn- und Schneckenräder, Lagerbuchsen, Winkelhebel, Radkränze auf Radkörpern, Antriebsräder
H7/m6	M7/h6		Treibsitzteile unter erheblichem Kraftaufwand, z. B. mit Handhammer fügbar. Sichern gegen Verdrehen ist erforderlich.	Werkzeugmaschinenteile die ausgewechselt werden müssen (z. B. Zahnräder, Riemen Scheiben, Kupplungen, Zylinderstifte, Passschrauben, Kugellagerinnenringe)
Übergangspassungen H7/k6	K7/h6	H7/k6	Haftsitzteile unter geringem Kraftaufwand fügbar. Ein Sichern gegen Verdrehen und Verschieben ist erforderlich.	Riemenscheiben, Zahnräder und Kupplungen sowie Wälzlagerinnenringe auf Wellen für mittlere Belastungen, Bremsscheiben
H7/j6	J7/h6	H7/j6	Schiebesitzteile bei guter Schmierung von Hand fügbar und verschiebbar. Ein Sichern gegen Verschieben und Verdrehen ist notwendig.	Häufig auszubauende, aber durch Keile gesicherte Scheiben, Räder und Handräder; Buchsen, Lagerschalen, Kolben auf der Kolbenstange und Wechselräder

Fortsetzung s. nächste Seite.

Tabelle 8.12 Fortsetzung

	ISO-Passungen nach			Merkmal	Anwendungsbeispiele
	DIN 7154-1[1] Einheits-bohrung	DIN 7155-1[1] Einheitswelle	DIN 7157[1] Passungs-auswahl		
Spielpassungen	H7/h6	H7/h6	H7/h6	Gleitsitzteile bei guter Schmierung durch Hand-druck verschiebbar.	Pinole im Reitstock, Fräser auf Fräsdornen, Wechselräder, Säulenführungen, Dichtungs-ringe
	H8/h9	H8/h9	H8/h9	Schlichtgleitsitzteile leicht fügbar und über längere Wellenteile verschiebbar.	Scheiben, Räder, Kupplungen, Stellringe, Handräder, Hebel, Keilsitz für Transmissions-wellen
	H7/g6	G7/h6	H7/g6	Enge Laufsitzteile gestatten gegenseitige Bewegung ohne merkliches Spiel.	Schieberäder in Wechselgetrie-ben, verschiebbare Kupplun-gen, Spindellagerungen an Schleifmaschinen und Teil-apparaten
	H7/f7	F7/h6	H7/f7	Laufsitze gewähren ein leichtes Verschieben der Passteile und haben ein reichliches Spiel, das eine einwandfreie Schmierung erleichtert.	Meist angewendete Lagerpas-sung im Maschinenbau, bei Lagerung der Welle in zwei Lagern (z. B. Spindellagerung an Werkzeugmaschinen, Kur-bel- und Nockenwellenlage-rung, Gleitführungen)
	H8/f8	F8/h9	F8/h9	Schlichtlaufsitzteile haben merkliches bis reichliches Spiel, sodass sie gut inein-ander beweglich sind.	Für mehrfach gelagerte Wellen; Kolben in Zylindern, Ventilspindeln in Führungs-buchsen, Lager für Zahnrad-und Kreiselpumpen, Kreuz-kopfführungen
	H8/e8	E8/h6	E9/h9	Leichte Laufsitzteile haben reichliches Spiel.	Mehrfach gelagerte Wellen, bei denen ein einwandfreies Ausrichten und Fluchten nicht voll gewährleistet ist
	H8/d9	D9/h8		Passteile für weiten Laufsitz haben sehr reichliches Spiel.	Für genaue Lagerungen von Transmissionswellen und für schnelllaufende Maschinen-teile
	H9/d10	D10/h9	D10/h9	Weite Schlichtlaufsitzteile haben sehr reichliches Spiel.	Achsbuchsen für Fuhrwerke und Landmaschinen, für Transmissionslager und Los-scheiben
	H11/h11	H11/h11	H11/h11	Passteile haben große Tole-ranzen bei geringem Spiel.	Teile, die verstiftet, ver-schraubt, zusammengesteckt und verschweißt werden (z. B. Griffe, Hebel, Kurbeln)
	H11/d11	D11/h11		Passteile haben große Toleranzen bei bestimmten Kleinstspiel.	Lager an Land- und Bauma-schinen, Seilrollen und Teile aus gezogenem Werkstoff
	H11/c11	C11/h11	C11/h11	Passteile haben große Tole-ranzen und große Spiele.	Lager an landwirtschaftlichen und Haushaltsmaschinen
	H11/a11	A11/h11	A11/h11	Passteile haben sehr große Toleranzen und sehr locke-ren Sitz.	Türangeln, Kuppelbolzen, Feder- und Bremsgehänge an Fahrzeugen

1) Normen zurückgezogen

8

Im Wesentlichen gehören die Übermaß- und Übergangspassungen zum System der Einheitsbohrung, die Spielpassungen (zwecks Verwendung gezogener Wellen) zum System der Einheitswelle. Für abgesetzte Wellen in Getrieben usw. können g6, f7, e8, d9, c11 und a11 mit
H-Bohrungen (Einheitsbohrung) zu Spielpassungen gepaart werden. Bei den 3 Übermaßpassungen H8/x8 bzw. H8/u8, H7/r6 und H7/s6 erübrigt sich im Allgemeinen eine Berechnung
als Pressverband nach DIN 7190. Großes Spiel ergeben: h11/H11 und A11/a11. H11 ist mit
üblichen Spiralbohrern ohne Nacharbeit zu erreichen. Gleiche Passtoleranzen haben: G7/h6
und H7/g6, C11/h11 und H11/c11, A11/h11 und H11/a11.

ISO-Toleranzen, ISO-Passungen für die Feinwerktechnik s. DIN 58700-1 und DIN 58700-2.
Toleranzsystem für Holzbe- und -verarbeitung s. DIN 68100.

Toleranzregel

Bei einem Maß ohne einzelne Toleranzangabe, auf das mehr als eine Norm für Allgemeintoleranzen zutrifft, gilt die größere der in Frage kommenden Allgemeintoleranzen, **8.70**.

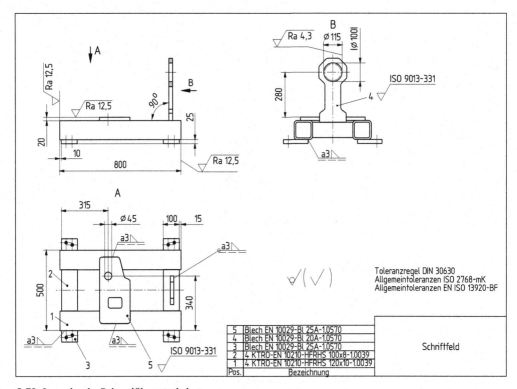

8.70 Lagerbock, Schweißkonstruktion

Tabelle 8.13 Bedeutung der Zeichnungseintragung nach DIN 30630

Allgemeintoleranzen nach		Toleranzauslegung
ISO 2768-mK	**ISO 13920-BF**	
a Grenzabmaße: ± 0,2 mm	Grenzabmaße: ± 1 mm	Es gelten die größeren Grenzabmaße: ± 1 mm
b Grenzabmaße: ± 0°10′	Grenzabmaße: ± 0°45′	Es gelten die größeren Grenzabmaße: ± 0°45′
c Grenzabmaße: ± 0,5 mm	Grenzabmaße: ± 2 mm	Es gelten die größeren Grenzabmaße: ± 2 mm

8.4 Geometrische Produktspezifikation

GPS-Normenwerk

Bereits 1996 wurde ein ISO-Komitee „Geometrische Produktspezifikation und Prüfung" mit dem Ziel gegründet, ein einheitliches System von GPS-Normen zur Spezifikation (Einzelaufstellung) und Prüfung der Werkstückgeometrie zu schaffen. Zentrales Element ist die GPS-Matrix, die in der Grundnorm DIN EN ISO 14638 beschrieben wird, Tab. 8.14.

Tabelle 8.14 GPS-Matrix-Modell nach DIN EN ISO 14638

Globale GPS-Normen						
Matrix allgemeiner GPS-Normen						
Kettengliednummer	1	2	3	4	5	6
Maß						
Abstand						
Radius						
Winkel						
Form einer Linie bezugsunabhängig						
Form einer Linie bezugsabhängig						
Form einer Oberfläche bezugsunabhängig						
Form einer Oberfläche bezugsabhängig						
Richtung						
Lage						
Rundlauf						
Gesamtlauf						
Bezüge						
Rauheitsprofil						
Welligkeitsprofil						
Primärprofil						
Oberflächenunvollkommenheit						
Kanten						

In der GPS-Matrix ist der Zusammenhang zwischen 18 geometrischen Merkmalen wie Größenmaße, Formen, Bezügen und Oberflächen und den erforderlichen Spezifikationen als Kettenglieder ausgeführt. Wesentliche geometrische Merkmale sind bereits unter **8.1** und **8.2** behandelt.

Diese internationale Norm deckt eine Anzahl grundliegender Prinzipien ab, die auf alle GPS-Normen und auf jede technische Produktspezifikation, welche auf dem GPS-Matrixmodell beruht, angewendet werden können. Die Normenkette folgt in etwa den Phasen der Produktentwicklung und ermöglicht eine standortunabhängige Fertigung.

Die Kettenglieder spiegeln die Abfolge von Spezifikation und Prüfung wieder.

- Kettenglied 1 enthält die Gruppe von GPS-Normen, die die **Zeichnungseintragung** von Werkstückeigenschaften regelt.
- Kettenglied 2 enthält die Normengruppe, die die **Tolerierung** von Werkstückeigenschaften regelt.
- Kettenglied 3 enthält die Normengruppe, die sich mit der Definition des **Ist-Geometrieelementes** (reale Werkstückeigenschaft) befasst.
- Kettenglied 4 enthält die Normengruppe, die sich mit der Ermittlung der Abweichungen und dem Vergleich der **Toleranzgrenzen** befasst.
- Kettenglied 5 enthält die Normengruppe, welche die Anforderungen an die **Messeinrichtungen** festlegt.
- Kettenglied 6 enthält die Normengruppe, welche die Kalibrieranforderungen und die **Kalibrierung** festlegt.

Ergänzende GPS-Normenketten werden als Toleranznormen für die Fertigungsverfahren Spanen (A1), Gießen (A2), Schweißen (A3), Thermoschneiden (A4), Kunststoffformen (A5), Überzug (A6) und Anstrich (A7) und als Geometrienormen für die Maschinenelemente Gewindeteile (B1), Zahnräder (B2) und Keilwellen (B3) erstellt.

Grundlagen und Grundregeln nach DIN EN ISO 8015: 2011

In dieser fundamentalen GPS-Norm werden grundlegende Rahmenbedingungen zum Einsatz der GPS-Normen behandelt. Sie beeinflussen alle anderen Normen im GPS-Matrix-System, Tab. 8.14. Die dargestellte Matrix ist vollständig besetzt.

Bei der Festlegung von Werkstücktoleranzen wird davon ausgegangen, dass die Toleranzgrenzen mit den Funktionsgrenzen übereinstimmen. Wird ein Werkstück außerhalb der Funktionsgrenzen gefertigt, ist die Funktion nicht mehr sichergestellt. Es wird angenommen, dass die Funktionsgrenzen auf einer vollständigen Untersuchung beruhen, die experimentell und/oder theoretisch durchgeführt worden ist.

Es gilt der Grundsatz der bestimmenden Zeichnung, d.h. alle Anforderungen sollen auf der Zeichnung unter Verwendung von GPS-Symbolen angegeben werden. Es können unterschiedliche Zustände der Fertigstellung vermerkt werden, jedoch müssen diese Angaben eindeutig gekennzeichnet sein.

Standardmäßig gelten alle GPS-Spezifikationen bei Referenzbedingungen. Diese schließen die nach ISO 1 festgelegte Temperatur von 20 °C ein und dass die Werkstücke frei von Verunreinigungen sind. Andere Bedingungen müssen auf der Zeichnung festgelegt werden.

Auf der Zeichnung wird das Werkstück durch Geometrieelemente beschrieben.

Abstrakt gibt es Geometrieelemente auf drei verschiedenen fachlichen Ebenen (DIN EN ISO 14660-1): Das sind die Spezifikationsebene, in der Vorstellungswelt des Konstrukteurs über das künftige Werkstück (Technische Zeichnung), dann die Ebene der physikalischen Verkörperung des Werkstücks (Herstellung) und abschließend die Ebene der Prüfung in der eine Darstellung des Werkstücks zur Untergliederung der Messgeräte verwendet wird (Qualitätssicherung). Es ist wichtig, diesen Zusammenhang der drei fachlichen Ebenen zu verstehen.

Auf der Zeichnung wird das Werkstück durch Geometrieelemente beschrieben. Als solche sind Punkt, Linie oder Fläche definiert. Die idealisierte Zerlegung eines zylindrischen Werkstücks in Geometrieelemente zeigt **8.71**.

Zusätzlich sind abgeleitete Geometrieelemente, wie z.B. Mittelpunkt oder mittlere Linie definiert, s. **8.71**, Linie B.

In **8.71** ist ergänzend die Struktur der Beziehungen und Definitionen der Geometrieelemente zueinander dargestellt.

Jede GPS-Spezifikation gilt für ein Geometrieelement oder eine Beziehung zwischen zwei Geometrieelementen. Im Falle von widersprüchlichen allgemeinen GPS-Spezifikationen für dasselbe Merkmal (z.B. Toleranzen) fordern die allgemeinen Regeln nur die Einhaltung einer, nämlich der tolerantesten GPS-Spezifikation.

Nicht wiedergegeben ist DIN EN ISO 5429: 2011, Geometrische Produktspezifikation GPS – Geometrische Tolerierung – Bezüge und Bezugssysteme. Sie legt Begriffe, Regeln und Methodik zur Eintragung und zum Verständnis fest.

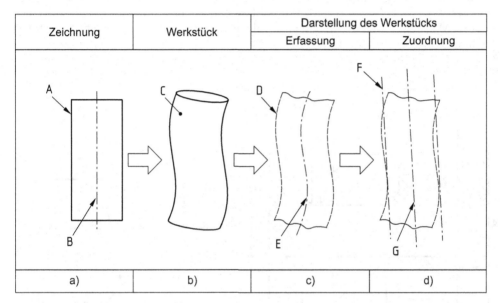

Zeichnung	Werkstück	Darstellung des Werkstücks	
		Erfassung	Zuordnung
a)	b)	c)	d)

8.71 Geometrieelemente am Beispiel eines zylindrischen Werkstückes. Begriffe und Definitionen nach DIN EN ISO 14660-1

Es bedeuten:
A vollständiges Nenn-Geometrieelement (Flächen, Profile)
B abgeleitetes Nenn-Geometrieelement (mittlere Linie)
C wirkliches Geometrieelement (Welle)
D erfasstes vollständiges Geometrieelement
E erfasstes abgeleitetes Geometrieelement
F zugeordnetes vollständiges Geometrieelement
G zugeordnetes abgeleitetes Geometrieelement

8.5 Toleranzverknüpfung durch Maßketten

Beim Fügen von Werkstücken zu Baugruppen addieren sich ihre Maßabweichungen. Die Addition tolerierter Einzelmaße führt zu sogenannten tolerierten Maßketten. Unter einer Maßkette versteht man die fortlaufende Aneinanderreihung von tolerierten Einzelmaßen M_i und das von diesen abhängige Schlussmaß M_0. In der schematischen Darstellung **8.72** bilden einzelne Maße ΣM_i und das Schlussmaß M_0 als Glieder der Maßkette einen geschlossenen Linienzug.

Die Berechnung einer Maßkette beruht auf dem ungünstigsten Fall (worst case), d.h. zur Ermittlung des Größtmaßes einer tolerierten Maßkette werden positive Kettenglieder mit dem Größtmaß, negative mit dem Kleinstmaß eingesetzt; zur Ermittlung des Kleinstmaßes wird umgekehrt verfahren. Zur Aufstellung der Maßkettengleichung wird an einer beliebigen Kopplungsstelle von zwei Kettengliedern ein Nullpunkt gewählt. An dieser Stelle wird willkürlich eine positive bzw. negative Zählrichtung festgelegt. Die Veränderung positiver Maße führt zu einer gleichsinnigen Veränderung des Schlussmaßes, während negative Maße seine gegensinnige Veränderung bewirken. An einer Baugruppe können Spiele bzw. Übermaße, abhängige Maße und funktionsabhängige Lageabweichungen Schlussmaße sein.

Das Ergebnis ist eine Umlaufgleichung, die unter Beachtung der Zählrichtung für das Beispiel **8.72** lautet: $M_4 - M_1 - M_2 - M_3 - M_0 = 0$. Zu beachten ist, dass die Summentoleranz einer tolerierten Maßkette gleich der Summe der Toleranzen der einzelnen Kettenglieder ist und Toleranzen keine Vorzeichen haben.

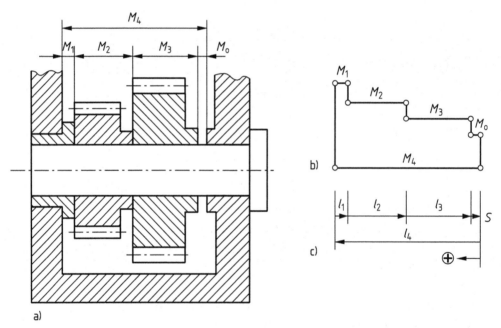

8.72 Maßketten an einem Getriebe
    a) bemaßte Baugruppe, b) allgemeine Maßkettendarstellung,
    c) arithmetische Toleranzrechnung mit Pfeilen (Vektoren) und festgelegte Zählrichtung

Verfahren zur Berechnung der arithmetischen Toleranz sind in der Literatur und als Software zu finden.

Die in **8.72** dargestellte Baugruppe Getriebe soll mit einem allgemeinen Algorithmus als praktisches Berechnungsbeispiel ausführlich dargestellt werden.

Die tolerierten Maße betragen: $l_1 = 8 - 0{,}1$ mm, $l_2 = 30 - 0{,}2$ mm, $l_3 = 35$ h12, $l_4 = 73 + 0{,}1$ mm. Gesucht ist das Schließmaß S.

Berechnungsschritte

1. Maßkette der Einzelmaße als aneinanderhängende Pfeile zeichnen und positive Zählrichtung festlegen, s. **8.72**c.

2. Schließmaßgleichung aufstellen unter Beachtung der Zählrichtung

$$l_4 - l_1 - l_2 - l_3 - S = 0 \rightarrow S = l_4 - l_1 - l_2 - l_3$$

$$S = 73^{+0,1}_{0} - 8^{0}_{-0,1} - 30^{0}_{-0,2} - 35^{0}_{-0,16}$$

3. Höchst-Schließmaß S_0 berechnen

   Positiv gerichtete Maße mit Höchstmaß, negative gerichtete mit Mindestmaß in die Schließmaßgleichung einsetzen.

   $$S_0 = 73,1 \text{ mm} - 7,9 \text{ mm} - 29,8 \text{ mm} - 34,84 \text{ mm} = 0,56 \text{ mm}$$

4. Mindestschließmaß S_u berechnen

   Positive Maße mit Mindestmaß, negative mit Höchstmaß einsetzen.

   $$S_u = 73,0 \text{ mm} - 8,0 \text{ mm} - 30,0 \text{ mm} - 35,0 \text{ mm} = 0$$

   Das Kleinstspiel ist 0 und die Baugruppe ohne konstruktive Änderung nicht sicher montierbar.

5. Schließtoleranz als Summe aller Toleranzen

   $$T_a = T_1 + T_2 + T_3 + T_4 = 0,1 \text{ mm} + 0,1 \text{ mm} + 0,2 \text{ mm} + 0,16 \text{ mm} = 0,56 \text{ mm}$$

   $$T_s = S_0 - S_u = 0,56 \text{ mm} + 0 = 0,56 \text{ mm}$$

8

9 Oberflächenangaben

Aus der Zeichnung eines Werkstückes muss auch die Beschaffenheit der Werkstückoberflächen im Endzustand des Teiles hervorgehen.

In Konstruktionszeichnungen werden technische Oberflächen vorrangig funktionsgerecht beschrieben. Hierfür ist zunächst die Frage zu klären, welche Eigenschaften zur Funktionserfüllung gefordert werden, z. B.

- geringer Verschleiß, Glätte
- gutes Tragverhalten
- exakte Führung

- Haftfähigkeit, Griffigkeit
- mattes oder glänzendes Aussehen

Danach sind die Zeichnungsangaben festzulegen, die die geforderten Eigenschaften beschreiben, z. B.

- Rauheits-Kennwerte
- Formtoleranzen
- Härte, Zähigkeit (Wärmebehandlung, s. Abschn. 13.1)

- Beschichtungen (s. Abschn. 13.2)
- Oberflächenprofil
- Rillenrichtung
- Fertigungsverfahren

Gestaltabweichungen von Oberflächen. Da die Ist-Oberfläche des gefertigten Werkstückes sich von der in der Konstruktion festgelegten idealen Oberfläche unterscheidet, wurde ein Ordnungssystem für Gestaltabweichungen festgelegt. Nach DIN 4760 sind diese in sechs Ordnungen eingeteilt, Tabelle 9.1. In der ersten Ordnung sind Formabweichungen zusammengefasst. Zu den Abweichungen zweiter bis fünfter Ordnung (Feingestalt) zählen Welligkeit und Rauheit. Die Abweichungen sechster Ordnung sind im Aufbau der Materie begründet und werden in der Regel nicht erfasst.

Profilfilter und Profiltypen. Messtechnisch werden Gestaltabweichungen unterschiedlicher Ordnung durch Filter in kurz- und langwellige Anteile getrennt. Dabei werden nach DIN EN ISO 11562 drei Filter mit unterschiedlichen Grenzwellenlängen aber gleichen Übertragungscharakteristiken benutzt:

λs-Profilfilter definieren den Übergang von der Rauheit zu den Anteilen mit noch kürzerer Wellenlänge, die auf der Werkstückoberfläche vorhanden sind.

λc-Profilfilter definieren den Übergang von der Rauheit zur Welligkeit.

λf-Profilfilter definieren den Übergang von der Welligkeit zu den Anteilen mit noch längeren Wellenlängen, die auf der Oberfläche vorhanden sind.

Das Oberflächenprofil entsteht durch den Schnitt einer Werkstückoberfläche mit einer vorgegebenen Ebene. Grundlage zur Berechnung der P-Kenngrößen (z. B. Pt, Pa) ist das **Primärprofil**. Es entsteht aus dem erfassten Profil durch Beseitigung der Nennform (Methode der kleinsten Summe der Abweichungsquadrate) und Abtrennung sehr kurzer Wellenlängen (Grenzwellenlänge λs). Das **Rauheitsprofil** ist Grundlage für die Berechnung der R-Kenngrößen und wird vom Primärprofil durch Abtrennung der langwelligen Profilanteile mit dem λc-Profilfilter hergeleitet. Das **Welligkeitsprofil** (W-Profil) entsteht durch das Anwenden der λf- und λc-Profilfilter auf das P-Profil, **9.1**.

U. Kurz, H. Wittel, *Konstruktives Zeichnen Maschinenbau*,
DOI 10.1007/978-3-658-17257-2_9, © Springer Fachmedien Wiesbaden GmbH 2017

Tabelle 9.1 Gestaltabweichungen von Oberflächen (DIN 4760)

Gestaltabweichung (als Profilschnitt überhöht dargestellt)	Beispiele für die Art der Abweichung	Beispiele für die Entstehungsursache
1. Ordnung: Formabweichungen	Unebenheit Ungeradheit Unrundheit	Fehler in Führungen von Werkzeug-maschinen, Biegung an Maschinen-teilen oder am Werkstück, unsachge-mäße Einspannung des Werkstücks, Härteverzug, Verschleiß
2. Ordnung: Welligkeit	Wellen	außermittige Einspannung, Form- oder Lageabweichungen eines Frä-sers, Schwingungen der Werkzeug-maschine oder des Werkzeugs
3. Ordnung: Rauheit	Rillen	Form der Werkzeugschneide. Vor-schub oder Zustellung des Werk-zeugs
4. Ordnung: Rauheit	Riefen Schuppen Kuppen	Vorgänge bei Spanbildung (Reiß-span, Scherspan, Aufbauschneide), Werkstoffverformung beim Strahlen, Knospenbildung bei galvanischer Behandlung
5. Ordnung: Rauheit (*Anmerkung:* nicht mehr in einfacher Weise bildlich darstellbar)	Gefügestruktur	Kristallisationsvorgänge, Verände-rung der Oberfläche durch chemische Einwirkung (z. B. Beizen), Korro-sionsvorgänge
6. Ordnung: (*Anmerkung:* nicht mehr in einfacher Weise bildlich darstellbar)	Gitteraufbau des Werkstoffs	
1. bis 4. Ordnung: Überlagerung		Überlagerung der Gestaltabweichungen 1. bis 4. Ordnung zur Istoberfläche

9

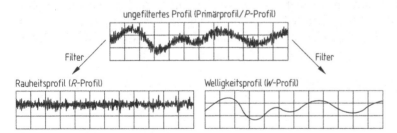

9.1 Oberflächenprofil-Diagramme (P-, R- und W-Profil)

Oberflächenkennwerte

Arithmetischer Mittenrauwert Ra. Er ist gleichbedeutend mit der Höhe eines Rechtecks, dessen Länge gleich der Messstrecke lr und das flächengleich mit der Summe der zwischen Rauheitsprofil und mittlerer Linie eingeschlossenen Fläche ist, **9.2**. In der Regel werden fünf Einzelmessstrecken berücksichtigt. Für eine andere Zahl von Einzelmessstrecken muss diese Zahl dem Rauheitskurzzeichen angehängt werden, z. B. Ra1, Ra3. Ra hängt nur in ganz geringem Maße von einzelnen Profilmerkmalen ab und vermittelt ausschließlich einen Eindruck von der durchschnittlichen Rauheit.

Quadratischer Mittenrauwert Rq. Bei der Berechnung des quadratischen Mittelwertes der Profilordinaten werden die Messwerte der fünf Einzelmessstrecken vor der Bildung des Mittelwertes quadriert, **9.2**. Dadurch kommt einzelnen Profilmerkmalen eine höhere Bedeutung zu als bei Ra.

Maximale Profilhöhe Rz ist der Mittelwert der größten Profilhöhen von fünf Einzelmessstrecken, **9.3**. Rz entspricht Rmax nach der zurückgezogenen Norm DIN 4768. Zu beachten ist, dass Rz in der Norm DIN EN ISO 4287:1984 als Zehnpunkthöhe der Unregelmäßigkeiten definiert war. Rz gibt einen Anhaltswert für die Gleichmäßigkeit des Oberflächenprofils.

Eine genaue Umrechnung zwischen der Rautiefe Rz und dem Mittenrauwert Ra ist nicht möglich. Der Ra-Wert schwankt zwischen 1/3 bis 1/7 des Rz-Wertes.

Gesamthöhe des Rauheitsprofils Rt als Summe aus der Höhe der größten Profilspitze Zp und der Tiefe des größten Profiltales Zv innerhalb der Messstrecke ln, **9.3**.

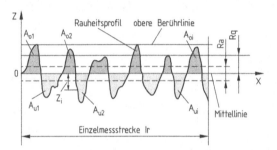
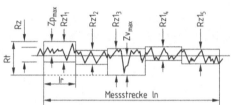

9.2 Arithmetischer Mittenrauwert Ra
und quadratischer Mittenrauwert Rq
(DIN EN ISO 4287)

9.3 Mittelwert der größten Profilhöhen Rz
von fünf Einzelmessstrecken

Materialanteil des Profils Rmr, als Quotient aus der Summe der tragenden Materiallängen L_i in einer vorgegebenen Schnitthöhe c und der Messstrecke ln. Die Materialanteilkurve des Profils (Abbot-Kurve) stellt den Materialanteil des Profils als Funktion der Schnitthöhe c dar, **9.4**.

Eine flach abfallende Abbot-Kurve weist auf ein fülliges, eine steil abfallende auf ein zerklüftetes Profil hin. Für die praktische Bestimmung des Materialanteils Rmr wird empfohlen, die

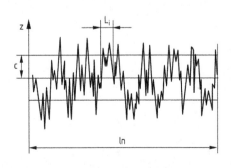
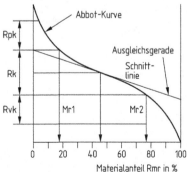

9.4 Materialanteil Rmr und Abbot-Kurve

Schnitthöhe c auf eine Referenzschnitttiefe c0 zu beziehen, die durch einen Materialanteil von 3 bis 5 % bestimmt wird. Eine Oberflächenangabe wie z. B. „Rmr (0,6) 50 % (c0 3 %)" bedeutet, dass ein erforderlicher Materialanteil von 50 % bei einer Schnitttiefe von 0,6 µm unterhalb der Referenzschnitttiefe c0 bei der ein Materialanteil von 3 % vorliegen sollte, vorhanden sein muss.

Die **reduzierte Spitzenhöhe Rpk** gibt die Höhe der aus dem Kernbereich herausragenden Spitzen wider und gibt z. B. Auskunft über das Einlaufverhalten von Lagern.

Die **reduzierte Riefentiefe Rvk,** welche den Flächenanteil der Profiltäler repräsentiert, informiert z. B. über den speicherbaren Schmierstoff einer Gleitfläche. Die Kenngrößen **Rk** (Kernrautiefe) und die Materialanteile **Mr1** und **Mr2** (bestimmt durch die Schnittlinie, welche die herausragenden Spitzen bzw. die Täler von dem Rauheitskennprofil abtrennt) ergeben sich aus einer Ausgleichsgeraden entlang der Abbot-Kurve, die nach DIN EN ISO 13565-2 zu berechnen ist.

Tabelle 9.2 Anwendungsbeispiele gebräuchlicher Oberflächen-Kenngrößen

Kenngröße (Definition)	Charakteristisches Merkmal	Anwendung
Wt (Welligkeitsprofil)	Maß für den Anteil der Welligkeit ohne Berücksichtigung der Rauheit, sehr unempfindlich gegenüber einzelnen Spitzen und Tälern im Profil	z. B. für gefräste Dichtflächen, für die Lackierbarkeit oder für tribologisch beanspruchte Flächen; nicht anzuwenden, wenn langwellige Profilanteile keinen Einfluss auf die Funktion haben (z. B. Presspassflächen) oder einzelne Ausreißer die Funktion der Oberfläche beeinflussen
Pt (Gesamthöhe des Primärprofils der Messstrecke)	sehr ausreißerempfindliche Kenngröße	Dichtflächen (störende Profilspitzen), elektrische Kontakte, Gleit- und Wälzflächen; nicht anzuwenden, wenn einzelne Profilspitzen und -täler keinen Einfluss auf die Funktion haben
Rz (gemittelte Rautiefe)	verglichen mit Ra gute Ausreißererfassung	bei höheren Anforderungen an die Oberflächen; nur in Kombination mit anderen Kenngrößen aussagefähig
Ra (Mittenrauwert)	gibt Aufschluss über die durchschnittliche Rauheit, wenig sensibel gegenüber Ausreißern	Vergleich von gefertigten Oberflächen auch auf internationaler Ebene; aussagefähig im Hinblick auf Funktionsmerkmale nur im Zusammenhand mit weiteren Kenngrößen
R3z (Mittelwert der Höhendifferenzen zwischen der jeweils dritthöchsten Profilspitze und dem dritttiefsten Profiltal von fünf Einzelmessstrecken)	geringere Ausreißerempfindlichkeit als Rz	feinbearbeitete, porige Schmiergleitflächen, insbesondere in der Automobilindustrie („Grundrautiefe" nach Werksnorm)

In **9.5** sind für wichtige Funktionsflächen die Grenzwerte der gemittelten Rautiefe Rz angegeben. Sie sind als Empfehlung zu sehen, da konkrete Werte nicht vorliegen.

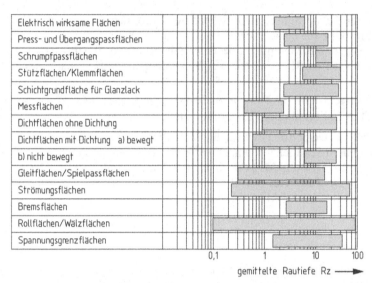

9.5 Zuordnung zwischen Funktion und maximal zulässigen Werten für Rz (VDI / VDE 2601)

In **9.6** sind ausgewählte Fertigungsverfahren und erreichbare Werte für Rz und Ra gegenübergestellt. Die genannten Werte dienen zur Orientierung, da die erreichbare Oberflächenrauheit außer vom eingesetzten Fertigungsverfahren auch vom Werkstoff, den Werkzeugmaschinen, den benutzten Werkzeugen und weiteren Einflussgrößen abhängt.

a) erreichbare gemittelte Rautiefe Rz

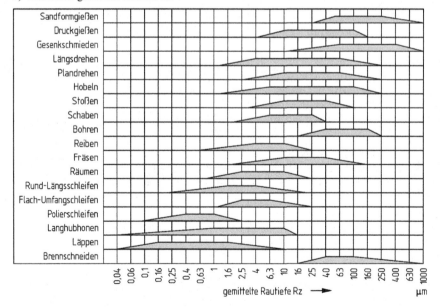

Fortsetzung s. nächste Seite

b) erreichbare Mittenrauwerte Ra

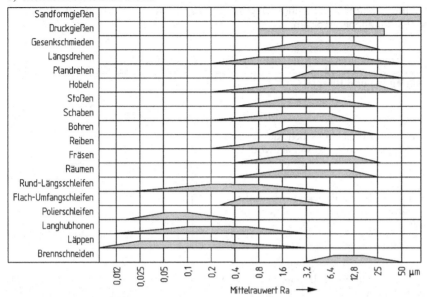

9.6 Rauheit von Oberflächen in Abhängigkeit vom Fertigungsverfahren (Anhaltswerte nach zurückgezogener DIN 4766)

Oberflächenangaben in Zeichnungen

Für die Eintragung der Oberflächenangaben in Zeichnungen verwendet man die in Tabelle 9.4 enthaltenen Symbole (DIN EN ISO 1302: 2002). Ihre Größe richtet sich nach den einzutragenden Oberflächenangaben, **9.7**.

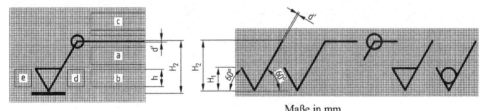

Maße in mm

Größe von Zahlen und Buchstaben, h	2,5	3,5	5	7	10
Linienbreite für Symbole, d'	0,25	0,35	0,5	0,7	1
Linienbreite für Buchstaben, d					
Größe, H_1	3,5	5	7	10	14
Größe, H_2 (Minimum)[a]	8	11	15	21	30
[a] H_2 hängt von der Anzahl der Zeilen der Angabe ab.					

Pos. **a** Eine einzelne Anforderung an die Oberflächenbeschaffenheit, z. B. Rz 7,1; -0,8/Rz 4
Pos. **b** Zwei oder mehr Anforderungen an die Oberflächenbeschaffenheit
Pos. **c** Angabe des Fertigungsverfahrens, der Behandlung oder Beschichtung, z. B. gedreht; geschliffen
Pos. **d** Oberflächenrillen und -ausrichtung, z. B. „=", „X" (Tabelle 9.3)
Pos. **e** Bearbeitungszugabe

9.7 Verhältnisse und Größe der grafischen Symbole zum Eintragen der Oberflächenbeschaffenheit mit Angabe der zusätzlichen Anforderungen

Angabe der Oberflächenrillen. Die Oberflächenrillen und ihre vom Bearbeitungsverfahren erzeugte Rillenrichtung kann im vollständigen grafischen Symbol unter Anwendung der Symbole aus Tabelle 9.3 angegeben werden.

Tabelle 9.3 Oberflächenstrukturen und Rillenrichtung (DIN EN ISO 1302: 2002)

Graphisches Symbol	Auslegung und Beispiel	
— —	Parallel zur Projektionsebene der Ansicht, in der das Symbol angewendet wird	
⊥	Rechtwinklig zur Projektionsebene der Ansicht, in der das Symbol angewendet wird	
X	Gekreuzt in zwei schrägen Richtungen zur Projektionsebene der Ansicht, in der das Symbol angewendet wird	
M	Mehrfache Richtungen	
C	Annähernd zentrisch zur Mitte der Oberfläche, auf die sich das Symbol bezieht	
R	Annähernd radial zur Mitte der Oberfläche, auf die sich das Symbol bezieht	
P	Nichtrillige Oberfläche, ungerichtet oder muldig	

Oberflächenkennwerte. Anforderungen an die Oberflächenbeschaffenheit können als einseitige oder beidseitige Toleranz angegeben werden. Die obere Grenze wird mit einem den Profilkenngrößen vorangestellten U und die untere Grenze mit einem vorangestellten L gekennzeichnet, z. B. U Rz 6,3 oder L Ra 4. Bei einseitigen Toleranzen kann bei oberen Grenzen das vorangestellte U entfallen. Bei der Angabe einer beidseitigen Toleranz werden die Toleranzgrenzen übereinander geschrieben.

Für den Vergleich von gemessenen Kenngrößen mit den festgestellten Toleranzen können nach DIN EN ISO 4288 zwei unterschiedliche Regeln benutzt werden: Die 16 %-Regel und die Höchstwertregel, max-Regel. Bei der 16 %-Regel liegen Oberflächen innerhalb der Toleranz, wenn die vorgegebenen Anforderungen, die durch einen oberen Grenzwert einer Kenngröße und/oder einen unteren Grenzwert einer Kenngröße festgelegt werden, von nicht mehr als 16 % aller gemessenen Werte der gewählten Kenngröße über- und/oder unterschritten werden. Die 16 %-Regel kommt zum Einsatz, wenn dem Rauheits-Kurzzeichen kein Anhang „max" nachgestellt wird. Bei Anforderungen, die mit der Höchstwertregel geprüft werden sollen, darf keiner der gemessenen Werte der gesamten zu prüfenden Oberfläche den festgelegten Wert überschreiten. Der zulässige Höchstwert der Kenngröße wird durch den Anhang „max" am Rauheits-Kurzzeichen gekennzeichnet, z. B. Ra max.

Um die Messbedingungen schon bei der Toleranzfestlegung zweifelsfrei zu definieren, kann der Oberflächen-Kenngröße die Filterart und Filterübertragungscharakteristik, und zwar als Kurzwellenfilter λs und Langwellenfilter λc (Beispiel: 0,0025 – 0,1) oder nur als Langwellenfilter λc (Beispiel: – 2,5), vorangestellt werden. Wenn keine Angaben zur Filterart und zur Filtercharakteristik gemacht werden, werden der Regelfilter (Gauß-Filter) und die Regelübertragungscharakteristik nach DIN EN ISO 3274 und DIN EN ISO 4288 zugrunde gelegt. Ein Beispiel für eine funktions-, fertigungs- und prüfgerechte Oberflächenangabe nach DIN EN ISO 1302 ist in **9.8** ausgeführt.

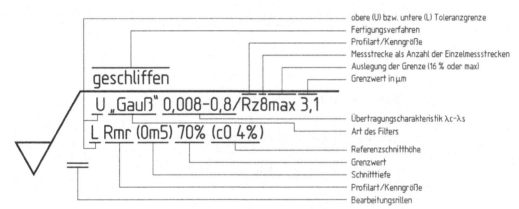

9.8 Bestimmungselemente für funktions-, fertigungs- und prüfgerechte Oberflächenangaben mit Erläuterungen (DIN EN ISO 1302: 2002)

Tabelle 9.4 Angabe der Oberflächenbeschaffenheit durch grafische Symbole. Übersicht und Beispiele.

Symbol	Bedeutung
ohne zusätzliche Angabe	
✓	Grundsymbol. Es darf nur allein benutzt werden, wenn es „betrachtete Oberfläche" bedeutet oder wenn seine Bedeutung durch eine zusätzliche Angabe erklärt wird.
▽	Erweitertes Symbol. Kennzeichnung für eine materialabtragende bearbeitete Oberfläche ohne nähere Angaben. Es darf nur dann allein verwendet werden, wenn es „Oberfläche, die materialabtragend bearbeitet werden muss" bedeutet.
⟨/	Erweitertes Symbol. Eine Oberfläche, bei der eine materialabtragende Bearbeitung unzulässig ist.

Fortsetzung s. nächste Seite

Tabelle 9.4 Fortsetzung

Symbol	Bedeutung
mit Angabe der Oberflächenbeschaffenheit	
⌀/ Rzmax 6,3	Eine materialabtragende Bearbeitung ist unzulässig, einseitig vorgegebene obere Grenze, Regel-Übertragungscharakteristik, R-Profil, größte gemittelte Rautiefe 6,3 µm, Messstrecke aus fünf Einzelmessstrecken (Regelwert), „max"-Regel.
√ Rz 1,6	Die Bearbeitung muss materialabtragend sein, einseitig vorgegebene obere Grenze, Regel-Übertragungscharakteristik, R-Profil, größte gemittelte Rautiefe 1,6 µm, Messstrecke aus fünf Einzelmessstrecken (Regelwert), „16 %-Regel" (Regelwert).
√ 0,008-0,8/Ra2,5	Die Bearbeitung muss materialabtragend sein, einseitig vorgegebene obere Grenze, Übertragungscharakteristik 0,008 – 0,8 mm, R-Profil, mittlere arithmetische Abweichung 2,5 µm, Messstrecke aus fünf Einzelmessstrecken (Regelwert), „16 %-Regel" (Regelwert).
für vereinfachte Zeichnungseintragung	
√ √ y √ z	Die Bedeutung des Symbols wird durch eine zusätzliche Erklärung angegeben.
mit ergänzenden Angaben	
gedreht √	Fertigungsverfahren: gedreht.
▽P	Oberflächenrillen: nichtrillige Oberfläche, ungerichtet oder muldig.
⌀/	Die Oberflächenangabe gilt für den Außenumriss der Ansicht.
4 √	Bearbeitungszugabe 4 mm.
mit Anforderungen an die Oberflächenrauheit	
gefräst √ 0,008-4/Ra 16 ▽M 0,008-4/Ra 6,3	Oberflächenrauheit: – beidseitige Vorgabe; – obere Grenze der Vorgabe Ra = 16 µm; – untere Grenze der Vorgabe Ra = 6,3 µm; – beide: „16 %-Regel", Regelwert; – beide: Übertragungscharakteristik 0,008 – 4 mm; – Regelmessstrecke (5 × 4 mm = 20 mm); – Oberflächenrillen: mehrfache Richtungen; – Fertigungsverfahren: Fräsen.

Textangaben. Für Berichte, Verträge usw. dürfen anstelle der grafischen Symbole Textangaben benutzt werden, Tabelle 9.5.

Tabelle 9.5 Textangabe für Oberflächenbeschaffenheit

Grafisches Symbol	Bedeutung	Textangabe
	jedes Fertigungsverfahren zulässig	**APA** (Any process allowed)
	Materialabtrag gefordert	**MRR** (Material removal required)
	Materialabtrag unzulässig	**NMR** (No material removed)
gedreht Rz 3,1	Die Bearbeitung muss materialabtragend sein, einseitig vorgegebene obere Grenze, größte gemittelte Rautiefe Rz = 3,1 μm, Regelwerte für Übertragungscharakteristik, Messstrecke und „16%-Regel"	**MRR** gedreht Rz 3,1

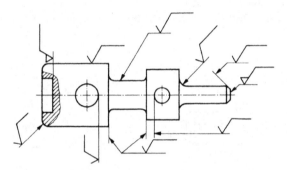

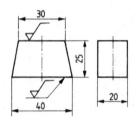

9.9 Symbole müssen von unten oder von der rechten Seite her lesbar sein

9.10 Oberflächenzeichen für bestimmte, bemaßte Flächen

9

Beispiele für die Eintragung in Zeichnungen:

- **Oberflächenzeichen** sind für eine bestimmte Oberfläche nur einmal einzutragen und in die Ansicht zu setzen, in der die betreffende Fläche bemaßt ist, **9.10**.

- **Wird dieselbe Oberflächenbeschaffenheit allseitig für ein ganzes Teil** gefordert, ist als Symbol ein am Oberflächensymbol eingefügter Kreis zu zeichnen, **9.15**.

- **Zylindrische und prismatische Oberflächen** müssen nur einmal gekennzeichnet werden, wenn durch eine Mittellinie angegeben wird, dass *dieselbe Oberflächenbeschaffenheit* gefordert wird, **9.11** und **9.12**.

- **Die Oberflächenangaben von Zahnflanken**, die in der Zeichnung nicht dargestellt sind, setzt man an die Teilkreise, **9.13** und **9.14**.

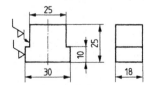

9.11 Oberflächenzeichen für symmetrisch liegende Flächen gleicher Beschaffenheit

9.12 Oberflächenzeichen für eine Mantelfläche

- **Bei Teilen mit einer allseitigen Oberflächenrauheit Rz 6,3** (ausgenommen bei einer Oberfläche mit Ra 6,3) wird die Letztere in Klammern hinter das Hauptsymbol und an die betreffende Fläche gesetzt, **9.15**.
- **Tritt eine Oberflächenbeschaffenheit überwiegend auf,** die andere (oder mehrere andere) dagegen seltener, wird das Hauptoberflächenzeichen in die Nähe der Darstellung oder des Schriftfelds gesetzt, die seltenere(n) Oberflächenbeschaffenheit(en) dagegen in Klammern hinter das erste Zeichen und außerdem an die betreffende(n) Fläche(n), **9.16**.
- **Für Außen- und Innenrundungen** (Hohlkehlen) sowie Fasen können die Oberflächenangaben auch mit den Maßeintragungen (oder durch Verwenden derselben Hinweislinie) kombiniert werden, **9.17**.
- **Bezieht sich eine bestimmte Oberflächenbeschaffenheit nur auf einen Teil der Oberfläche,** legt man den Geltungsbereich durch ein Maß fest, **9.18**.
- **Die Oberflächenbeschaffenheit wiederkehrender Formen** ist nur einmal an der bemaßten Form einzutragen, **9.19**.
- **Die Angabe von Abmaßen und/oder Toleranzklassen** gewährleistet keine bestimmte Oberflächenbeschaffenheit. Diese ist, wenn gefordert, besonders anzugeben, **9.20**.

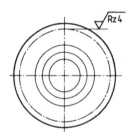

9.13 Oberflächenangaben von Zahnflanken (Draufsicht)

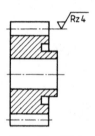

9.14 Oberflächenangaben von Zahnflanken (Seitenansicht)

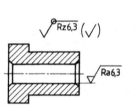

9.15 Allseitige Oberflächenbeschaffenheit mit Ausnahme

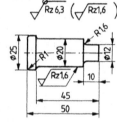

9.16 Teile mit verschiedener Oberflächenbeschaffenheit

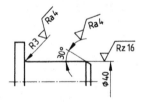

9.17 Oberflächenangaben von Innenrundungen und Schrägungen

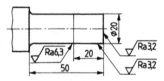

9.18 Bemaßter Bereich für eine Oberflächenbeschaffenheit

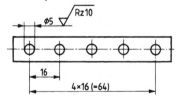

9.19 Oberflächenbeschaffenheit wiederkehrender Formen

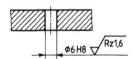

9.20 Toleranzklasse und Oberflächenbeschaffenheit

An Gussstücken gilt für die Kennzeichnung der Oberflächenbeschaffenheit bei überwiegend rohen Flächen:

– Die Oberflächenangaben für die rohen Flächen entfallen, wenn das Herstellverfahren eine ausreichende Oberflächenbeschaffenheit gewährleistet, **9.22**.

– Das Symbol ∀ wird als allgemeiner Hinweis angegeben, **9.21**.

– Bearbeitete Flächen sind in beiden Fällen mit einem Oberflächensymbol zu versehen, **9.21**, **9.22**.

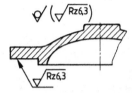

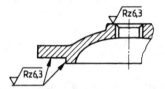

9.21 Roh bleibende Gussflächen erhalten kein Oberflächenzeichen

9.22 Zu bearbeitende Gussflächen erhalten Oberflächenzeichen

Bei überwiegend spanend bearbeiteten Flächen:

– Die rohen Flächen bezeichnet man mit dem Symbol ∀

– Für die bearbeiteten Flächen wird ein allgemeiner Hinweis aufgenommen.

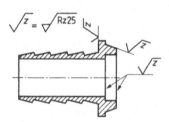

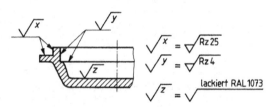

9.23 Vereinfachte einheitliche Angabe bei mehreren Oberflächen gleicher Beschaffenheit

9.24 Vereinfachte Oberflächenangaben durch Grundsymbol und Buchstaben

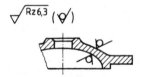

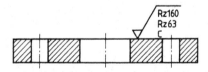

9.25 Allgemeiner Hinweis der roh bleibenden und der zu bearbeitenden Flächen

9.26 Oberfläche mit Angabe der Rillenrichtung

Zur Vereinfachung zieht man das Grundsymbol mit Buchstaben an die Flächen des Werkstücks heran. Die Bedeutung wird in der Nähe des Teils oder des Schriftfelds erklärt, **9.24**. Bei einheitlicher Oberflächenbeschaffenheit mehrerer Flächen genügt die Eintragung des Symbols z. B. $\sqrt{z}$, dessen Bedeutung an anderer Stelle auf der Zeichnung erklärt wird, siehe **9.23**.

Muss – z. B. bei Dichtflächen – die Rillenrichtung (hier C = zentrisch zum Mittelpunkt) angegeben werden, verfährt man wie in **9.26** dargestellt.

Etwa erforderliche Anflächungen an Durchgangslöchern dürfen vereinfacht durch Angabe der Maße und Oberflächenangaben dargestellt werden, **9.27**.

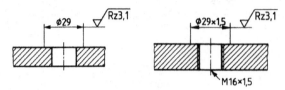

9.27 Anflächungen an Durchgangslöchern

An Werkstücken mit einer umlaufenden Kontur, bei der die gleiche Oberflächenbeschaffenheit für alle Flächen im geschlossenen Außenumriss gefordert wird, ist dem Grundsymbol ein Kreis hinzuzufügen, **9.28**.

Die Oberflächenangabe bezieht sich nur auf die sechs Außenumrissflächen. Die Vorder- und die Rückansicht müssen extra gekennzeichnet werden.

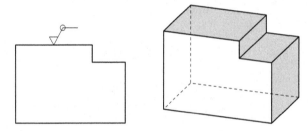

9.28 Kennzeichnung einer umlaufenden Kontur

An Werkstücken aus vorgefertigten Halbzeugen (z. B. gewalzter oder gezogener Stahl), bei dem die weiteren Oberflächen zu bearbeiten sind, erhalten die im Anlieferungszustand bleibenden Flächen das Symbol $\sqrt{}$, wie **9.29** zeigt. Sollen an einem vorwiegend spanend hergestellten Werkstück einzelne Flächen spanlos bearbeitet werden, erhalten diese das gleiche Symbol mit den entsprechenden Zusatzangaben. Bei der Oberflächenbeschaffenheit genügt das in Klammern gesetzte Grundsymbol $\sqrt{}$, siehe **9.30**.

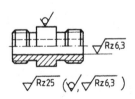

9.29 Kennzeichnung der Flächen, die im
Anlieferungszustand bleiben sollen

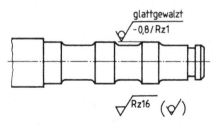

9.30 Überschneidungen zwischen spanlos
und spanend hergestellten Flächen

10 Darstellung von Werkstück- und Maschinenelementen

10.1 Darstellung von Werkstückelementen

10.1.1 Freistiche

Die DIN 509 legt Formen und Maße für Freistiche an Wellen und Bohrungen fest.

Freistiche dienen als Auslauf für die Schleifscheibenkante und sie verringern die Kerbwirkung bei Durchmesserübergängen.

Durch Freistiche wird eine axiale Fixierung der eingebauten Maschinenelemente, z. B. Wälzlager, Zahnräder usw., am Wellenbund möglich. Die Bauelemente liegen an der Wellenschulter an und „sitzen" nicht auf den Übergangsradius des Wellenabsatzes.

Einzelheiten werden zur besseren Darstellung und Bemaßung im vergrößerten Maßstab gezeichnet. Die Darstellung der Einzelheit „X" kann wahlweise im Schnitt, **10.1**a) ohne Begrenzungslinie für die umschließende Schnittfläche oder nach **10.1**b) in Ansicht ohne Umlaufkanten erfolgen.

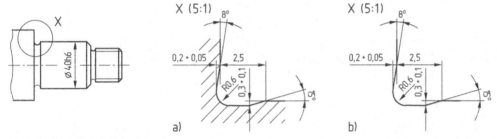

a) b)

10.1 Außenfreistich, Form F

Anwendung der Freistiche:

Form E für weiter zu bearbeitende Zylinderfläche, keine erhöhten Anforderungen an die Planfläche

Form F für weiter zu bearbeitende Plan- und Zylinderfläche

Form G für kleinen Übergang bei gering belasteten Werkstücken

Form H für stärker gerundeten Übergang

U. Kurz, H. Wittel, *Konstruktives Zeichnen Maschinenbau*,
DOI 10.1007/978-3-658-17257-2_10, © Springer Fachmedien Wiesbaden GmbH 2017

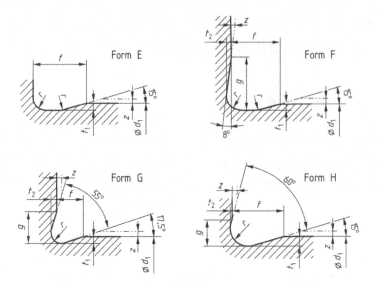

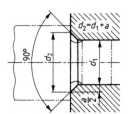

10.2 Freistichformen

Erklärung: d_1 Durchmesser des Werkstückes t_1 Einstichtiefe
             f   Bereite des Freistiches z_1 Bearbeitungszugabe
             r   Radius des Freistiches

Die Formen E und F werden hauptsächlich genutzt.

10.3 Senkung am Gegenstück

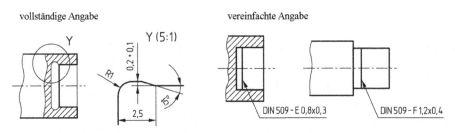

10.4 Freistichdarstellungen

Die Freistiche können entweder vollständig gezeichnet und bemaßt werden oder vereinfacht mit der Bezeichnung angegeben werden.

Tabelle 10.1 Freistichmaße und Senkungsmaße

Form	r [1] ±0,1 Reihe 1	Reihe 2	t₁ +0,1/0	f +0,2/0	g	t₂ +0,05/0	Zuordnung zum Durchmesser d₁ für Werkstücke – mit üblicher Beanspruchung	mit erhöhter Wechselfestigkeit	Freistich r × t₁	E	F	G	H
E und F	–	0,2	0,1	1	(0,9)	0,1	über 1,6 bis 3		0,2 × 0,1	0,2	0	–	–
E und F	0,4	–	0,2	2	(1,1)	0,1	über 3 bis 18		0,4 × 0,2	0,3	0	–	–
G			0,2	0,9	(1,1)	0,2			0,4 × 0,2	–	–	0	–
E und F	–	0,6	0,2	2	(1,4)	0,1	über 10 bis 18		0,6 × 0,2	0,5	0,15	–	–
E und F			0,3	2,5	(2,1)	0,2	über 18 bis 80		0,6 × 0,3	0,4	0	–	–
E und F	0,8	–	0,3	2,5	(2,5)	0,2			0,8 × 0,3	0,6	0,05	–	–
H			0,3	2	(1,1)	0,05			0,8 × 0,3	–	–	–	0,35
E und F	1,2	1	0,2	2,5	(1,8)	0,1		über 18 bis 50	1,0 × 0,2	1,6	0,8	–	–
E und F			0,4	4	(3,2)	0,3	über 80		1,0 × 0,4	1,2	0	–	–
E und F			0,2	2,5	(2)	0,1		über 18 bis 50	1,2 × 0,2	1,1	0,6	–	–
E und F			0,4	4	(3,4)	0,3	über 80		1,2 × 0,4	0,9	0,1	–	–
H	1,6	–	0,3	2,5	(1,5)	0,05		über 18 bis 50	1,2 × 0,3	–	–	–	0,65
E und F			0,3	4	(3,1)	0,2		über 50 bis 80	1,6 × 0,3	1,4	0,6	–	–
E und F	2,5	–	0,4	5	(4,8)	0,3		über 80 bis 125	2,5 × 0,4	2,2	1,0	–	–
E und F	4	–	0,5	7	(6,4)	0,3		über 125	4,0 × 0,5	3,6	2,1	–	–

1) Freistiche mit Radien der Reihe 1 nach DIN 250 sind zu bevorzugen.

10

10.1.2 Werkstückkanten

Bei den verschiedenen Fertigungsverfahren entstehen gratige oder ähnlich geformte Kantenzustände, die aus sicherheitstechnischen oder funktionellen Gründen entfernt werden bzw. aus
funktionellen Gründen bestehen bleiben müssen.

Die DIN ISO 13715 enthält Angaben über die Begriffe und Eintragung der gewünschten
Kantenzustände in Zeichnungen.

Die Kantenzustände für Innen- und Außenkanten zeigen **10.5** und **10.6**.

Man unterscheidet dabei:

Gratig	Werkstückkante mit Übergang, **10.7**	Übergang	Werkstückkante mit Fase bis Rundung, **10.9**
Scharfkantig	Werkstückkante, deren Übergang oder Abtragung angenähert Null ist	Scharfkantig	Werkstückkante, deren Übergang oder Abtragung angenähert Null ist
Gratfrei	Werkstückkante mit Abtragung, **10.8**	Abtragung	Werkstückkante mit Einstich oder Einzug, **10.10**

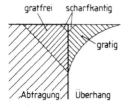

10.5 Kantenzustand Außenkante

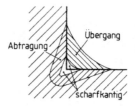

10.6 Kantenzustand Innenkante

10

Der Kantenbereich eines Werkstücks ist der Bereich, in dem die Istform der Kante von der
ideal-geometrischen, scharfkantigen Form abweichen darf. Innerhalb dieses Bereiches ist die
Kantenform beliebig. Die Größe des Kantenbereichs wird durch das Kantenmaß „*a*" bestimmt, **10.7** bis **10.10**. Es darf in keiner Richtung überschritten werden, siehe Tabelle 10.2.

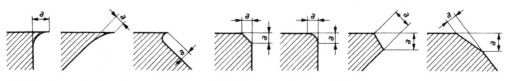

10.7 Kantenzustand gratig   **10.8** Kantenzustand gratfrei

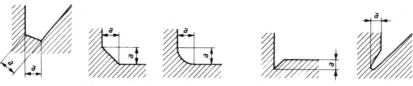

10.9 Kantenzustand Übergang   **10.10** Kantenzustand Abtragung

Tabelle 10.2 Empfohlene Kantenmaße in mm

a	Anwendung
+ 2,5	
+ 1	für gratige Kanten
+ 0,5	oder
+ 0,3	Übergang
+ 0,1	
+ 0,05	
+ 0,02	scharfkantig
− 0,02	
− 0,05	
− 0,1	
− 0,3	
− 0,5	für gratfreie
− 1	Kanten oder Abtragung
− 2,5	
1)	

1) weitere Maße nach Erfordernis

Bedeutung der Symbolelemente

Symbol-element	Bedeutung	
	Außenkante	Innenkante
+	gratig	Übergang
−	gratfrei	Abtragung
±	gratig oder gratfrei	Übergang oder Abtragung

10.11

10.12

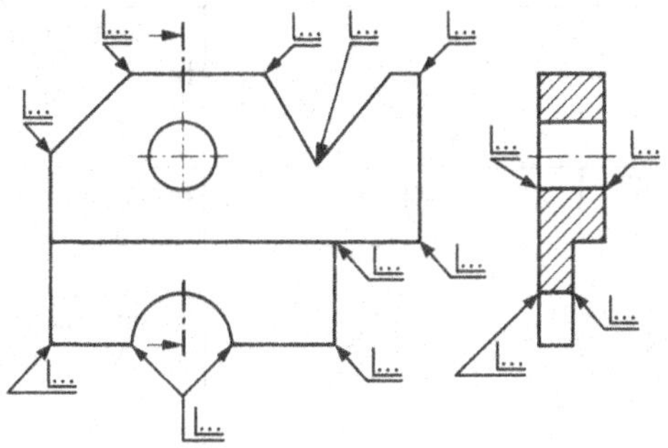

10.13

Werden für alle Kanten gleiche Zustände gefordert, genügt die Eintragung der Angaben in Nähe des Schriftfelds. Bei überwiegend gleichem Kantenzustand kann die Angabe des von diesem abweichenden Kantenzustands neben der allgemeinen Angabe zusätzlich in Klammern gesetzt werden, **10.11**. Die Kennzeichnung der Werkstückkanten besteht aus dem Grundsymbol, dem Kantenmaß *a* und dem Symbolelement +, −, ±, **10.12**.

Die Richtung des Grates der Abtragung wird nach, **10.12** eingetragen.

Die Zeichnungsangabe kann sich auf folgende Kantenlängen beziehen:

– auf eine Kante senkrecht zur Projektionsebene,
– am Umfang eines Werkstücks oder eines Loches umlaufend, **10.13**.

Tabelle 10.3 Beispiele für Zeichnungsangaben und deren Bedeutung (Maß a in mm)

Nr.	Beispiel	Bedeutung	Erklärung
1	+0,3		Außenkante gratig bis 0,3, Gratrichtung beliebig
2	±		Außenkante gratig, Grathöhe und Gratrichtung beliebig
3	+0,3		Außenkante gratig bis 0,3, Gratrichtung vorgegeben
4	−0,3		Außenkante gratfrei bis 0,3, Form der Abtragung beliebig
5	−0,5 / −0,1		Außenkante gratfrei im Bereich von 0,1 bis 0,5, Form der Abtragung beliebig
6	−		Außenkante gratfrei, Form der Abtragung beliebig
7	±0,05		Außenkante wahlweise gratig bis 0,05 oder gratfrei bis 0,05 (scharfkantig), Gratrichtung beliebig
8	+0,3 / −0,1		Außenkante wahlweise gratig bis 0,3 oder gratfrei bis 0,1, Gratrichtung beliebig
9	−0,3		Innenkante mit Abtragung bis 0,3, Abtragungsrichtung beliebig
10	−0,1 / −0,5		Innenkante mit Abtragung im Bereich von 0,1 bis 0,5, Abtragungsrichtung beliebig
11	−0,3		Innenkante mit Abtragung bis 0,3, Abtragungsrichtung vorgegeben
12	+0,3		Innenkante mit Übergang bis 0,3, Form des Übergangs beliebig
13	+1 / +0,3		Innenkante mit Übergang im Bereich von 0,3 bis 1, Form des Übergangs beliebig
14	±0,05		Innenkante wahlweise mit Abtragung bis 0,05 oder Übergang bis 0,05 (scharfkantig), Form der Abtragung des Übergangs beliebig
15	+0,1 / −0,3		Innenkante wahlweise mit Übergang bis 0,1 oder Abtragung bis 0,3, Abtragungsrichtung beliebig

10

10.1.3 Butzen an Drehteilen (DIN 6785)

Ein Butzen ist ein durch das Fertigungsverfahren Drehen entstehender Werkstoffrest im Zentrum einer Stirnfläche des Drehteils. Im Interesse einer kostengünstigen Fertigung sollte ein Drehteil ohne Butzen nur dort gefordert werden, wo die Funktion einen Butzen nicht zulässt. In allen anderen Fällen werden seine zulässigen Maße in der Zeichnung angegeben.

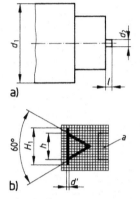

Drehteildurchmesser		Butzenmaße	
d_1		d_2	l
über	bis	max.	max.
	3	0,3	0,2
3	5	0,5	0,3
5	8	0,8	0,5
8	12	1,0	0,6
12	18	1,5	0,9
18	26	2,0	1,2
26	40	2,5	2
40	60	3,5	3

Maße in mm

10.14 Butzen: a) Form, b) Symbol, c) Maße

Tabelle 10.4 Butzenbeispiele

Anwendung	Zeichnungsangabe	Bedeutung	
allgemein	$\varnothing$ 2x1,2		Butzen zulässig bis max. $\varnothing$ 2 und 1,2 lang. Der Butzen darf unabhängig von Maßtoleranz und Rauheit der Stirnfläche auftreten.
z. B. für vorbearbeitete Teile	oder ... $\sqrt{z}$ Allgemeintoleranzen DIN ISO 2768 – m oder besondere Toleranzangabe oder	Maßtoleranz ... Min.-Länge Max.-Länge	Butzen zulässig innerhalb der für die Länge des Drehteils angegebenen Maßtoleranz. Maße für den zulässigen Butzen nicht festgelegt.
z. B. für Fertigteile	$\sqrt{Rz25}$ Rauheitsangabe für die Stirnfläche		Butzen zulässig. Die Rauheit der Stirnfläche darf max. R_z 25 μm betragen.
Bei Angabe eines Rauheitswerts an der Stirnfläche des Drehteils (ohne Festlegung eines zulässigen Butzens) ist im Zentrum des Drehteils nur ein Werkstoffrest im Rahmen der angegebenen Rauheit zulässig.			

10

Die Form des Butzens ist nicht bestimmt. Seine Größe wird durch den Hüllraum mit Angaben d_2 und l, **10.14**a) festgelegt. Zu den Maßen wird in der Zeichnung das grafische Symbol gesetzt, **10.14**b), Einzelheiten siehe DIN 6785.

Abweichungen von den Tabellenwerten, **10.14**c) sind möglich, wobei kleinere Werte über die Maßtoleranz der Länge oder über die Rauheitsangaben erreicht werden, siehe Tabelle 10.4.

10.1.4 Zentrierbohrungen

Zentrierbohrungen sind in der DIN 332-1 genormt, die Herstellung erfolgt mit genormten Zentrierbohrern.

Die Ausführungen R, A und B sind bevorzugt zu verwenden. Bei der Form R ergibt sich der besondere Vorteil, dass kleine Maßabweichungen beim Spannen zwischen den Spitzen durch die gewölbte Innenfläche ausgeglichen werden.

Die vereinfachte Darstellung von Zentrierbohrungen ist in der DIN ISO 6411 geregelt, Form und Maße enthält die DIN 332-1, siehe Tabelle 10.5.

Tabelle 10.5 Zentrierbohrungen, Formen und Vorzugsmaße, Auswahl (DIN ISO 6411 und DIN 332)

R mit Radiusform		A ohne Schutzsenkung		B mit Schutzsenkung	
ISO 6411-R2,5/5,3		ISO 6411-A2/4,25		ISO 6411-B4/12,5	
$d = 2,5$ $D_1 = 5,3$		$d = 2$ $D_2 = 4,25$		$d = 4$ $D_3 = 12,5$	
DIN 332-R 2,5 × 5,3		DIN 332-A 2 × 4,25		DIN 332-B 4 × 12,5	
d Nennmaß	D_1	D_2	t	D_3	t
1,0	2,12	2,12	0,9	3,15	0,9
1,6	3,36	3,36	1,4	5	1,4
2,0	4,25	4,25	1,8	6,3	1,8
2,5	5,3	5,30	2,2	8	2,2
3,15	6,7	6,70	2,8	10	2,8
4,0	8,5	8,50	3,5	12,5	3,5
6,3	13,2	13,20	5,5	18	5,5
10,0	21,2	21,20	8,7	28	8,7

*) Maß l hängt vom Zentrierbohrer ab ($l > t$).

Tabelle 10.6 Zentrierbohrung am Fertigteil, Darstellung in der Fertigungszeichnung

Zentrierbohrung		
ist am Fertigteil erforderlich.	darf am Fertigteil vorhanden sein.	darf am Fertigteil nicht vorhanden sein.
ISO 6411-R2,5/5,3	ISO 6411-R2,5/5,3	ISO 6411-R2,5/5,3

10.1.5 Rändel

Rändel (DIN 82) erhöhen die Griffsicherheit und entstehen durch Eindrücken spitzgezahnter, gehärteter Rändelräder (DIN 403) in den Mantel des sich drehenden Teils. Durch Herausquetschen des Werkstoffs wird der Nenndurchmesser d_1 größer als der Ausgangsdurchmesser d_2, **10.15**. Er lässt sich für Rändel mit Profilwinkel 90° (je nach Form des Rändels und Größe der Teilung) aus den in Tab. 10.7 angegebenen Formeln errechnen. Hierbei sind jedoch die beim Rändelvorgang entstehende Balligkeit der Riefen und die spezifischen Eigenschaften der zu rändelnden Werkstoffe nicht berücksichtigt. Rändel mit Profilwinkel 105° sind ebenfalls möglich. Der Drallwinkel der Formen RBR, RBL, RGE und RGV ist auf 30° festgelegt.

Folgende Teilungen t sind genormt: 0,5; 0,6; 0,8; 1,0; 1,2; 1,6.

An Stelle der Fase kann eine Rundung treten, Kreuzrändel wird bisweilen nur angedeutet, **10.18**.

Ein Kreuzrändel, Spitzen erhöht (RKE) mit einer Teilung t = 0,8 mm, wird bezeichnet: Rändel DIN 82-RKE 08.

Rändel werden vollständig oder teilweise durch breite Volllinien dargestellt und haben keine seitlichen Begrenzungslinien, wenn sie auf einer Wölbung auslaufen oder auf einem Teil des Mantels liegen, **10.17**.

10

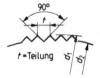

10.15 Aufwerfen des Werkstoffs   **10.16** Kennzeichnung einer Rändelung   **10.17** Fortfall der Begrenzungslinien   **10.18** Andeutung eines Rändels

Tabelle 10.7 Formen und Benennungen der Rändel

Form	RAA	RBL	RBR	RGE	RGV	RKE	RKV
Benennung	Rändel mit achsparallelen Riefen	Linksrändel	Rechtsrändel	Links-Rechtsrändel, Spitzen erhöht[1]	Links-Rechtsrändel, Spitzenvertieft[2]	Kreuzrändel, Spitzen erhöht	Kreuzrändel, Spitzen vertieft
Darstellung							
Ausgangs-Ø d_2	$d_1 - 0,5\,t$			$d_1 - 0,67\,t$	$d_1 - 0,33\,t$	$d_1 - 0,67\,t$	$d_1 - 0,33\,t$

1) Alte Benennung „Kordel"
2) Alte Benennung „Negativ Kordel"

10.1.6 Gewindeauslauf

Der Gewindeauslauf (DIN 76-1) kann je nach dem Herstellungsverfahren bei Außengewinden unterschiedlich sein. Er liegt meist außerhalb der bemaßten Gewindelänge, **10.19** und **10.22**, und wird gewöhnlich nicht gezeichnet. **10.19** zeigt den Regelfall am Außengewinde. **10.20** zeigt den Gewindeabstand für Außengewinde. Maße für Gewindeausläufe, Gewindeabstände und Gewindefreistiche s. Tab. 10.8.

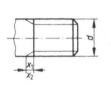

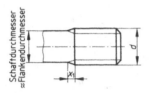

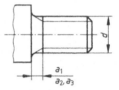

10.19 Gewindeausläufe für Außengewinde   **10.20** Gewindeabstand für Außengewinde

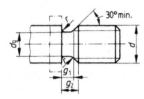

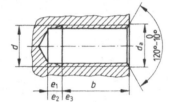

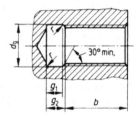

10.21
Gewindefreistich für
Außengewinde
Form A: g_1 und g_2 Regelfall
Form B: g_1 und g_2 kurz

10.22
Gewindeauslauf in
Gewindegrundlöchern
$d_{a\,min} = 1\,d$
$d_{a\,max} = 1,05\,d$
b = nutzbare Gewindelänge

10.23
Gewindefreistich in
Gewindegrundlöchern,
übrige Maße wie in **10.22**
Form C: g_1 und g_2 Regelfall
Form D: g_1 und g_2 kurz

Tabelle 10.8 Gewindeausläufe, -abstände und -freistiche für Außengewinde und in Gewindegrundlöchern nach DIN 76-1

Regel-gewinde d	Gewinde-steigung P	Außengewinde						Gewindegrundloch			
		x_1[3] max.	a_1[3] max.	d_g[*] h13	g_1[1] min.	g_2[1] max.	r ≈	e_1[3]	d_g[*] H13	g_1[2] min.	g_2[2] max.
3	0,5	1,25	1,5	2,2	1,1	1,75	0,2	2,8	3,3	2	2,7
4	0,7	1,75	2,1	2,9	1,5	2,45	0,4	3,8	4,3	2,8	3,8
5	0,8	2	2,4	3,7	1,7	2,8	0,4	4,2	5,3	3,2	4,2
6	1	2,5	3	4,4	2,1	3,5	0,6	5,1	6,5	4	5,2
8	1,25	3,2	4	6	2,7	4,4	0,6	6,2	8,5	5	6,7
10	1,5	3,8	4,5	7,7	3,2	5,2	0,8	7,3	10,5	6	7,8
12	1,75	4,3	5,3	9,4	3,9	6,1	1	8,3	12,5	7	9,1
16	2	5	6	13	4,5	7	1	9,3	16,5	8	10,3
20	2,5	6,3	7,5	16,4	5,6	8,7	1,2	11,2	20,5	10	13
24	3	7,5	9	19,6	6,7	10,5	1,6	13,1	24,5	12	15,2
30	3,5	9	10,5	25	7,7	12	1,6	15,2	30,5	14	17,7

*) Toleranzfelder nach DIN EN ISO 286-1
1) Regelfall Form A   3) Regelfall
2) Regelfall Form C   Bei kurzem Gewindeauslauf gilt: $x_2 \approx 0,5 \cdot x_1$; $a_2 \approx 0,67 \cdot a_1$; $e_2 \approx 0,625 \cdot e_1$
                           Bei langem Gewindeauslauf gilt: $a_3 \approx 1,3 \cdot a_1$; $e_3 \approx 1,6 \cdot e_1$

10

10.1.7 Schlüsselweiten

Schlüsselweiten sind für alle zwei-, vier-, sechs- und achtkantigen Formen vorgesehen und für Schrauben, Armaturen und Fittings in DIN 475-1 (die Bezeichnungen eingeschlossen) genormt, **10.24**. Für die Schlüsselweiten von Sechskantschrauben und -muttern ist in DIN ISO 272 eine Auswahl festgelegt (Tab. 10.9).

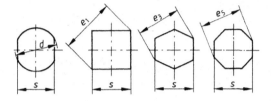

10.24
Schlüsselweiten und Eckenmaße für Schrauben, Armaturen und Fittings

Vierkante und Vierkantlöcher für Spindeln und Bedienteile werden nach DIN 79, Vierkante für Werkzeuge nach DIN 10 gewählt.

Tabelle 10.9 Schlüsselweiten und Eckenmaße für Teile nach **10.24** und Zuordnung nach DIN ISO 272 zu den Sechskantschrauben und -muttern

Schlüsselweite s Nennmaß[1] SW		3,2	4[2]	5[2]	5,5[2]	7[2]	8[2]	10[2]	13[2]	16[2,3]	18[2,3]	20[3]	21[2,3]	24[2]
Schrauben Armaturen Fittings	2kt d	3,7	4,5	6	7	8	9	12	15	18	21	23	24	28
	4kt e_1	4,5	5,7	7,1	7,8	9,9	11,3	14,1	18,4	22,6	25,4	28,3	29,7	33,9
	6kt e_3[4]	3,41	4,32	5,45	6,01	7,71	8,84	11,05	14,38	17,77	20,03	22,23	23,36	26,75
	8kt e_5[4]												22,7	26
für Sechskant-schrauben und -muttern nach DIN ISO 272		M1,6	M2	M2,5	M3	M4	M5	M6	M8	M10	M12		M14	M16

1) Für Schrauben, Armaturen und Fittings gleichzeitig das Größtmaß
2) entsprechen der Auswahlreihe für Sechskantschrauben und -muttern nach DIN ISO 272
3) SW, die vor allem im Kraftfahrwesen benutzt werden.
4) Mindestmaß

10.1.8 Senkungen (DIN EN ISO 15065 und DIN 974)

Senkungen für Senkschrauben mit Kopfform nach ISO 7721 werden bei Durchgangslöchern, Reihe mittel, angewendet und gelten für die gebräuchlichen Senkschrauben im Maschinenbau, **10.25**.

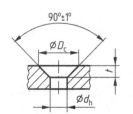

Für Senkholzschrauben (z. B. DIN 7997), Senkschrauben mit Innen-sechskant (DIN EN ISO 10642) und Stahlbau-Senkschrauben (DIN 7969) gelten Senkungen nach DIN 74.

10.25
Senkung nach DIN EN ISO 15065 (Maßbild)

10

Tabelle 10.10 Senkungen nach DIN EN ISO 15065

Metrische Gew.	d	M1,6	M2	M2,5	M3	M3,5	M4	M5	M5,5	M6	M8	M10
Blechschrauben-gewinde	d	–	–	ST2,2	ST2,9	ST3,5	ST4,2	ST4,8	ST5,5	ST6,3	ST8	ST9,5
Durchgangsloch mittel H13	d_h	1,80	2,40	2,90	3,40	3,90	4,50	5,50	6,00	6,60	9,00	11,00
Senk-Ø	D_c	3,60	4,40	5,50	6,30	8,20	9,40	10,40	11,50	12,60	17,30	20,00
Senktiefe	t	0,95	1,05	1,35	1,55	2,25	2,55	2,58	2,88	3,13	4,28	4,65

Die Maße der Senkungen nach DIN EN ISO 15065 werden so festgelegt, dass bei max. Kopf-durchmesser und einem Senkdurchmesser D_c mit Kleinstmaß der Senkpunkt mit der Werk-stückoberfläche abschließt, Tab. 10.10.

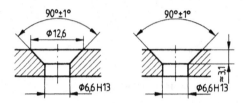

10.26 Bemaßung einer Senkung alternativ nach Senkdurchmesser D_c oder Senktiefe t

10.27 Angesenktes Anschlussteil

Senkungen können verschieden bemaßt werden, **10.26**. Der Mittelpunkt für das Winkelmaß liegt im Schnittpunkt der verlängerten Kegelseiten. Ist die Senktiefe größer als die Dicke des Werkstoffs, wird auch das Anschlussteil ausgesenkt, und zwar etwas weiter, da die Schraube sonst nicht anzieht, **10.27**. Besonders in Kleindarstellungen können an Stelle der Maße Kurz-zeichen treten, **10.28**.

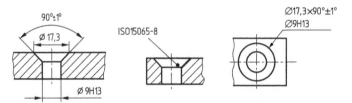

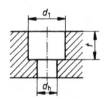

10.28 Senkung ISO 15065-8. Vollständige Darstellung und vereinfachte Bemaßung

10.29 Senkung nach DIN 974 (Maßbild)

Senkungen für Zylinderschrauben werden nach DIN 974-1 ausgeführt, **10.29**. Die Konstruk-tionsmaße des Senkdurchmessers sind von der Schraubenart und dem vorgesehenen Unter-legteil abhängig, Tab. 10.11. Die Senktiefe ist nicht festgelegt, sie ist dem jeweiligen Anwen-dungsfall entsprechend zu wählen. Es wird empfohlen, die Senktiefe für einen bündigen Abschluss aus der Summe der Maximalwerte der Kopfhöhe der Schraube und der Höhe des Unterlegteiles sowie einer Zugabe zu berechnen.

Senkungen für Sechskantschrauben und -muttern sind in DIN 974-2 festgelegt. In Abhängigkeit von der Art der Schraubwerkzeuge werden zwei Reihen für Senkdurchmesser ausgeführt, Tab. 10.11. Sie gelten unabhängig davon, ob Unterlegteile vorgesehen sind. Die Senktiefe wird analog zu den Senkungen für Zylinderschrauben errechnet.

Tabelle 10.11 Senkdurchmesser für Zylinderschrauben und Sechskantschrauben und -muttern nach DIN 974-1 und DIN 974-2   Maße in mm

Gewinde-Nenndurch-messer d	Senkdurchmesser d_1 für Zylinderschrauben – H13					Senkdurchmesser d_1 für Sechs-kantschrauben und -muttern – H13		Zugabe für Senktiefe t
	Reihe 1	Reihe 2	Reihe 4	Reihe 5	Reihe 6	Reihe 1	Reihe 2	
3	6,5	7	7	9	8	11	11	0,4
4	8	9	9	10	10	13	15	0,4
5	10	11	11	13	13	15	18	0,4
6	11	13	13	15	15	18	20	0,4
8	15	18	16	18	20	24	26	0,6
10	18	24	20	24	24	28	33	0,6
12	20	–	24	26	33	33	36	0,6
16	26	–	30	33	43	40	46	0,6
20	33	–	36	40	48	46	54	0,6
24	40	–	43	48	58	58	73	0,8
30	50	–	54	61	73	73	82	1,0

Reihe 1: für Schrauben nach ISO 1207, ISO 4762, DIN 6912 und DIN 7984 ohne Unterlegteile

Reihe 2: für Schrauben nach ISO 1580 und DIN 7985 ohne Unterlegteile

Reihe 4: für Schrauben mit Zylinderkopf mit folgenden Unterlegteilen:
Scheiben nach DIN EN ISO 7092 und DIN 6902 Form C[1] Federscheiben nach DIN 137 Form AH[1] Federringe nach DIN 127, DIN 128 und DIN 6905[1] Zahnscheiben nach DIN 6797[1] Fächerscheiben nach DIN 6798 und DIN 6907[1]

Reihe 5: für Schrauben mit Zylinderkopf mit folgenden Unterlegteilen:
Scheiben nach DIN EN ISO 7090 und DIN 6902 Form A Federscheiben nach DIN 137 Form B und DIN 6904[1]

Reihe 6: für Schrauben mit Zylinderkopf mit Spannscheiben nach DIN 6796 und DIN 6908.

Reihe 1: für Steckschlüssel nach DIN 659, DIN 896, DIN 3112 oder Steckschlüsseleinsätze nach DIN 3124

Reihe 2: für Ringschlüssel nach DIN 838, DIN 897 oder Steckschlüsseleinsätze nach DIN 3129. (Unabhängig von der unter den Reihen 1 und 2 getroffenen Werkzeugordnung können in vielen Fällen Werkzeuge, die unter Reihe 2 genannt sind, auch in Senkungen der Reihe 1 eingesetzt werden. Dies ist im Einzelfall zu prüfen.)

10

1) Normen ersatzlos zurückgezogen

10.1.9 Vereinfachte Darstellung und Bemaßung von Löchern

Die vereinfachte Darstellung, Bemaßung und Tolerierung von Löchern, Senkungen, Innengewinden und Fasen in technischen Dokumenten ist in der DIN 6780 festgelegt.

Darstellung und Bemaßung vollständig

Die vollständige Bemaßung muss immer angewendet werden, wenn eine vereinfachte Bemaßung zu Fehldeutungen in der Zeichnung führen könnte.

Darstellung vollständig, Bemaßung vereinfacht

Die Darstellung und Bemaßung der Draufsicht ist bevorzugt einzusetzen. Bei der Bemaßung der Draufsicht wird die Hinweislinie zum Mittelpunkt des Loches gerichtet und endet mit dem Pfeil an der Lochaußenkante.

An die Hinweislinie schließt die Bezugslinie entsprechend der Hauptleserichtung an. Bei der Bemaßung über eine Seitenansicht, einem Schnitt endet die Hinweislinie am Schnittpunkt der Körperaußenkante und der Lochmitte.

Darstellung und Bemaßung vereinfacht

Bei der vereinfachten Darstellung werden in einer Seitenansicht, einem Schnitt nur die Lochmittellinie dargestellt.

In der Draufsicht wird die Lage des Lochmittelpunktes durch ein Mittellinienkreuz ebenfalls mit einer breiten Volllinie gezeichnet, Tab. 10.12.

Tabelle 10.12 Vereinfachte Darstellung und Bemaßung von Löchern

Darstellung und Bemaßung vollständig	Darstellung vollständig Bemaßung vereinfacht	Darstellung und Bemaßung vereinfacht	Erklärung
∅ 8	∅ 8	∅ 8	Durchgangsloch ∅ 8 mm
∅ 8	∅ 8	∅ 8	
∅ 8	∅ 8x10	∅ 8x10	Grundloch ∅ 8 mm, 10 mm tief

10

Tabelle 10.12 Fortsetzung

Darstellung und Bemaßung vollständig	Darstellung vollständig Bemaßung vereinfacht	Darstellung und Bemaßung vereinfacht	Erklärung
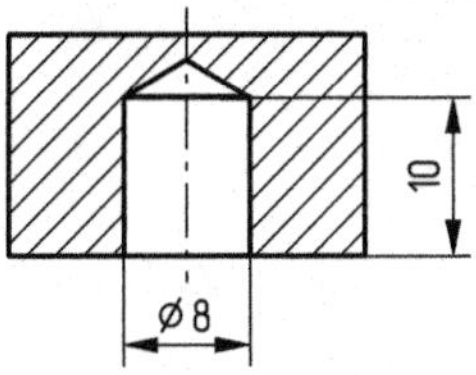 10 Ø 8	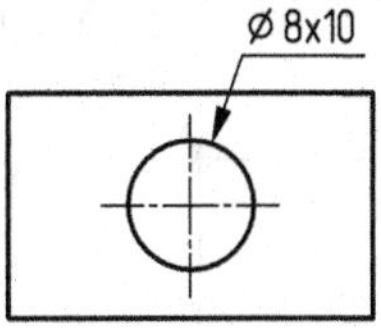 Ø 8x10	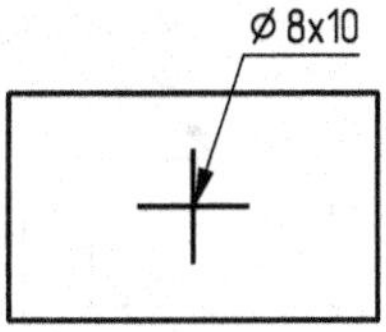 Ø 8x10	Grundloch ∅ 8 mm, 10 mm tief, von der Rückseite gebohrt
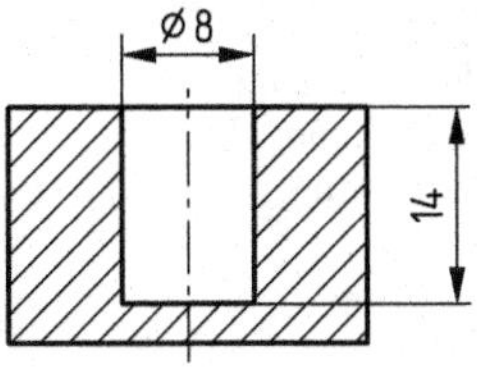 Ø 8 14	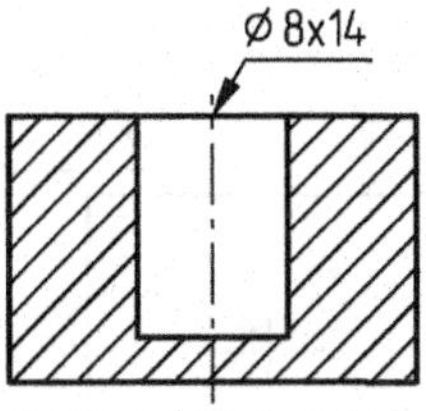 Ø 8x14	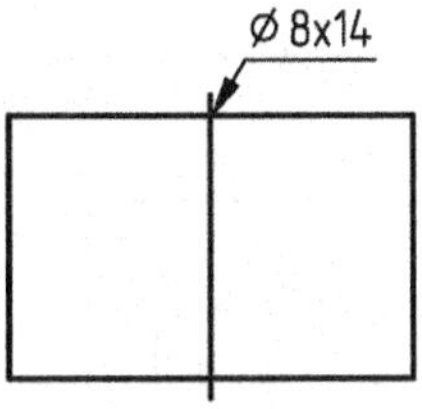 Ø 8x14	Grundloch ∅ 8 mm, 14 mm tief mit flachem Lochgrund
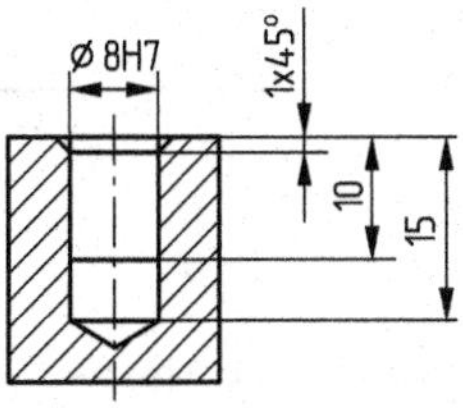 Ø 8H7 1x45° 10 15	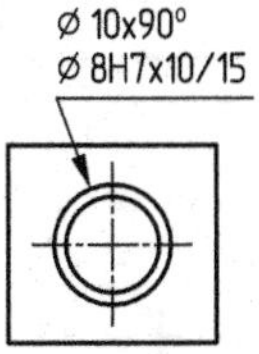 Ø 10x90° Ø 8H7x10/15	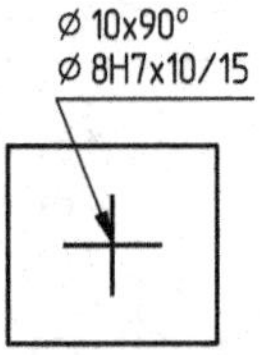 Ø 10x90° Ø 8H7x10/15	Passgrundloch ∅ 8H7, 10 mm tief, Bohrungstiefe 15 mm Fase 1×45°
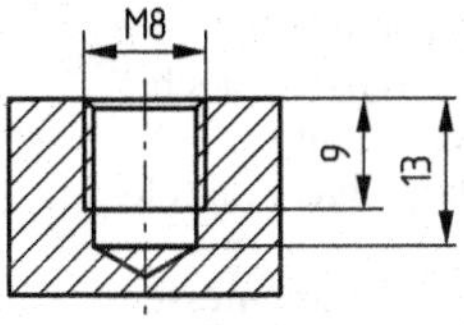 M8 9 13	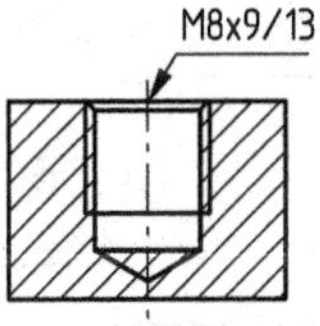 M8x9/13	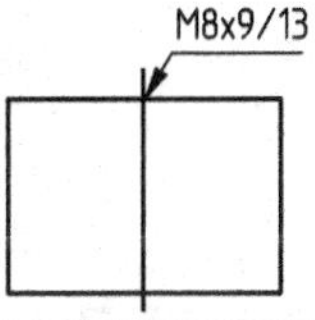 M8x9/13	Gewinde M8 Gewindelänge 9 mm, Kernlochtiefe 13 mm
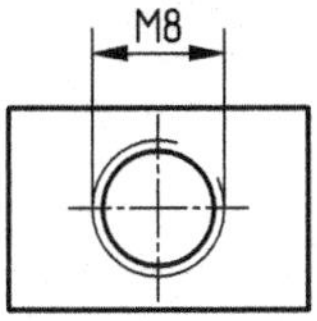 M8	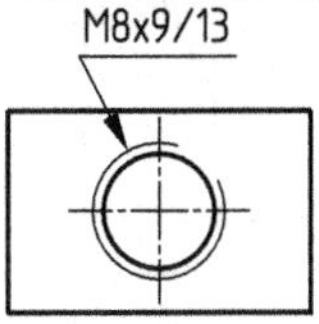 M8x9/13	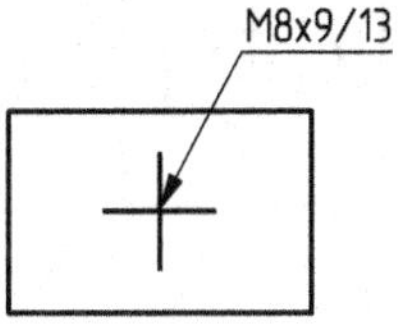 M8x9/13	

Fortsetzung s. nächste Seite

Tabelle 10.12 Fortsetzung

Darstellung und Bemaßung vollständig	Darstellung vollständig Bemaßung vereinfacht	Darstellung und Bemaßung vereinfacht	Erklärung
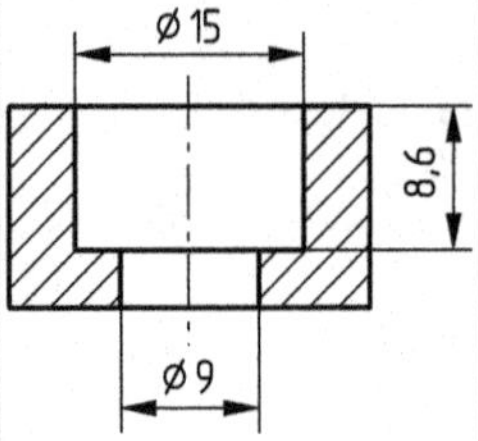 ⌀ 15, 8,6	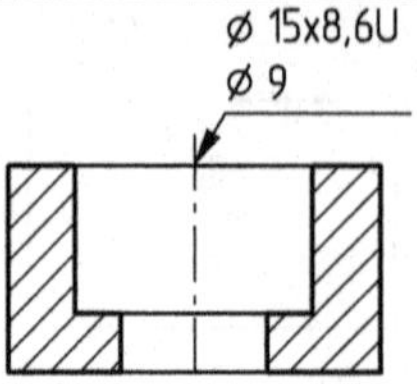 ⌀ 15x8,6U ⌀ 9	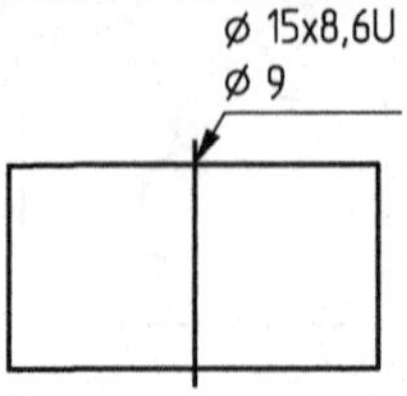 ⌀ 15x8,6U ⌀ 9	Senkung für Zylinder-schraube M8 Senkdurchmesser ⌀ 15 mm
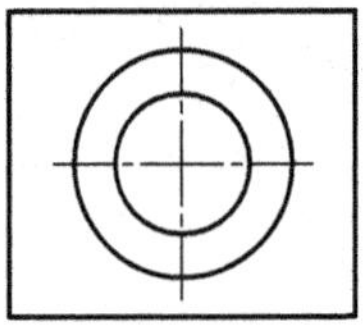	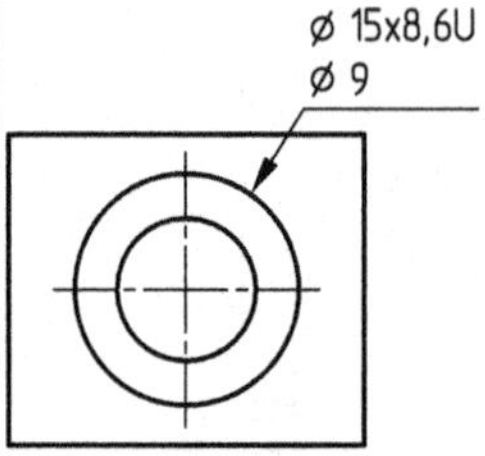 ⌀ 15x8,6U ⌀ 9	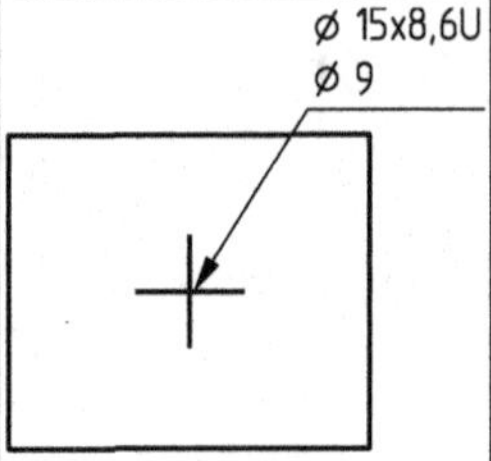 ⌀ 15x8,6U ⌀ 9	Senktiefe 8,6 mm Durchgangsloch ⌀ 9 mm
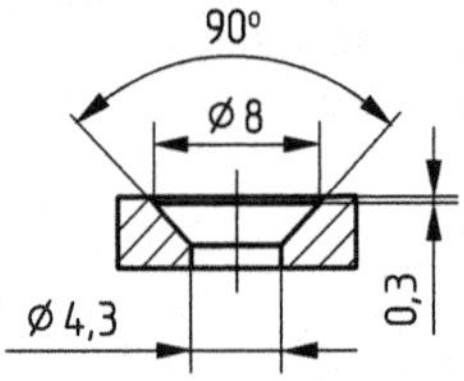 90° ⌀ 8 ⌀ 4,3 0,3	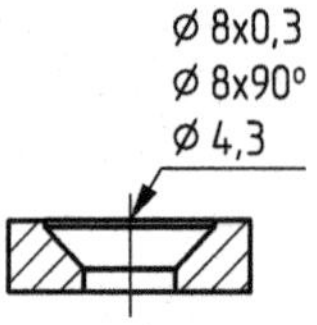 ⌀ 8x0,3 ⌀ 8x90° ⌀ 4,3	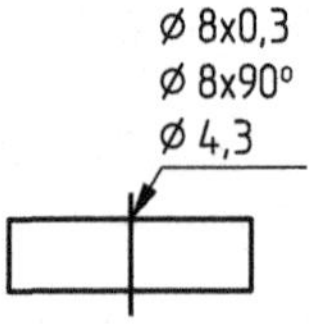 ⌀ 8x0,3 ⌀ 8x90° ⌀ 4,3	Zylindrische Ansen-kung ⌀ 8 mm Senktiefe 0,3 mm, Durchgangsloch ⌀ 4,3 mm
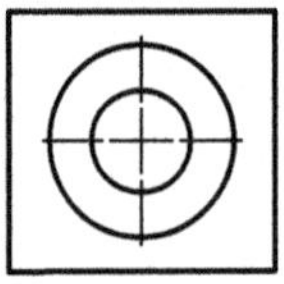	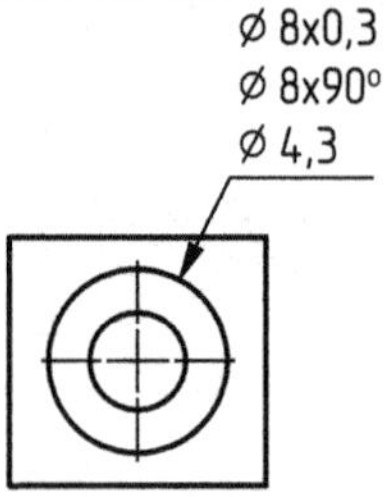 ⌀ 8x0,3 ⌀ 8x90° ⌀ 4,3	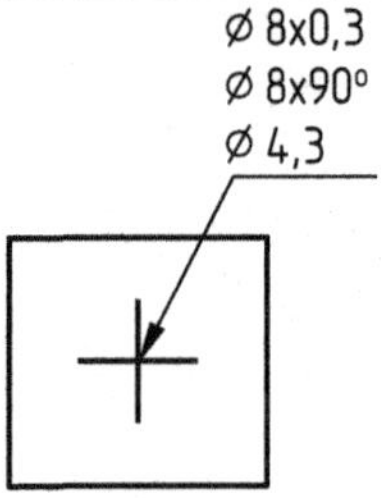 ⌀ 8x0,3 ⌀ 8x90° ⌀ 4,3	kegeliger Ansenkung 90° Senkdurchmesser ⌀ 8 mm

10

Oberflächenbeschaffenheit

Bei der vereinfachten Bemaßung entfällt bei der Angabe der Oberflächenbeschaffenheit das grafische Symbol. Diese Angabe bedeutet grundsätzlich, dass das Loch spanend hergestellt wird.

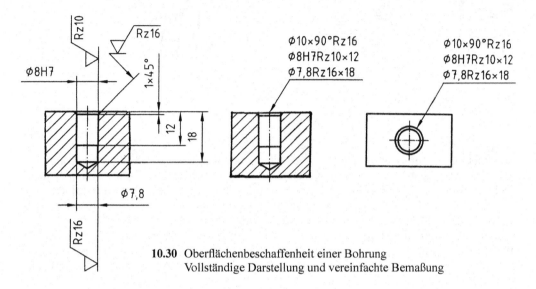

10.30 Oberflächenbeschaffenheit einer Bohrung
Vollständige Darstellung und vereinfachte Bemaßung

10.2 Darstellung von Maschinenelementen

10.2.1 Schraubenverbindungen

10

1. Gewinde

Alle am Gewinde vorkommenden geometrischen Elemente sind in DIN 2244 (Gewinde, Begriffe) definiert.

Maße. Es gibt Außengewinde (Bolzengewinde, **10.31**a) und Innengewinde (Muttergewinde, **10.31**b). Beide werden miteinander verschraubt. Hierfür sind übereinstimmende Gewindeabmessungen notwendig.

Das Hauptmaß ist der Gewinde-Nenndurchmesser. Er wird beim Innengewinde mit D und beim Außengewinde mit d bezeichnet. Zieht man hiervon den Kerndurchmesser d_3 ab und halbiert das Ergebnis, ergibt sich die Gewindetiefe h_3. Das Maß P bezeichnet die Steigung des Gewindes. Ein Gewinde verläuft nach einer Schraubenlinie (s. Abb. 3.2.5). Es ist eingängig, wenn die Windungen einer einzigen Schraubenlinie angehören. Sind mehrere Schraubenlinien vorhanden, wie an der zweigängigen Schnecke **10.32**, handelt es sich um ein mehrgängiges Gewinde.

Die Steigung P ist das Maß, um das sich Außen- und Innengewinde in Richtung der Mittelachse gegeneinander verschieben, wenn eines davon eine ganze Umdrehung macht. Sie reicht bei eingängigem Gewinde von einer Windung bis zur nächsten, bei zweigängigem bis zur übernächsten usw.

Rechtsgewinde ist das übliche Gewinde. Hierbei steigen die Windungen am aufrechtstehenden Bolzen nach rechts an **10.31**a, im aufgeschnittenen Innengewinde dagegen nach links, **10.31**b. Beim Linksgewinde laufen die Steigungen entgegengesetzt.

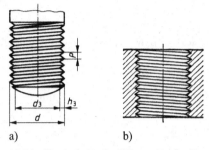
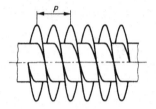

10.31 Gewinde in detaillierter Darstellung
a) Außengewinde, b) Innengewinde

10.32 Zweigängige Schnecke

Gewindeprofile. Die Form des Gewindeprofils richtet sich nach dem Verwendungszweck des Schraubteils. Genormt sind Spitz-, Trapez-, Sägen- und Rundgewinde. Spitzgewinde verwendet man überwiegend für Befestigungsschrauben und -muttern **10.33**, Trapezgewinde hauptsächlich auf Bewegungs- und Verstellspindeln, **10.34**. Sägengewinde kommt für Spindeln mit einseitig starker Druckbeanspruchung in Achsrichtung in Betracht, **10.35**. Rundgewinde nimmt man für Spindeln, die merklicher Abnutzung durch Schmutz und der Gefahr der Beschädigung durch Stöße unterliegen, und für in Blech gedrückte Gewinde (Edison-Gewinde, **10.36**). Zum Spitzgewinde zählen die Metrischen Gewinde, alle Whitworth-Gewinde und andere. Die einzelnen Arten unterscheiden sich besonders in den Abmessungen für Gewindetiefen und Steigungen.

10

10.33 Spitzgewinde   **10.34** Trapezgewinde   **10.35** Sägengewinde   **10.36** Rundgewinde

Tabelle 10.13 Metrisches ISO-Gewinde; Regelgewinde[1], Nennmaße nach DIN 13-1 (Auszug)

Gewinde-Nenndurchmesser $d = D$ Reihe 1	Steigung P	Kerndurchmesser d_3	D_1	Gewindetiefe h_3	H_1	Spannungsquerschnitt A_S [2] in mm²
3	0,5	2,387	2,459	0,307	0,271	5,03
4	0,7	3,141	3,242	0,429	0,379	8,78
5	0,8	4,019	4,134	0,491	0,433	14,2
6	1	4,773	4,917	0,613	0,541	20,1
8	1,25	6,466	6,647	0,767	0,677	36,6
10	1,5	8,160	8,376	0,920	0,812	58,0
12	1,75	9,853	10,106	1,074	0,947	84,3
16	2	13,546	13,835	1,227	1,083	157
20	2,5	16,933	17,294	1,534	1,353	245
24	3	20,319	20,752	1,840	1,624	353

1) Regelgewinde genannt, weil es in der Regel allgemein anwendbar ist; Gewinde-Nenndurchmesser D/d und Steigung P haben eine bestimmte Zuordnung.

2) Der Spannungsquerschnitt ist nicht in DIN 13-1, sondern in DIN 13-28 enthalten. Er gilt als grundlegender Faktor für das Berechnen der Prüflast einer Schraube nach DIN EN ISO 898-1 (s. Norm).

$A_s = \dfrac{\pi}{4}\left(\dfrac{d_2 + d_3}{2}\right)^2$: hierin sind d_2 und d_3 Nennmaße.

$D = d$ = Gewinde-Nenndurchmesser

$\quad P$ = Steigung des eingängigen Gewindes

$\quad H$ = Höhe des Profildreiecks 0,86603 P

$D_2 = d_2$ = Flankendurchmesser

$\qquad d - 0,64952\ P$

$\quad D_1$ = Kerndurchmesser (Mutter)

$\qquad d - 2\ H_1 = d - 1,0825\ P$

$\quad d_3$ = Kerndurchmesser (Bolzen)

$\qquad d - 1,22687\ P$

$\quad h_3$ = Gewindetiefe am Bolzen

$\qquad 0,61343\ P$

$\quad H_1$ = Flankenüberdeckung

$\qquad 0,54127\ P$

$\quad R = \dfrac{H}{6} = 0,14434\ P$

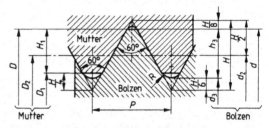

10.37 Nennprofile des Metrischen ISO-Gewindes (ohne Flankenspiel) nach DIN 13-19

Gewindedarstellung (DIN ISO 6410-1)

Gewindelinien. Bei sichtbaren Gewinden in Seitenansichten und Schnitten sind die Gewindespitzen (Gewindedurchmesser D_1 bzw. d, **10.37**) durch eine breite Volllinie und der Gewindegrund (D bzw. d_3) durch eine schmale Volllinie darzustellen, **10.38** bis **10.41**. Bei verdeckten Gewinden sind die Gewindespitzen und der Gewindegrund durch eine Strichlinie darzustellen, **10.40** und **10.41**.

Der Abstand zwischen den Linien, die die Gewindespitzen bzw. den Gewindegrund darstellen, soll möglichst genau der Gewindetiefe h_3 bzw. H_1 (Tab. 10.13 und Bild **10.37**) entsprechen. Für Metrisches Gewinde nach DIN 13-1 sind die Werte der Tab. 10.13 zu entnehmen (der Kerndurchmesser beträgt danach etwa 80 % des Gewindedurchmessers).

Für Metrisches Feingewinde beträgt die Gewindetiefe h_3 etwa 65 % der in der Gewindebezeichnung angegebenen Steigung P des eingängigen Gewindes.

Die Gewindetiefen der anderen Gewinde sind den entsprechenden Normtabellen zu entnehmen. Der Abstand zwischen den Linien in der Darstellung darf jedoch nicht geringer sein als

– die zweifache Breite der breiteren Linie oder
– 0,7 mm,

je nachdem, welcher Wert der größere ist.

Bei den im Schnitt dargestellten Gewindeteilen ist die Schraffur bis an die Linie heranzuziehen, die die Gewindespitzen darstellt, **10.39** bis **10.41**.

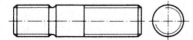

10.38 Bolzengewinde

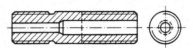

10.39 Bolzengewinde am geschnittenen Teil

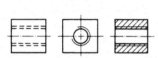

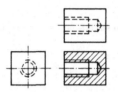

10.40 Muttergewinde   **10.41** Gewindegrundloch

In der Ansicht in Achsrichtung auf ein sichtbar (nicht verdeckt) dargestelltes Gewinde ist der Gewindegrund durch einen beliebig[1] liegenden $^3/_4$-Kreis darzustellen, der mit einer schmalen Volllinie zu zeichnen ist, **10.38** bis **10.40**. Bei verdeckt gezeichneten Gewinden ist der beliebig liegende $^3/_4$-Kreis mit einer Strichlinie zu zeichnen, **10.41**. Die breite Linie, die die Fase darstellt, wird im Regelfall in der Ansicht in Achsrichtung weggelassen, **10.38** und **10.39**.

Zugabe. Die Tiefe t bzw. t_1 eines Gewindegrundlochs (Sacklochs) ist größer als die nutzbare Gewindelänge b, **10.42** und **10.43**, die wiederum größer sein muss als die Einschraublänge des Bolzengewindes. Die Zugabe zur Länge b bis zur Gewindegrundlochtiefe t bzw. t_1 ist für den Gewindeauslauf und für etwa herunterfallende Späne beim Gewindeschneiden vorgesehen. Die Zugabe e_1 bzw. g_2 nach DIN 76-1 kann für den Regelfall Tabelle 10.14 entnommen werden. Für die Grundlochtiefe gilt mit der Einschraubtiefe m und dem Sicherheitsüberstand $3P$: $t_1 = m + 3P + e_1 = b + e_1$.

Tabelle 10.14 Zugabe zur nutzbaren Innengewindelänge b

Zugabe (Gewinde-auslauf, -freistich)	Gewindebezeichnung													
	M3	M4	M5	M6	M8	M10	M12	M14 M16	M18 M20 M22	M24 M27	M30 M33	M36 M39	M42 M45	M48 M52
e_1 mm	2,8	3,8	4,2	5,1	6,2	7,3	8,3	9,3	11,2	13,1	15,2	16,8	18,4	20,8
g_2 mm	2,7	3,8	4,2	5,2	6,7	7,8	9,1	10,3	13	15,2	17,7	20	23	26

Die übliche Aussenkung unter 120° bis auf den Außendurchmesser des Gewindes wird gewöhnlich nicht gezeichnet, **10.41**. Andere Senkungen hingegen müssen dargestellt und bemaßt werden. Die Grenze der nutzbaren Gewindelänge ist bei sichtbaren Gewinden durch eine breite Volllinie und bei verdeckten Gewinden durch eine Strichlinie darzustellen. Gewindeausläufe liegen jenseits der tatsächlichen Gewindelänge mit Ausnahme des Einschraubendes von Stiftschrauben, **10.71**. Sie werden durch eine schräge schmale Volllinie dargestellt, wenn dies funktional erforderlich ist, **10.44**.

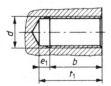
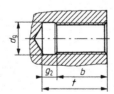
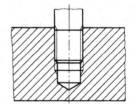

10.42 Gewindeauslauf   **10.43** Gewindefreistich   **10.44** Zusammengebaute Gewinde-
                                                                      teile, nutzbare Gewindelänge

1) Wobei die Öffnung vorzugsweise im rechten oberen Quadranten liegt.

> Bei zusammengebauten Gewindeteilen sind Teile mit Außengewinde stets so darzustellen, dass sie die Teile mit Innengewinde überdecken und nicht von diesen verdeckt werden, **10.44** und **10.45**.

Durchdringungskurven für Gewindelöcher sind nur für das Kernloch und nicht für die Gewindelinien zu zeichnen. Bei kleinen Bohrungen ergeben sich kleine Kurven; es ist daher zugelassen, die Körperkante geradlinig durchzuziehen, **10.46**.

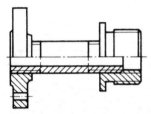

10.45 Zusammengebaute Gewindeteile   **10.46** Durchdringungslinien

Gewindebezeichnungen. Gewinde werden durch Kurzzeichen näher bezeichnet, s. Tab. 10.15. Das Gewindekurzzeichen steht immer beim Nennmaß (*D* oder *d*) für den Gewindeaußendurchmesser.

Tabelle 10.15 Abgekürzte Gewindebezeichnungen (Auszug aus DIN 202)

Gewindeart		nach DIN	Kenn-buchstabe	Gewindebezeichnung	
				Maßangabe	Eintragungs-beispiele
Eingängiges Rechtsgewinde					
Spitzgewinde	Metrisches ISO-Gewinde	13-1	M	Gewindeaußendurchmesser in mm	M20
	Metr. ISO-Feingewinde	13-2 bis 13-11	M	Gewindeaußendurchmesser in mm × Steigung in mm	M30×1,5
	Metr. kegeliges Außengewinde (Kegel 1:16) [1]	158	M	Gewindeaußendurchmesser in mm × Steigung in mm und Kegel	M10×1keg DIN 158
	Rohrgewinde	ISO 228-1 [2]	G	Gewinde-Nenngröße des Rohres in Zoll	G1/2
Metr. ISO-Trapez-gewinde		103-2	Tr	Gewindeaußendurchmesser in mm × Steigung in mm	Tr48×8
Metr. Sägengewinde		513-2	S	Gewindeaußendurchmesser in mm × Steigung in mm	S100×12
Rundgewinde		405-1	Rd	Gewindeaußendurchmesser in mm × Steigung in Zoll	Rd20×1/8

10

Tabelle 10.15 (Fortsetzung)

Besondere Angaben (Gewindetoleranzen s. nachstehend)	
Linksgewinde wird durch das Kurzzeichen „LH" (LH = Left-Hand) gekennzeichnet, das hinter die Gewindebezeichnung gesetzt wird.	M48×1,5-LH
Mehrgängiges Rechtsgewinde erhält hinter der Gewindebezeichnung einen Vermerk, bestehend aus P und der Teilung [3]. Als Steigung P_h des n-gängigen Gewindes gilt stets das Maß der Verschiebung in Richtung der Achse bei einer Umdrehung des Gewindes (d. h. $P_h = n \cdot P$).	Tr40×14 P7
Bei mehrgängigem Linksgewinde hängt man das Kurzzeichen „LH" und einen Vermerk, bestehend aus P und der Teilung [3] an. Als Steigung P_h des n-gängigen Gewindes gilt stets das Maß der Verschiebung in Richtung der Achse bei einer Umdrehung des Gewindes, d. h. $P_h = n \cdot P$.	Tr40×14 P7-LH
Bei Rechts- und Linksgewinde an einem Werkstück wird auch das Rechtsgewinde mit dem Kurzzeichen „RH" (RH = Right-Hand) gekennzeichnet.	Rd 20×1/8-RH
Gas- und dampfdichtes Gewinde erhält den Zusatz „dicht".	M20 dicht

1) Bei kegeligem Gewinde darf in der Bezeichnung statt der Abkürzung „keg" das Kegelsymbol „▷" verwendet werden, z. B. M20 × 1,5 ▷ – 1:16
2) Für Innengewinde der nichtselbstdichtenden Verbindung gibt es nur eine Toleranzklasse. Für Außengewinde die Klassen A und B, also z. B. ISO 228/1 – G1/2 B.
3) **Beispiel:** Gangzahl $(n) = \dfrac{\text{Steigung } P_h}{\text{Teilung } P} = \dfrac{14}{7} = \mathbf{2gängig}$

Gewindetoleranzen. Festlegungen für die Ausführung und Maßgenauigkeit von Schrauben und Muttern sind in DIN EN ISO 4759-1 und DIN 267-2 enthalten. Falls in einzelnen Produktnormen nicht anders festgelegt, gelten für Metrische ISO-Gewinde die Toleranzen nach DIN ISO 965-1 bis -3. Für den Außendurchmesser d des Außengewindes **10.47** und für den Kerndurchmesser D_1 des Innengewindes sind Toleranzen (T_d und T_{D1}), abhängig von der Steigung P, vorgesehen; ebenso für beide Flankendurchmesser d_2 und D_2 (T_{d2} und T_{D2}), hier aber noch abhängig von der Einschraublänge des Gewindes. Es werden keine Toleranzen für den Flankenwinkel und die Steigung festgelegt, da diese durch die Flankendurchmesser-Toleranzen erfasst werden.

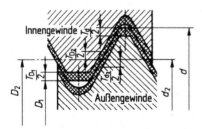

10.47 Gewindetoleranzen (Toleranzfeldlagen H und h)[1]

1) Ohne Flankenspiel dargestellt.

Das System enthält die Toleranzfeldlagen G und H für Innengewinde und e, f, g und h für Außengewinde; sowie die Toleranzgrade 4, 5, 6, 7 und 8 für den Kerndurchmesser D_1 des Innengewindes; 4, 6 und 8 für den Außendurchmesser d des Außengewindes; 4, 5, 6, 7, 8 und 9 für den Flankendurchmesser d_2 des Außengewindes und 4, 5, 6, 7 und 8 für den Flankendurchmesser D_2 des Innengewindes, **10.48**. Die Toleranzklassen der Innen- und Außengewinde können beliebig gepaart werden. Um die Anzahl der Lehren zu begrenzen, sollten vorzugsweise die Toleranzklassen aus Tab. 10.16 gewählt werden.

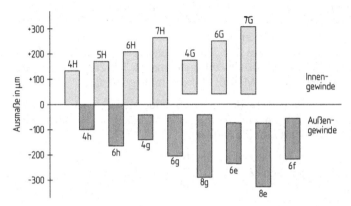

10.48 Schematische Darstellung empfohlener Toleranzfelder für Flankendurchmesser D_2 und d_2 von Innen- und Außengewinden (Einschraubgruppe N) am Beispiel des Regelgewindes M16

Tabelle 10.16 Empfohlene Toleranzklassen für Einschraubgruppe N nach DIN ISO 965-1 bis -3

Toleranzklasse	Innengewinde		Außengewinde			
	Toleranzfeldlage		Toleranzfeldlage			
	G	H	e	f	g	h
fein	–	5H	–	–	(4g)	4h
mittel	6G	**6H**	6e	6f	**6g**	6h
grob	(7G)	7H	8e	–	8g	–

Falls in Produktnormen nicht anders festgelegt, gelten für die Gewinde an handelsüblichen Verbindungselementen die Toleranzen nach DIN EN ISO 4759-1 (Tab. 10.17)

Tabelle 10.17 Toleranzen für die Metrischen ISO-Gewinde handelsüblicher Schrauben und Muttern

Produktklasse	Toleranzen	Innengewinde	Außengewinde
A und B	fein mittel	6H	6g
C	groß	7H	< 8.8: 8g ≥ 8.8: 6g

Da Lage und Größe der Toleranzen für Gewinde von denen der Flach- und der Rundpassungen abweichen, stehen die Zahlen hier vor den Buchstaben. Obendrein sind die mit Kleinbuchstaben bezeichneten Toleranzfelder dem Außengewinde und die mit Großbuchstaben bezeichneten Toleranzfelder dem Innengewinde zugeordnet (z. B. M10-8g für das Außengewinde bzw. M10-6G für das Innengewinde).

Ferner gelten die Toleranzfelder für Gewinde ohne Oberflächenschutz und bei Oberflächenschutz vor dem Aufbringen der Schutzschicht. Im Endzustand jedoch darf das Nullprofil des Gewindes (vgl. **10.37**) nicht überschritten worden sein. Ist keine Toleranz angegeben, gilt die Toleranzklasse „mittel".

Toleranzkurzzeichen. Für andere als die in der Tab. 10.17 genannten Toleranzen aber müssen, wie das in ausländischen Zeichnungen der Fall ist, Toleranzkurzzeichen eingeschrieben werden (DIN ISO 965). Bei gleichen Toleranzen für den Flankendurchmesser d_2 und den Außendurchmesser d des Außengewindes bzw. für den Flankendurchmesser D_2 und den Kerndurchmesser D_1 des Innengewindes wird das jeweils gemeinsame Kurzzeichen angegeben (z. B. M10-4g für das Außengewinde bzw. M10-6G für das Innengewinde).

Sind die Toleranzen des Gewindes aber verschieden, müssen beide Kurzzeichen eingesetzt werden, wobei das Kurzzeichen für den Flankendurchmesser dem anderen voransteht (z. B. M10-6g5g für den Bolzen bzw. M10-4G5G für die Mutter).

Eine Gewindepassung wird durch die Toleranzfelder des Innen- und des Außengewindes, getrennt durch einen Schrägstrich, angegeben (z. B. M10-8G/6e).

2. Schrauben und Muttern

Schlüsselweiten. DIN ISO 272 enthält eine Auswahl von Schlüsselweiten s und ordnet diesen bestimmte Gewindedurchmesser d von Sechskantschrauben und -muttern zu. Sie gestattet eine rationelle Auswahl von Betätigungswerkzeugen. Auszugsweise gilt für die $d(s)$ in mm: 3(5,5), 4(7), 5(8), 6(10), 8(13), 10(16), 12(18), 16(24), 20(30), 24(36), 30(46), 36(55), 42(65) usw. bis $d = 150$ mm, s. Tab. 10.9.

Schraubenenden werden verschieden ausgeführt (DIN EN ISO 4753). Sie erhalten gewöhnlich eine Linsenkuppe (**10.49**) oder eine Kegelkuppe (**10.50**), die stets in den Längenmaßen enthalten sind. Für Spann- und Druckschrauben werden kurze Zapfen (**10.51**) oder lange Zapfen (**10.52**) vorgesehen. Sie schränken eine Beschädigung des Gewindes ein. Ringschneiden (**10.53**) kommen für Stellschrauben an Stellringen in Betracht. Die Spitze und die abgeflachte Spitze (**10.54**) treten an Sicherungsschrauben auf und werden in kegelige Senkungen eingelassen. Die festgelegten Formen und Maße gelten für genormte und nicht genormte Gewindeteile.

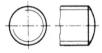

10.49 Linsenkuppe (RN)

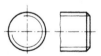

10.50 Kegelkuppe (CH)

10.51 Kurzer Zapfen (SD)

10.52 Langer Zapfen (LD)

10.53 Ringschneide (CP)

10.54 Spitze, abgeflacht (TC)

Antriebsarten von Schrauben. Sechskante können hohe Anziehdrehmomente übertragen und finden bei hochbeanspruchten Schrauben ausschließlich Verwendung, **10.55**a. Gleiches Werkzeug für Schraube und Mutter. Vierkante haben beim Anziehen niedrige Flächenpressung zu ertragen, **10.55**b. Sie finden Anwendung bei häufig wiederholtem Anziehen. Innensechskantschrauben werden bei beengten Platzverhältnissen eingesetzt, **10.55**c. Stiftschlüssel lassen allerdings kein volles Anziehdrehmoment zu. Schlitzschrauben sind nicht für das motorische Anziehen geeignet, **10.55**d. Durch hohe Flächenpressung an den Schlitzflanken nur kleine Anziehdrehmomente möglich. Der Kreuzschlitz kann als doppelter Längsschlitz angesehen werden, **10.55**e. Er gestattet höhere Anziehdrehmomente und bessere Zentrierbarkeit als der Längsschlitz und ist in 5 Größen genormt (DIN EN ISO 4757). Der Innensechsrund verfügt über eine gute Drehmomentübertragung bei geringem Platzbedarf für das Werkzeug. Er ist in 16 Größen genormt (DIN EN ISO 10 664), **10.55**g. Der Außensechsrund verfügt über eine gefällige Form bei vorteilhafter Drehmomentübertragung und Handhabung des Schraubwerkzeugs, **10.55**f. Der Innenvielzahn zum Antrieb von Schrauben ist in neun Größen genormt (DIN EN ISO 34 824). Mit 12 kleinen Zähnen ist er zur Übertragung mittlerer Drehmomente geeignet, **10.55**h. Sicherheitsprofil.

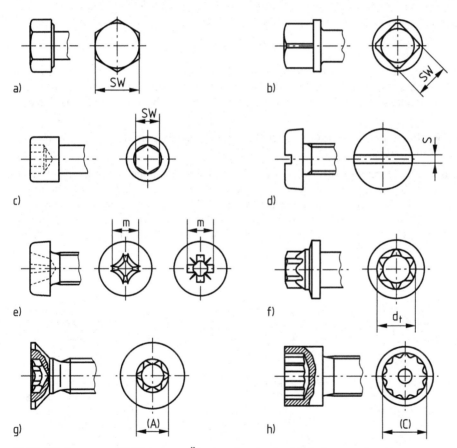

10

10.55 Werkzeugangriffsflächen zur Übertragung des Anziehdrehmomentes.
a) Sechskant, b) Vierkant, c) Innensechskant, d) Längsschlitz, e) Kreuzschlitz, Typ H und Typ Z, f) Außensechsrund, g) Innensechsrund, h) Innenvielzahn.
d_t, m, (A) und (C) Hilfsmaße für Werkzeuggröße

Sind Sechskant-Muttern ausführlich darzustellen, werden die Fasenkanten vereinfacht als Kreisbögen gezeichnet. Die Lage der Mittelpunkte der Radien und die Formeln zum Ermitteln ihrer Maße zeigt **10.56**. Der Wert für das Maß e ist DIN ISO 272, die Mutterhöhe m der Maßnorm (z. B. DIN EN ISO 4032) zu entnehmen.

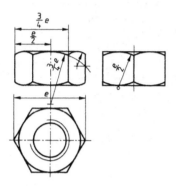
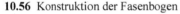

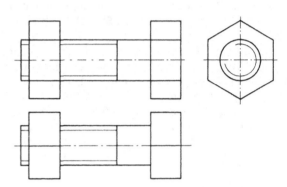

10.56 Konstruktion der Fasenbogen   **10.57** Vereinfachte Darstellung

Die Köpfe der Sechskantschrauben sind niedriger als die Muttern und nur an einer Seite abgefast. Bei der vereinfachten Darstellung der Sechskantschrauben und -muttern werden die Fasenbogen weggelassen und die üblichen Formen des Schraubenendes nicht dargestellt, **10.57**.

Schrauben, Muttern und ähnliche Gewindeteile sind weitgehend genormt. Nachstehend sind davon einige Teile dargestellt.

Der Kopf der Sechskantschraube gehört nicht zur Schraubenlänge. Sechskantschrauben nach DIN EN ISO 4014 u. a. haben in der Regel einen Telleransatz **10.58**, der aber nicht immer mitgezeichnet zu werden braucht. Sie werden meist als Befestigungsschrauben verwendet und hierbei in Schaftrichtung auf Zug beansprucht, **10.59** und **10.60**. Ist das Schraubenende als Zapfen oder Spitze ausgeführt **10.61** und **10.62**, wird es als Stell-, Halte- oder Abdrückschraube auf Druck beansprucht.

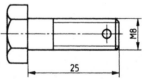

10.58 Sechskantschraube   **10.59** Sechskantschraube   **10.60** Sechskantschraube
ISO 4014-M8 × 25–8.8   ISO 4014-M8 × 25 – Sz,   ISO 4014-M8 × 25 – S,
(s. DIN EN ISO 4014)   To - 8.8, Form Sz und To[1]   To - 8.8, Form S und To[1]
                             (s. DIN EN ISO 4014)   (s. DIN EN ISO 4014)

---

1)   Zusätzliche Bestellangaben für Formen und Ausführungen von Sechskant- und Stiftschrauben sind in DIN 962 enthalten. Es bedeuten Sz: mit Schlitz, S: mit Splintloch, To: ohne Telleransatz, Sk: Drahtloch im Schraubenkopf.

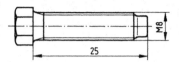

10.61 Sechskantschraube
DIN 561-M8 × 25-14H

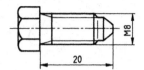

10.62 Sechskantschraube
DIN 564-M8 × 20-14H

Passschrauben, 10.63 haben einen nach einer ISO-Toleranz, im Regelfall k6, hergestellten Schaftteil, der mit einer Bohrung H7 eine Passung bildet.

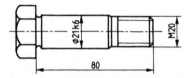

10.63 Sechskant-Passschraube
DIN 609-M20 × 80-8.8

Zylinderschrauben mit Innenantrieb durch Sechskant, **10.55**c werden vorwiegend im Werkzeugmaschinenbau, mit Innensechsrund, **10.55**g im Apparatebau und mit Innenvielzahn, **10.55**h im Fahrzeugbau eingesetzt. Sie werden durch stiftförmige Schraubendrehereinsätze bedient. Die zylindrischen Schraubenköpfe haben geringen Platzbedarf, können versenkt werden und sehen gefällig aus.

10

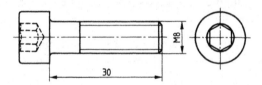

10.64 Zylinderschraube mit Innensechskant
ISO 4762-M8 × 30-8.8

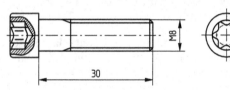

10.65 Zylinderschraube mit Innensechsrund
ISO 14579-M8 × 30-A2-70

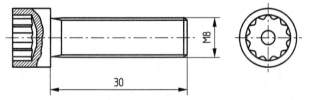

10.66 Zylinderschraube mit Innenvielzahn
DIN 34821-M8 × 30-10.9

Außensechsrundschrauben mit Flansch für hohe Vorspannkräfte und große Anziehdrehmomente. Leichtes Positionieren und Entkoppeln des Schraubwerkzeugs. Einsatz bevorzugt im Fahrzeugbau.

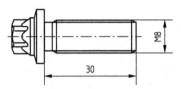

10.67 Sechsrundschraube
        DIN 34800-CM8 × 30-8.8

Die **genormten Bezeichnungen** für Schrauben, Muttern und ähnliche Gewindeteile legen alle Merkmale fest.

Beispiel Sechskantschraube ISO 8765-M16 × 1,5 × 40-SC-8.8-B
          Sechskantschraube = Benennung des Normteils
          ISO 8765   = Bezeichnung der Norm, in der Schraubenform und -maße angegeben
                              sind (hier DIN EN ISO 8765)
          M16 × 1,5   = Metrisches Feingewinde, Gewindedurchmesser 16 mm, Steigung 1,5 mm
          40   = Länge des Schafts in mm einschließlich des Kegelansatzes
          SC   = Schabenut am Schraubenende
          8.8   = Kennzeichen der Festigkeitsklasse für Stahl
          B   = Kennzeichen für die Produktklasse der Schraube

Die Produktklasse bezieht sich nach DIN EN ISO 4759-1 und DIN 267-2 auf die Oberflächenbeschaffenheit, auf Maßgenauigkeit (Toleranzen), auf zulässige Gewindetoleranzen, Mittigkeitsabweichungen und Unwinkligkeiten, z.B. des Schraubenkopfes zum Schaft. Für Schrauben und Muttern mit ISO-Gewinde sind die Produktklassen A, B und C festgelegt. Sie beziehen sich auf die Größe der Toleranzen, wobei für die Produktklasse A die engste und für die Produktklasse C die weiteste Toleranz gilt. vgl. Tab. 10.17.

Die Kennzeichen der Festigkeitsklassen gelten nur für Außengewinde aus unlegiertem oder legiertem Stahl bis 39 mm Gewindedurchmesser und bestehen aus zwei durch einen Punkt getrennte Zahlen, z.B. 5.6 (Tab. 10.18).

Die erste Zahl entspricht 1/100 der Nennzugfestigkeit R_m nach Tab. 10.18. Die zweite Zahl gibt das 10fache des Verhältnisses der Nennstreckgrenze R_e bzw. $R_{p0,2}$ zur Nennzugfestigkeit R_m an, z.B. 6.8: (480/600) · 10 = 8. Die Multiplikation beider Zahlen ergibt 1/10 der Nennstreckgrenze in N/mm².

Tabelle 10.18 Festigkeitsklassen und Werkstoffkennwert für Schrauben aus unlegierten und legierten
              Stählen (DIN EN ISO 898-1)

Festigkeitsklassen		4.6	4.8	5.6	5.8	6.8	8.8		9.8	10.9	12.9
							≤M16	>M16			
Nennzugfestigkeit R_m		400		500		600	800		900	1000	1200
Mindestzugfestigkeit $R_{m,min}$		400	420	500	520	600	800	830	900	1040	1220
untere Streck-grenze R_{eL}	Nennwert	240	320	300	400	480	–	–	–	–	–
	min.	240	340	300	420	480	–	–	–	–	–
0,2 % - Dehn-grenze $R_{p0,2}$	Nennwert	–	–	–	–	–	640	640	720	900	1080
	min.	–	–	–	–	–	640	660	720	940	1100

Schauben ≥M5 sind mit der Festigkeitsklasse und dem Herstellerzeichen zu kennzeichnen (Kopfoberflächen oder Schlüsselfläche).

In DIN EN ISO 3506-1 sind für nichtrostende Stahlsorten Festigkeitsklassen für Schrauben und Muttern festgelegt. Die Bezeichnung der Stahlsorte besteht aus Buchstaben für die Stahlgruppe und einer Ziffer für die chem. Zusammensetzung, wobei A für austenitischen, B martensitischen und F für ferritischen Stahl steht. Die Festigkeitsklasse wird mit einer Zahl angegeben, die 1/10 der Zugfestigkeit entspricht, z. B. A2-70.

Bezeichnungsbeispiel: Sechskantschraube ISO 4014-M12×50-A2-70.

Galvanische Überzüge auf Schrauben werden durch das in DIN EN ISO 4042 festgelegte System angegeben. Für einen Überzug aus Zink (A), Schichtdicke 8µm (3), dem Glanzgrad matt, bläulich irisierend (B) lautet z. B. die Bezeichnung:

Sechskantschraube ISO 4014-M12×60-9.8-A3B

Das Kennzeichen für die Ausführung wird weggelassen, wenn für das Schraubteil normgemäß nur eine Ausführung besteht oder sie dem Hersteller überlassen bleiben soll. Sind Schraubteile in nur einer Ausführung und in nur einer Festigkeitseigenschaft festgelegt oder der Wahl des Herstellers überlassen, sind weder Ausführung noch Festigkeitseigenschaften anzugeben.

Schraubensonderformen

Vierkantschrauben nach DIN 478 werden als Spannschraube im Werkzeugmaschinenbau verwendet, wobei der Bund das Abgleiten des Schraubenschlüssels verhindert, **10.68**.

Halbrundschrauben nach DIN 607 sind rohe Schrauben und haben eine Nase, die ein Mitdrehen beim Anziehen und Lösen der Mutter verhindert, **10.69**. Für die Nasen sind Nuten vorzusehen.

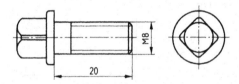 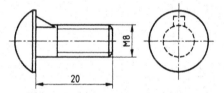

10.68 Vierkantschraube DIN 478-M8×20-5.8   **10.69** Halbrundschraube DIN 607-M8×20-4.8

Hammerschrauben mit Nase, **10.70** nach DIN 188 haben schmale Köpfe, die seitlich in Vertiefungen anliegen (um Mitdrehen zu vermeiden) oder in Nuten eingelassen werden. Sie dienen zum Befestigen von Bauteilen mit Hilfe von T-Nuten auf Fundamenten oder anderen Konstruktionen.

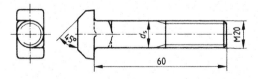

10.70
Hammerschraube
DIN 188-M20×60-4.6

Stiftschrauben nach DIN 835, DIN 938 bis DIN 940 und 949 in den Festigkeitsklassen 5.6, 8.8 und 10.9, werden verwendet, wenn häufiges Lösen der Verbindung zum Verschleiß schwer ersetzbarer Innengewinde führen würde (z. B. Gehäuse). Sie werden mit einem sogenannten Festsitzgewinde (Übermaßgewinde) am Einschraubende geliefert und unterscheiden sich im Wesentlichen durch dessen Länge, **10.71** und Tab. 10.19.

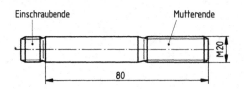

10.71
Stiftschraube DIN 938-M20×80-8.8

Als Nennlänge der Stiftschrauben gilt die Länge des nach dem Einschrauben aus dem Werkstück ragenden Teils. Die Einschraublänge richtet sich nach der Werkstofffestigkeit des Innengewindes und schließt den Gewindeauslauf mit ein. Um Einschraub- und Mutterende sicher zu unterscheiden wird am Mutterende eine Linsenkuppe oder das Kennzeichen der Festigkeitsklasse auf der Kuppe angebracht.

Tabelle 10.19 Genormte Stiftschrauben

Norm	Einschraubende		Anwendung
	Gewindelänge	Gewindetoleranz	
DIN 949-1 Form A DIN 949-2 Form B	2d 2,5d	metrisches Festsitz- gewinde DIN 8141-1 (MFS)	Leichtmetalle
DIN 940	2,5d	Festsitzgewinde DIN 13-51 (Sk6)	Leichtmetalle geringer Festigkeit
DIN 939	1,25d		Gusseisen
DIN 835	2d		Al-Legierungen
DIN 938	d		Stahl

d = Gewindedurchmesser

Sollen die Stiftschrauben mit unterschiedlichem Gewinde am Einschraub- und am Mutterende geliefert werden, so ist dies in der Bezeichnung anzugeben, wobei zuerst das Einschraubgewinde zu nennen ist:

Stiftschraube DIN 938-M12-M12×1,5×80-8.8

10

Gewindestifte mit Spitze, **10.72** oder mit Zapfen, **10.73** haben Gewinde über die ganze Länge, weil sie vollständig in den Werkstoff eingeschraubt werden.

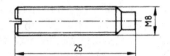

10.72 Gewindestift
ISO 7434-M8×25-14H
(s. DIN EN 27434)

10.73 Gewindestift
ISO 7435-M8×25-14H
(s. DIN EN 27435)

Gewindestifte werden hauptsächlich zur Sicherung der Lage von Teilen nach dem Zusammenbau benutzt (z. B. Stellringe auf Wellen). Gewindestifte mit Zapfen dienen zum Einstellen von Teilen, z. B. einer Membrane oder Führungsleiste. Gewindestifte mit Innensechskant sind in den Normen DIN EN ISO 4026 (mit Kegelstumpf), DIN EN ISO 4027 (mit abgeflachter Spitze), DIN EN ISO 4028 (mit Zapfen) und DIN EN ISO 4029 (mit Ringschneide) festgelegt.

Schlitzschrauben. Die Köpfe der Zylinderschraube, **10.74**, der Flachkopfschraube, **10.75** gehören nicht zur Schraubenlänge (Nennlänge), dagegen wird der Kopf der Senkschraube, **10.76** einbezogen.

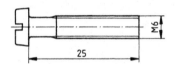

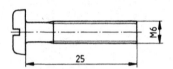

10.74 Zylinderschraube
ISO 1207-M6×25-4.8
(s. DIN EN ISO 1207)

10.75 Flachkopfschraube
ISO 1580-M6×25-4.8
(s. DIN EN ISO 1580)

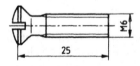

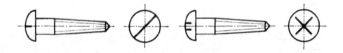

10.76 Linsen-Senkschraube
ISO 2010-M6×25-5.8
(s. DIN EN ISO 2010)

10.77 Halbrundholzschrauben mit Längs- und Kreuzschlitz

Die Schlitzkanten der Schrauben werden beim Blick auf den Kopf in Richtung der Schraubenachse unter 45°, bei Sechskantköpfen unter 60/30° gezogen, **10.78**. Ist eine dritte Ansicht erforderlich, zeichnet man auch dort den Schlitzquerschnitt. **10.77** zeigt vereinfacht dargestellte Schlitze.

10.78 Schlitzlage in Übersichtszeichnungen

Muttern und Scheiben dienen der Herstellung von Durchsteckverschraubungen, **10.85**. Die Festigkeitsklassen der Muttern aus Stahl (m ≥ 0,8 · d) mit voller Belastbarkeit werden mit einer Kennzahl angegeben, die 1/100 der Nennzugfestigkeit der verwendeten Stahlsorte entspricht (5, 6, 8, 9, 10, 12). Niedrige Muttern (m = 0,5d bis 0,8d) sind nicht voll belastbar und werden mit einer vorgesetzten Null gekennzeichnet (04; 05). Eine festigkeitsmäßig sichere Zuordnung von Schraube und Mutter ist gegeben, wenn die Festigkeitsklasse der Mutter der ersten Zahl der Festigkeitsklasse der Schraube entspricht (z. B. Mutter 10 und Schraube 10.9).

 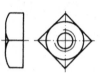

10.79
Sechskantmutter
ISO 4032-M8-8
(s. DIN EN ISO 4032)

10.80
Vierkantmutter
DIN 557-M6

10.81
Kronenmutter
DIN 935-M20-8

10.82
Hutmutter
DIN 1587-M16-6

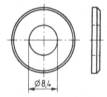   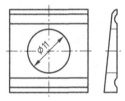

10.83 Scheibe
ISO 7090-8-200HV
(s. DIN EN ISO 7090)

10.84 U-Scheibe DIN 434-11 (2 Rillen, Neigung 8 %)

Voll belastbare **Sechskantmuttern** (Typ 1) finden die meiste Anwendung, **10.79. Vierkantmuttern** haben nur auf einer Seite eine Fase und werden meist beim Verschrauben von Holzteilen benutzt, **10.80. Kronenmuttern** dienen zur Aufnahme eines Splints als formschlüssige Verliersicherung, **10.81. Hutmuttern** schließen die Verschraubung nach außen dicht ab, verhindern die Beschädigung des Gewindes und schützen vor Verletzungen, **10.82**.

Ist der Werkstoff der zu verbindenden Teile sehr weich, seine Oberfläche rau oder sollen Beschädigungen verhindert werden, sind Scheiben unterzulegen. Für Sechskantschrauben und -muttern verwendet man **flache Scheiben** mit Härteklasse 200 HV bis Festigkeitsklasse 8.8 (8) und bis 10.9 (10) mit Härteklasse 300 HV, **10.83**. Zum Ausgleich der Flanschneigungen bei U- und I-Trägern dienen keilförmige **Vierkantscheiben, 10.84. I-Scheiben** DIN 435 sind durch nur eine Rille gekennzeichnet (Neigung 14 %). Eine Zusammenstellung der Abmessungen gebräuchlicher Schrauben und Muttern sowie der zugehörigen Konstruktions- und Einbaumaße zeigt Tab. 10.20.

Tabelle 10.20 Gebräuchliche Verschraubungsteile und ihre Einbaumaße

DIN EN ISO 4014 · DIN EN ISO 4032 · DIN 76-1 · DIN 974 · DIN EN ISO 4762 · DIN 938 · DIN EN ISO 7089

Bezeichnung		Symbol	M4	M5	M6	M8	M10	M12	M16	M20	M24	M30	M36
	Gewinde-Nenn Ø	d_1	M4	M5	M6	M8	M10	M12	M16	M20	M24	M30	M36
Sechskantschraube DIN EN ISO 4014	Länge von	l_1	25	25	30	40	45	50	65	80	90	110	140
	Länge bis		40	50	60	80	100	120	160	200	240	300	360
	Gewindelänge für: $l_1 \leq 125$	b_1	14	16	18	22	26	30	38	46	54	66	84
	$125 < l_1 \leq 200$		–	–	–	28	–	–	44	52	60	72	84
	$l_1 > 200$		–	–	–	–	–	–	–	–	73	85	97
	Kopfhöhe	k_1	2,8	3,5	4	5,3	6,4	7,5	10	13	15	19	23
	Eckenmaß	e_1	7,66	8,79	11,05	14,38	17,77	20,03	26,75	33,53	39,98	50,85	60,79
	Schlüsselweite		7	8	10	13	16	18	24	30	36	46	55
Sechskantmutter DIN EN ISO 4032	Mutternhöhe	m	3,2	4,7	5,2	6,8	8,4	10,8	14,8	18	21,5	25,6	31
	Schraubenüberstand[1] min	v	4,6	6,3	7,2	9,3	11,4	14,3	18,8	23	27,5	32,6	39

10

Tabelle 10.20 (Fortsetzung)

Bezeichnung		Symbol	M4	M5	M6	M8	M10	M12	M16	M20	M24	M30	M36
	Gewinde-Nenn ⌀	d_1	M4	M5	M6	M8	M10	M12	M16	M20	M24	M30	M36
Zylinderschraube mit Innensechskant DIN EN ISO 4762	Länge von	l_2	6	8	10	12	16	20	25	30	40	45	45
	Länge bis	l_2	40	50	60	80	100	120	160	250	250	200	200
	Gewindelänge	b_2	20	22	24	28	32	36	44	52	60	72	84
	für l_2		≥30	≥30	≥35	≥40	≥45	≥55	≥65	≥80	≥90	≥110	≥120
	Kopfhöhe	k_2	4	5	6	8	10	12	16	20	24	30	36
	Kopf ⌀	d_2	7	8,5	10	13	16	18	24	30	36	45	54
Stiftschraube DIN 938	Länge von	l	20	22	25	30	35	40	50	60	70	85	100
	Länge bis	l	40	50	60	80	100	120	160	200	200	300	360
	Gewindelänge $l \leq 125$ für: $125 < l \leq 200$	b_2	14	16	18	22	26	30	38	46	54	66	78
		b_2	20	22	24	28	32	36	44	52	60	72	84
	Einschraubende ≈1 d	b_1	4	5	6	8	10	12	16	20	24	30	36
	Gewindeauslauf (≈ 2,5P)	x_1	1,75	2	2,5	3,2	3,8	4,3	5	6,3	7,5	9	10
Gewindefreistich Gewindeauslauf DIN-76-1	Kernlochüberstand	e_3	3,8	4,2	5,1	6,2	7,3	8,3	9,3	11,2	13,1	15,2	16,8
	Rillen ⌀ [2]	g_1	4,3	5,3	6,5	8,5	10,5	12,5	16,5	20,5	24,5	30,5	36,5
	Rillenbreite [2] (4P)	f_1	2,8	3,2	4	5	6	7	8	10	12	14	16
	Abrundungen [2]	r_1	0,35	0,4	0,5	0,6	0,75	0,9	1	1,25	1,5	1,75	2
	Rillen ⌀ [2]	g_2	2,9	3,7	4,4	6	7,7	9,4	13	16,4	19,6	25	30,3
	Rillenbreite [2] (3,5P)	f_2	2,45	2,8	3,5	4,4	5,2	6,1	7	8,7	10,5	12	14
	Abrundungen (≈ 0,5P)	r_2	0,4	0,4	0,6	0,6	0,8	1	1	1,2	1,6	1,6	2
Senkung für Sechskant- und Zylinderschraube	Durchgangsloch [3]	d_4	4,5	5,5	6,6	9	11	13,5	17,5	22	26	33	39
	Senkungs-⌀, Reihe 3	d_3	10	11	13	18	22	26	33	40	48	61	73
	Senkungs-⌀, Reihe 1	d_5	13	15	18	24	28	33	40	46	73	71	82
DIN 974-1	Senktiefe	t_3	3,2	3,9	4,4	5,9	7	8,1	10,6	13,6	15,8	20	24
DIN 974-2 [4]	Senkungs-⌀	d_6	8	10	11	15	18	20	26	33	40	50	58
	Senktiefe	t_4	4,4	5,4	6,4	8,6	10,6	12,6	16,6	20,6	24,8	34	37
Scheibe DIN EN ISO 7089 und DIN EN ISO 7090	Außen-⌀	d_8	9	10	12	16	20	24	30	37	44	56	66
	Dicke	s_2	0,8	1	1,6	1,6	2	2,5	3	3	4	4	5

1) Überstand nach DIN 78: $v_{min} = m + 2P$
2) Aussenkung für gehärtete und/oder stoßartig beanspruchte Bauteile (nicht genormt)
3) Nach DIN EN ISO 273, Reihe mittel
4) Senktiefe t = Kopfhöhe k + Dicke des Unterlegteils s + Zugabe Z

3. Verbindungen mit Schrauben und Muttern

Sie lassen sich beliebig oft ohne Zerstörung der Verbindungselemente auseinander nehmen und zusammensetzen. Daher heißen sie lösbare Verbindungen.

Durchsteckverschraubungen. Die zu verbindenden Teile haben durchgehende Löcher; Schrauben, Muttern und Unterlegscheiben werden nicht im Schnitt dargestellt. Die Schraubenlänge wählt man so, dass das Schaftende aus der Mutter nur herausragt.

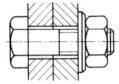

10.85
Durchsteckverschraubungen

Nach DIN 78 berechnet sich die Nennlänge von Schrauben (l) aus der Klemmlänge (Σt) zuzüglich der gesamten Mutterhöhe (m) und dem minimalen Schraubenüberstand zweimal Gewindesteigung ($2P$). Die Trennlinie der zusammengeschraubten Werkstücke wird bis an den Schraubenschaft herangeführt.

Durchgangslöcher sind etwas größer als die Schraubendurchmesser und in DIN EN 20273 festgelegt, Tab. 10.21.

Tabelle 10.21 Durchgangslöcher nach DIN EN 20273 für Schrauben, Reihe mittel (Auszug)

Gewindedurchmesser d	3	4	5	6	8	10	12	16	20	24	30
Durchgangsloch d_h	3,4	4,5	5,5	6,6	9	11	13,5	17,5	22	26	33

10

Kopfschraubenverbindung (10.86). Ein Werkstück hat ein Gewindegrundloch, das andere ein Durchgangsloch. Von dem Gewindegrundloch ist nur der Teil zu zeichnen, der vom Schraubenschaft nicht verdeckt ist. In Gusseisen, Weich- und Leichtmetall können die ersten Gewindegänge durch häufiges Ein- und Ausschrauben beschädigt werden. Bei Verwendung von Stiftschrauben besteht diese Gefahr nicht.

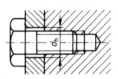 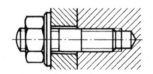 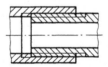

10.86 Kopfschrauben-
verbindung

10.87 Stiftschrauben-
verbindung

10.88 Rohrverschraubung

Stiftschraubenverbindung (10.87). Stiftschrauben werden in der ganzen Länge des Einschraubgewindes einschließlich des Gewindeauslaufs fest eingedreht. Die breite Gewindebegrenzungslinie gemäß ISO-Darstellung kennzeichnet stets das Ende der vollausgeschnittenen Gewindegänge. Sie wird daher am Einschraubende gegenüber der Oberkante des Gewindelochs um die Größe des Gewindeauslaufs versetzt, die DIN 76-1 entnommen werden kann, s. Tab. 10.8.

Rohrverschraubung (10.88). Bei der im Schnitt dargestellten Rohrverschraubung wird das Innengewinde des äußeren Rohrs durch das Außengewinde des inneren Rohrs verdeckt.

4. Schraubensicherungen

Die Vorspannkraft von Schraubenverbindungen kann durch zwei völlig verschiedene Ursachen abfallen und zum Versagen der Verbindung führen: Durch **Lockern** infolge plastischer Verformung der Fügeflächen (Setzen) und durch selbsttätiges **Losdrehen** nach Aufhebung der Selbsthemmung durch Querschwingungen (Vibration).

Der Wirksamkeit nach wird unterschieden zwischen

– **Setzsicherungen** zur Kompensierung von Setzbeträgen,
– **Losdrehsicherungen**, die in der Lage sind, das innere Losdrehmoment zu blockieren und
– **Verliersicherungen**, die ein teilweises Lösen nicht verhindern können, wohl aber das vollständige Auseinanderfallen (verlieren) der Verbindung, Tab. 10.22.

Eine Auswahl marktgängiger Sicherungselemente soll kurz vorgestellt werden. Sie sind teilweise gegen Losdrehen unwirksam und nicht mehr genormt, Tab. 10.22.

Mitverspannte federnde Elemente

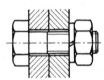

10.89 Sicherung durch Federring

10.90 Federring DIN 128-A6 [1])

10.91 Federscheibe DIN 137-B6 [1])

Form A

Form V

10.92
Zahnscheibe DIN 6797-A8,2 [1])
Zahnscheibe DIN 6797-V8,2 [1])

Formschlüssige Elemente

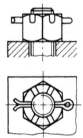

10.93 Kronenmutter mit Splint

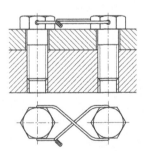

10.94 Drahtsicherung

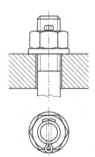

10.95 Splintsicherung

1) Norm zurückgezogen

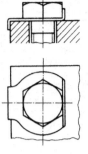
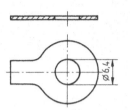

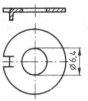

10.96 Sicherung durch Scheibe mit Lappen

10.97 Scheibe DIN 93-6,4-St [1]

10.98 Sicherung durch Scheibe mit Außennase

10.99 Scheibe DIN 432-6,4-St [1]

Klemmende (kraftschlüssige) Elemente

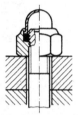

10.100 Kontermutter

10.101 Sechskantmutter ISO 7042-M10-8 (mit Klemmteil)

10.102 Hutmutter DIN 986-M10-8 (mit nichtmetallischem Einsatz)

10

10.103 Sicherung durch Sicherungsmutter

10.104 Sicherungsmutter DIN 7967-M6[1] (Federmutter, Pal-Mutter)

Sperrende Elemente

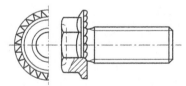
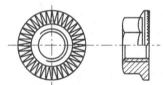

10.105 Sperrzahnschraube und -mutter

Die gesicherte Mutter allein ist noch keine wirksame Sicherung der Schraubenverbindung, auch der Bolzen sollte gesichert sein. In der Regel müssen nur sehr kurze Schrauben der unteren Festigkeitsklassen in dynamisch längsbelasteten Verbindungen und kurze bis mittellange Schrauben in dynamisch querbelasteten Verbindungen gesichert werden.

Tab 10.22 gibt eine Übersicht über die Einteilung und Wirksamkeit der Schraubensicherungen.

1) Norm zurückgezogen

Tabelle 10.22 Schraubensicherungen. Einteilung und Wirksamkeit

Funktion des Elements	Beispiel	Bild	Norm	Wirksamkeit
mitverspannt-federnd	Federring Federscheibe Zahnscheibe	10.90 10.91 10.92	zurückgezogen zurückgezogen zurückgezogen	Setzsicherung (können Losdrehen nicht verhindern)
formschlüssig	Kronenmutter Drahtsicherung Splintsicherung Scheibe mit Lappen Scheibe mit Außennase	10.93 10.94 10.95 10.97 10.99	DIN 935 – – zurückgezogen zurückgezogen	Verliersicherung (können nur begrenztes Losdrehmoment aufnehmen)
klemmend (kraftschlüssig)	Kontermutter Mutter mit Klemmteil Hutmutter mit nichtmetallischem Einsatz Sicherungsmutter	10.100 10.101 10.102 10.104	– DIN EN ISO 7042 DIN 986 zurückgezogen	Verliersicherung (Losdrehen möglich)
sperrend	Schraube/Mutter mit Sperrzähnen	10.105	–	Losdrehsicherung
stoffschlüssig (klebend)	Flüssigklebstoff mikroverkapselte Klebstoffe im Gewinde	– –	– –	Losdrehsicherung (nur bis 90 °C einsetzbar)

5. Vereinfachte Darstellung von Gewinden, Schrauben und Muttern

Gewinde, Schrauben und Muttern können vereinfacht gezeichnet werden, wobei nur wesentliche Merkmale gezeigt werden. Fasen von Muttern und Schraubenköpfen, Gewindeausläufe, Gewindeenden und Freistiche werden nicht gezeichnet Tab. 10.23.

Tabelle 10.23 Vereinfachte Darstellung von Schrauben und Muttern nach DIN ISO 6410-3

Nr.	Bezeichnung	Vereinfachte Darstellung	Nr.	Bezeichnung	Vereinfachte Darstellung
1	Sechskant-schraube		9	Senkschraube mit Kreuzschlitz	
2	Vierkantschraube		10	Stiftschraube mit Schlitz	
3	Innensechskant-schraube		11	Holz- und selbstschneidende Schraube mit Schlitz	
4	Zylinderschraube (Flachkopf) mit Schlitz		12	Flügelschraube	
5	Zylinderschraube mit Kreuzschlitz		13	Sechskantmutter	
6	Linsensenk-schraube mit Schlitz		14	Kronenmutter	
7	Linsensenk-schraube mit Kreuzschlitz		15	Vierkantmutter	
8	Senkschraube mit Schlitz		16	Flügelmutter	

Es ist zulässig, die Darstellung sowie die Angabe von Maßen zu vereinfachen, wenn

– der Durchmesser (in der Zeichnung) kleiner als 6 mm ist
– es ein regelmäßiges Muster von Löchern oder Gewinden derselben Art und Größe gibt.

Die Bezeichnung muss alle Merkmale einschließen, die in einer konventionellen Darstellung oder Maßeintragung dargestellt sind. Die Bezeichnung erscheint auf der Hinweislinie, die auf die Mittellinie des Loches weist und mit einem Pfeil endet, **10.106** bis **10.109**.

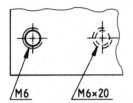

10.106 Vereinfachte Maßeintragung

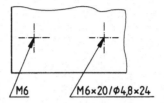

10.108 Vereinfachte Darstellung und Maßeintragung

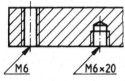

10.107 Vereinfachte Maßeintragung

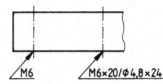

10.109 Vereinfachte Darstellung und Maßeintragung

Besonderheiten. Bei gedrückten Gewinden muss hinter dem Gewindekurzzeichen die Angabe „gedrückt" stehen, **10.110**. Blechdurchzüge mit Innengewinde (s. DIN 7952-1 bis DIN 7952-4) sind nach **10.111** zu bemaßen; dabei bedeuten: V = vertieft, E = erhöht. Wird Gewinde in eine Buchse erst nach dem Einnieten geschnitten, sind in der Darstellung der Buchse nur das Kernloch vorzusehen (**10.112**) und das Gewinde in der Gesamtzeichnung anzugeben, **10.113**.

10

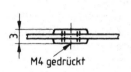

10.110
Gedrücktes Gewinde

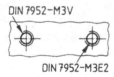

10.111
Blechdurchzüge

10.112
Buchse ohne Gewinde

10.113
Eingebaute Buchse
mit Gewinde

6. Vereinfachte Darstellung von Gewindeeinsätzen nach DIN ISO 6410-2

Die detaillierte Darstellung von Gewindeeinsätzen ist in technischen Zeichnungen möglichst zu vermeiden, **10.114a**. In der vereinfachten Form werden nur wesentliche Merkmale abgebildet, **10.114b**. In Schnitten stellt man die Außenlinien der Einsätze (Gewindespitzen und -grund) mit einer breiten Volllinie dar. Der Einsatz selber wird nicht schraffiert, **10.114c**. In eingebautem Zustand werden in der Ansicht in Achsrichtung die Gewindespitzen und der Gewindegrund als Vollkreis mit einer breiten Volllinie dargestellt, **10.114d**. Der Nenndurchmesser des Innengewindes wird nicht gezeigt. Einen Gewindeeinsatz in zusammengebauten Zustand einer Kopfschraubenverbindung zeigt **10.114e**. Wenn keine Normbezeichnung für

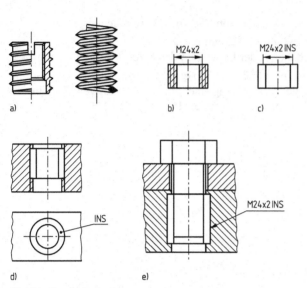

a)   b)   c)

d)   e)

10.114 Gewindeeinsätze
a) wirkliche Form der Einsätze (Beispiele), b) vollständige Darstellung eines Einsatzes,
c) vereinfachte Darstellung, d) und e) vereinfachte Darstellung in eingebautem Zustand

den Einsatz verfügbar ist, wird die Bezeichnung $d \times P$ (z. B. M24×2) für das vorgesehene
Schraubengewinde, gefolgt von den Buchstaben INS (für Einsatz), benutzt, **10.114**e. Beispiel:
M24×2 INS.

**7. Vereinfachte Darstellung von Verbindungselementen für den Zusammenbau
   nach DIN ISO 5845-1**

Bei Zeichnungen mit einer großen Anzahl von Verbindungselementen werden Löcher, Schrauben und Niete vereinfacht dargestellt. In der Zeichenebene senkrecht zur Achse der Verbindungselemente, erfolgt die symbolische Dartstellung mit **breiten Volllinien**. Ihre Lage wird
durch ein Mittenkreuz gezeichnet. Die Darstellung in der Zeichenebene parallel zur Achse der
Verbindungselemente erfolgt durch eine waagerecht **schmale Volllinie**. Zusätzliche Symbole
für Senkungen, Werkstatt- und Baustellenfertigung und Lage der Schraubenmutter werden
mit einer breiten Volllinie gezeichnet, s. Tab. 10.24.

Zur Unterscheidung von Schrauben und Nieten von Löchern muss deren Bezeichnung angegeben werden. Für Löcher z. B. $\varnothing$ 17, für Schrauben M16×50 und für Niete $\varnothing$ 16×52.

Die Anwendung der Symbole zeigt der Schraubenanschluss eines Winkelprofils, **10.115**.

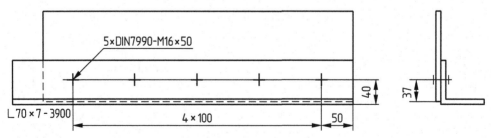

10.115 Geschraubter Anschluss eines Winkelprofils im Metallbau

Tabelle 10.24 Symbolische Darstellung von Löchern und Verbindungsmitteln

Loch und Schraube oder Niet	Symbol Darstellung in der Zeichenebene	
	senkrecht	*parallel*
	zur Achse der Verbindungselemente	
Loch in der Werkstatt gebohrt		
Senkung auf einer Seite		
Loch auf der Baustelle gebohrt		
Loch in der Werkstatt gebohrt und Schraube/Niet auf der Baustelle eingebaut		
auf der Baustelle Loch gebohrt und Schraube/Niet eingebaut		
Mutterseite der Verbindung	—	
auf der Baustelle Loch gebohrt und Schraube eingebaut, Senkung auf Vorderseite		
in der Werkstatt Loch gebohrt und Schraube eingebaut	M16x50	

10

10.2.2 Nietverbindungen

Nietverbindungen sind unlösbar, ein Auseinandernehmen ohne Zerstörung der Niete oder der verbundenen Teile ist nicht möglich. Der geschlagene Niet besteht aus Setzkopf, Schaft und Schließkopf. Der Setzkopf befindet sich am Schaft des Rohniets, während der Schließkopf erst bei der Nietarbeit am anderen Schaftende entsteht. Die Gesamtdicke der zu verbindenden Teile heißt Klemmlänge.

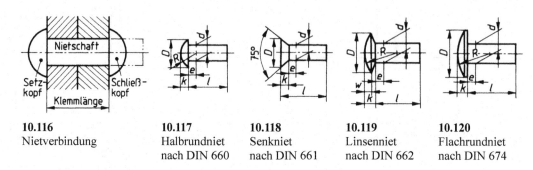

10.116	**10.117**	**10.118**	**10.119**	**10.120**
Nietverbindung	Halbrundniet nach DIN 660	Senkniet nach DIN 661	Linsenniet nach DIN 662	Flachrundniet nach DIN 674

Es gibt Halbrundniete **10.117**, Senkniete **10.118**, Linsenniete **10.119**, Flachrundniete **10.120**, Rohrniete **10.124** und andere. Der Schließkopf kann eine vom Setzkopf abweichende Form haben.

Der Durchmesser des geschlagenen Niets, der *Nietlochdurchmesser* d_1, richtet sich nach der kleinsten zur Verbindung gehörenden Plattendicke und ist für die Berechnung ausschlaggebend.

1. Verbindungsarten

Es gibt feste, feste und dichte sowie dichte Nietverbindungen. Feste Nietverbindungen sollen vornehmlich Kräfte übertragen. Hierzu gehören die Nietverbindungen des Stahl- und Leichtmetallbaus, für Stützen, Brücken, Krane, Dachkonstruktionen, Blechträger u. a. Feste und dichte Nietverbindungen hatten Bedeutung im Druckbehälterbau. Dichte Nietverbindungen sind im Behälterbau erforderlich.

Übereinander geschobene und vernietete Bleche ergeben eine Überlappungsnietung, **10.121**. Wird über stumpf aneinander stoßende Bleche eine Lasche gelegt, handelt es sich um eine Laschennietung, **10.122**. Bei der Doppellaschennietung **10.123** liegen auf beiden Seiten der Bleche Laschen. Es gibt ferner einschnittige **10.121** und **10.122** und mehrschnittige **10.123** Vernietungen, je nachdem, ob die Klemmlänge aus den Dicken zweier oder mehrerer Bleche besteht, der Nietschaft also ein- oder mehrmals auf Abscheren beansprucht wird. Überlappungsnietungen und einfache Laschennietungen sind demnach einschnittig, Doppellaschennietungen hingegen zweischnittig und demgemäß fester.

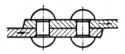

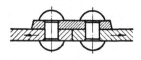

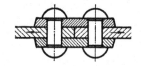

10.121 Zweireihige Überlappungsnietung   **10.122** Einreihige Laschennietung   **10.123** Einreihige Doppellaschennietung

Die Maße für Nietverbindungen ergeben sich aus Festigkeitsberechnungen und Erfahrungs-
werten (s. Zahlentafeln in technischen Handbüchern). Nietverbindungen verlieren jedoch an
Bedeutung; sie werden mehr und mehr durch Schweißverbindungen ersetzt.

2. Niete unter 10 mm Durchmesser

Sie werden kalt genietet, **10.117** bis **10.120** und **10.124**. Solche Verbindungen sind nicht sehr
dicht und halten nur geringen Kräften stand. Der Schaftdurchmesser d wird im Abstand e vom
Kopf gemessen. Der Nietbezeichnung werden DIN-Nummer, Durchmesser und Länge des
Niets und Werkstoffangabe beigefügt, z. B. „Halbrundniet DIN 660-5×20-CuZn". Als Niet-
länge gilt bei Halbrund-, Flachrund- und Linsennieten die Schaftlänge allein, bei Senknieten
die Schaftlänge mit Setzkopf.

10.124
Geschlagener Rohrniet nach DIN 7340 (Form B)

3. Stahlbauniete

Sie haben Durchmesser von 10 bis 36 mm und werden warm genietet, **10.125** und **10.126**.

Rohnietdurchmesser d in mm	**10**	**12**	14	**16**	18	**20**	22	**24**	27	**30**	33	**36**
Nietlochdurchmesser d_1 in mm[1]	**10,5**	**13**	15	**17**	19	**21**	23	**25**	28	**31**	34	**37**

1) $d_1 = d + 1$ mm. Die fett gedruckten Größen werden bevorzugt.

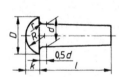

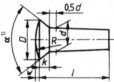

1) $\alpha = 75°$ für $d \leq 18$ mm
   $\alpha = 60°$ für 20 mm $\leq d \leq 27$ mm
   $\alpha = 45°$ für $d \geq 30$ mm

10.125 Halbrundniet nach DIN 124   **10.126** Senkniet nach DIN 302

Die vollständige Bezeichnung eines Senkniets von $d = 16$ mm und $l = 30$ mm aus Stahl (St)
lautet:

Senkniet DIN 302-16×30-St

Halbrundniete sind zwischen Nietschaft und Setzkopf mit $r = d/20$ gerundet, **10.125**. Hierfür
wird das Nietloch unter 90° ausgesenkt, **10.127**. Die Senktiefe a ist gleich dem Halbmesser r.

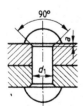

10.127
Stahlbau-Halbrundniet, warm geschlagen

Die Klemmlänge soll aus Gründen der Herstellung nicht größer sein als der 4- bis 5fache
Nietlochdurchmesser.

4. Blind- und Stanzniete

Blindnieten bestehen aus eine Niethülse, die einen Nietdorn enthält, der beim Einbau das Schaftende der Blindniethülse verformt und zum „Schließkopf" aufweitet, **10.128**. Die Konstruktionsteile brauchen nur von einer Seite aus zugänglich zu sein.

Stanznieten ist Fügen durch Umformen indem aufeinander liegende Bleche durch Einpressen eines Halbhohlnietes und gemeinsames Ausformen oder durch Stanzen des Bleches durch einen harten Vollniet und dessen Einformen des Werkstoffs in den Niet miteinander verbunden werden, **10.129**.

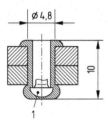

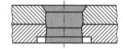

10.128 Offener Blindniet mit
      Sollbruchdorn und Flachkopf
      Blindniet ISO 15976-4,8×10-St/St
      (1) verbleibender Nietdorn

10.129 Stanzniet
      a) mit Halbhohlniet,
      b) mit Vollniet

5. Nietdarstellungen

Niete werden in der Längsachse nicht geschnitten gezeichnet, **10.130**. Beim Blick auf die Nietung in Richtung der Nietachsen (Seitenansicht) werden die Niete meist so dargestellt, als seien die Köpfe abgebrochen. Ein Niet wird somit durch einen schraffierten Lochkreis dargestellt, auch wenn es sich um einen Senkniet handelt. Sind die Kreise bei kleinen Zeichnungsmaßstäben jedoch so klein, dass das Zeichnen Schwierigkeiten bereitet, zeichnet man die Kreise der Köpfe. Die Schraffur fällt dann fort.

    oder   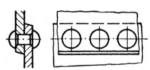

10.130 Darstellung einer Nietverbindung

Nietverbindungen können vereinfacht dargestellt werden:

Tabelle 10.25 Kleindarstellungen (DIN 30 : 1970-12)[1]

Vorderansicht		Draufsicht	
vereinfacht	weiter vereinfacht	vereinfacht	weiter vereinfacht
DIN660-5x14-Al	DIN660-5x14-Al mit Senk-Schließkopf		
		DIN660-5x14-Al mit Senk-Schließkopf	DIN660-5x14-Al mit Senk-Schließkopf

1) Norm zurückgezogen

10.2.3 Symbolische Darstellung von Klebe-, Falz- und Druckfügeverbindungen nach DIN EN ISO 15785

Im Prinzip wird die symbolhafte Darstellung wie für Schweißnähte benutzt (ISO 2563). Die grafischen Symbole müssen mit einer breiten Volllinie dargestellt und dürfen durch Angaben ergänzt werden. Die Hinweislinie endet mit einem Pfeil und die Bezugslinie mit einer Gabel. Die Linienbreite der grafischen Symbole muss $d = 0,1\,h$ betragen, wobei h die benutzte Schrifthöhe ist (meist $h = 3,5$ mm). Der Abstand zwischen Symbol und Bezugslinie muss $>2\,d$ betragen. Klebeverbindungen müssen ohne Darstellung des Klebemittels angegeben werden.

Tabelle 10.26 Symbolische Darstellung von Klebe-, Falz- und Druckfügeverbindungen

Verbindungsart	Bedeutung	Nahtart Symbol	Zeichnungsangabe
Klebeverbindungen		Flächennaht	$t \times w =$
		Schrägnaht	
Falzverbindungen			$t \times w$ ⊇
Druckfügeverbindungen (Clinchen)			$t \times w$ ⊐⊏

10.2.4 Bolzen- und Stiftverbindungen

Bolzen sind Verbindungselemente für Gelenke, werden gewöhnlich mit Spielpassung gelagert und durch Scheiben und Splinte gesichert.

Es sind mehrere Arten genormt: Bolzen ohne Kopf **10.131** und **10.132** und Bolzen mit Kopf **10.133** und **10.134**. Ausführung B ist mit einem Splintloch bzw. zwei Splintlöchern versehen. Maße s. Tab. 10.27. Auf der Splintseite werden Scheiben verwendet, **10.135**.

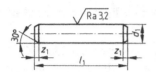

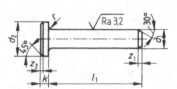

10.131 Bolzen ohne Kopf
            Form A nach
            DIN EN 22340

10.132 Bolzen ohne Kopf
            Form B nach
            DIN EN 22340

10.133 Bolzen mit Kopf
            Form A nach
            DIN EN 22341

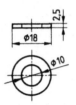

10.134 Bolzen mit Kopf
            Form B nach DIN EN 22341

10.135 Scheibe ISO 8738-10-160HV
            (s. DIN EN 28738)

Tabelle 10.27 Bolzen nach DIN EN 22340, DIN EN 22341 (Auszug)   Maße in mm

d_1	h 11	3	4	5	6	8	10	12	14	16	18	20	22	24
d_2	h 14	5	6	8	10	14	18	20	22	25	28	30	33	36
d_3	H 13	0,8	1	1,2	1,6	2	3,2	3,2	4	4	5	5	5	6,3
k	js 14	1	1	1,6	2	3	4	4	4	4,5	5	5	5,5	6
r			0,6	0,6	0,6	0,6	0,6	0,6	0,6	0,6	1	1	1	1
w			1,6	2,2	2,9	3,2	3,5	4,5	5,5	6	6	7	8	8	9
z_1	max.	1	1	2	2	2	2	3	3	3	3	4	4	4
z_2	$\approx$		0,5	0,5	1	1	1	1	1,6	1,6	1,6	1,6	2	2	2

Stufung der Länge l_1: 6 bis 32 Stufung 2 mm, 35 bis 95 Stufung 5 mm, 100 bis 200 Stufung 20 mm
Werkstoff: St = Automatenstahl, Härte 125 bis 245 HV; andere Werkstoffe nach Vereinbarung

Bolzen haben genormte Bezeichnungen. Für einen Bolzen nach DIN EN 22341 mit Splint-loch (Form B), einem Nenndurchmesser $d_1 = 20$ mm, einer Nennlänge $l_1 = 100$ mm aus Stahl lautet die Bezeichnung: Bolzen ISO 2341-B-20×100-St

Maße für Schmierlöcher in Bolzen s. DIN 1442.

Der Splint, **10.136** hat einen kleineren Durchmesser als das Splintloch. Er ist abhängig von dem Bolzen- bzw. Schraubendurchmesser. Angaben hierüber enthält DIN EN ISO 1234, s. Tab. 10.28. Die Verteilung der Splinte an Bolzen- und Schraubenenden, **10.137** sind den Maßnormen, z. B. DIN 962, zu entnehmen.

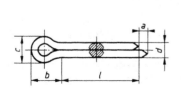

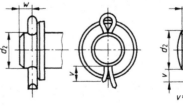

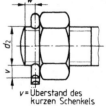

v = Überstand des
kurzen Schenkels

10.136 Splint nach DIN EN ISO 1234

10.137 Splinte an Bolzen und Schraubenenden

Tabelle 10.28 Splinte nach DIN EN ISO 1234   Maße in mm

Nenngröße[1]			0,6	0,8	1	1,2	1,6	2	2,5	3,2	4	5	6,3	8	10	13	16	20
d		max.	0,5	0,7	0,9	1	1,4	1,8	2,3	2,9	3,7	4,6	5,9	7,5	9,5	12,4	15,4	19,3
		min.	0,4	0,6	0,8	0,9	1,3	1,7	2,1	2,7	3,5	4,4	5,7	7,3	9,3	12,7	15,7	19
a		max.	1,6	1,6	1,6	2,5	2,5	2,5	2,5	3,2	4	4	4	4	6,3	6,3	6,3	6,3
b		≈	2	2,4	3	3	3,2	4	5	6,4	8	10	12,6	16	20	26	32	40
c		min.	0,9	1,2	1,6	1,7	2,4	3,2	4	5,1	6,5	8	10,3	13,1	16,6	21,7	27	33,8
		max.	1	1,4	1,8	2	2,8	3,6	4,6	5,8	7,4	9,2	11,8	15	19	24,8	30,8	38,6
Für Durchmesserbereich d_2	Schrauben	über	–	2,5	3,5	4,5	5,5	7	9	11	14	20	27	39	56	80	120	170
		bis	2,5	3,5	4,5	5,5	7	9	11	14	20	27	39	56	80	120	170	–
	Bolzen	über	–	2	3	4	5	6	8	9	12	17	23	29	44	69	110	160
		bis	2	3	4	5	6	8	9	12	17	23	29	44	69	110	160	–
v		min.	3	3	4	5	5	6	6	8	8	10	12	14	16	20	25	32

1) Nenngröße gleich Durchmesser des Splintloches (H14)

Stufung der Länge l: 4, 5, 6, 8, 10, 12, 14, 16, 18, 20, 22, 25, 28, 32, 36, 40, 45, 50, 56, 63, 71, 80, 90, 100, 112, 125, 140, 160, 180, 200, 224, 250, 280

Werkstoff: Stahl (St), Kupfer-Zink-Legierung (CuZn), Kupfer (Cu), Aluminiumlegierung (Al), austenitischer nichtrostender Stahl (A)

Splinte haben genormte Bezeichnungen. Für einen Splint nach DIN EN ISO 1234 mit dem Nenndurchmesser $d = 5$ mm und einer Nennlänge $l = 50$ mm aus Stahl lautet die Bezeichnung:

Splint ISO 1234-5×50-St

Kegelstifte haben Durchmesser von 0,6 bis 50 mm, den Kegel 1:50 und eine geschliffene (Ra 0,8) oder gedrehte (Ra 3,2) Mantelfläche, **10.138**. Sie dienen als Haltestifte zur Befestigung von Werkstücken, wie Ringe auf Wellen **10.140** oder als Passstifte zur Sicherung der gegenseitigen Lage der Teile und stellen bei wiederholtem Zusammenbau infolge zentrierender Wirkung die alte Lage wieder her. Der Durchmesser d wird am dünnen Ende gemessen; l ist die Nennlänge, Maße s. Tab. 10.29.

Die Bezeichnung eines Kegelstifts nach DIN EN 22339, Typ B (gedreht), von $d = 4$ mm Durchmesser und $l = 26$ mm Länge aus Stahl lautet:

Kegelstift ISO 2339-B-4×26-St

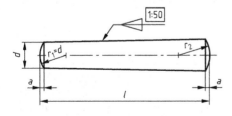

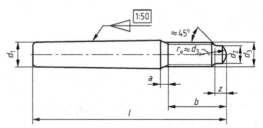

10.138 Kegelstift nach DIN EN 22339 (Maßbild)

10.139 Kegelstift mit Gewindezapfen nach DIN EN 28737 (z. B. mit $d_1 = 6$ und $l = 50$ mm: Kegelstift ISO 8737 – 6×50-St)

10.140
Befestigung mit Kegelstift nach DIN EN 22339

Kegelstifte mit Gewindezapfen, **10.139** haben entweder konstante Zapfenlängen (DIN EN 28737) oder konstante Kegellängen (DIN 258). Es gibt auch Kegelstifte mit Innengewinde (DIN EN 28736). Die Befestigungslöcher für alle Kegelstifte müssen kegelig aufgerieben werden.

Zylinderstifte haben Durchmesser von 0,8 bis 50 mm (Auswahl aus DIN EN ISO 2338 s. Tab. 10.29) und unterscheiden sich in den Toleranzen. Werkstoff ist ungehärteter oder nichtrostender Stahl. Stifte mit Toleranzfeld m6, **10.141** sind hauptsächlich Passstifte. Stifte mit Toleranzfeld h8 werden meist als Verbindungs- und Befestigungsstifte gebraucht. Die Toleranzklasse ist nicht an der Form des Stiftendes erkennbar. **10.142** zeigt eine Zylinderstiftverbindung. Gehärtete Zylinderstifte, Toleranzfeld m6 s. DIN EN ISO 8734, Zylinderstifte mit Innengewinde s. DIN EN ISO 8733 und DIN EN ISO 8735.

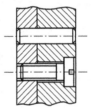

10.141 Zylinderstift ISO 2338-6m6×30-St   **10.142** Zylinderstiftverbindung
(s. DIN EN ISO 2338)

Spannstifte sind durchgehend geschlitzte Hohlzylinder, bestehend aus Federstahl und sind in schwerer und in leichter Ausführung in DIN EN ISO 8752 bzw. DIN EN ISO 13337 genormt, **10.143**. Bezeichnung eines Spannstifts von 10 mm Nenndurchmesser und Länge $l = 40$ mm:
Spannstift ISO 8752-10×40-St

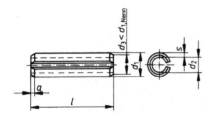

10.143
Spannstift nach DIN EN ISO 8752

Tab. 10.29 enthält die Maße für die gebräuchlichen Stiftarten nach den Bildern **10.138**, **10.141**, **10.143** und **10.149**.

Tabelle 10.29 Stifte (Auswahl)

Stiftart		Nennmaß d_1												
		1,5	**2**	**2,5**	**3**	**4**	**5**	**6**	**8**	**10**	**12**	**16**	**20**	**25**
Zylinderstifte DIN EN ISO 2338 (St, A1) m6: Ra ≤ 0,8 µm h8: Ra ≤ 1,6 µm (10.141)	Schräge c	0,3	0,35	0,4	0,5	0,63	0,8	1,2	1,6	2	2,5	3	3,5	4
	l von	4	6	6	8	8	10	12	14	18	22	26	35	50
	bis	16	20	24	30	40	50	60	80	95	140	180	200	200
Kegelstifte DIN EN 22339 (Automatenstahl) Typ A: Ra = 0,8 µm Typ B: Ra = 3,2 µm (10.138)	Kuppe a	0,2	0,25	0,3	0,4	0,5	0,63	0,8	1	1,2	1,6	2	2,5	3
	l von	8	10	10	12	14	18	22	22	26	30	40	45	50
	bis	24	35	35	45	55	60	90	120	160	180	200	200	200
Spannstifte geschlitzt, schwere Ausführung DIN EN ISO 8752 (St, A, C; gehärtet) (10.143) 1) vor den Einbau	Schräge a	0,45	0,55	0,6	0,7	0,85	1,1	1,4	2,0	2,4	2,4	2,4	3,4	3,4
	$d_1 \max^{1)}$	1,8	2,4	2,9	3,5	4,6	5,6	6,7	8,8	10,8	12,8	16,8	20,9	25,9
	s	0,3	0,4	0,5	0,6	0,8	1	1,2	1,5	2	2,5	3	4	5
	l von	4	4	4	4	4	5	10	10	10	10	10	10	14
	bis	20	20	30	40	50	80	100	120	160	180	200	200	200
Mindestabscher-kraft, 2-schnittig	kN	1,58	2,82	4,38	6,32	11,24	17,54	26,04	42,76	70,16	104,1	171	280,6	438,5
Kerbstifte DIN EN ISO 8739 (bis DIN EN ISO 8745) (St, A1) (10.149)	d_2	1,6	2,15	2,65	3,2	4,25	5,25	6,3	8,3	10,35	12,35	16,4	20,5	25,5
	Kuppe a	0,2	0,25	0,3	0,4	0,5	0,63	0,8	1	1,2	1,6	2	2,5	3
	l von	8	8	10	10	10	14	14	14	14	18	22	26	26
	bis	20	30	30	40	60	60	80	100	100	100	100	100	100
Mindestabscher-kraft, 2-schnittig	kN	1,6	2,84	4,4	6,4	11,3	17,6	25,4	45,2	70,4	101,8	181	283	444

Stufung der Länge l: 3 4 5 6 8 10 … 30 32 35 40 45 … 90 95 100 120 140 160 180 200

Kerbstifte haben Durchmesser bis 25 mm (**10.144** bis **10.149**) und sind durch eingedrückte Kerben so weit aufgekeilt, dass gegenüber dem Loch Übermaß vorhanden ist. Sie werden in ungeriebene Bohrungen eingetrieben, sitzen sehr fest und sind vielseitig verwendbar.

In Leichtmetall sind sie jedoch nur für untergeordnete Zwecke zulässig. Passkerbstifte mit Hals s. DIN 1469.

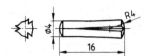

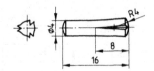

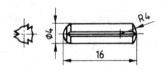

10.144 Kegelkerbstift
ISO 8744-4×16-St
(s. DIN EN ISO 8744)

10.145 Passkerbstift
ISO 8745-4×16-St
(s. DIN EN ISO 8745)

10.146 Zylinderkerbstift
ISO 8740-4×16-St
(s. DIN EN ISO 8740)

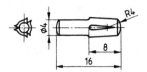

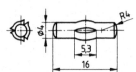

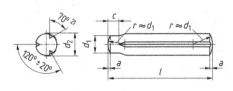

10.147
Steckkerbstift
ISO 8741-4×16-A1
(s. DIN EN ISO 8741)

10.148
Knebelkerbstift
ISO 8742-4×16-A1
(s. DIN EN ISO 8742)

10.149
Zylinderkerbstift mit
Einführende nach
DIN EN ISO 8739, Maßbild

Kerbnägel, 10.150 und **10.151** verwendet man nur zu solchen Verbindungen, die nicht belastet und nicht gelöst werden, z. B. zur Befestigung von Schildern. Form A mit Fase oder Form B mit Einführende.

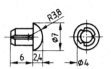

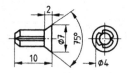

10.150 Halbrundkerbnagel
ISO 8746-4×6-A-St
(s. DIN EN ISO 8746)

10.151 Senkkerbnagel
ISO 8747-4×10-A-St
(s. DIN EN ISO 8747)

10.2.5 Sicherungsringe (Halteringe)

Sicherungsringe sind Verbindungselemente zur Arretierung von Bauelementen auf Wellen bzw. in Bohrungen (z. B. Zahnräder, Federn, Wälzlager). Sie sind zur Aufnahme von Längskräften geeignet. Sicherungsringe für Wellen sind in DIN 471 und solche für Bohrungen in DIN 472 genormt, Tab. 10.30 und 10.31.

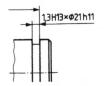

10.152
Einstich für Sicherungsring

Einstiche für Sicherungsringe dürfen vereinfacht nach **10.152** bemaßt werden. Die Tabellen 10.30 und 10.31 enthalten auszugsweise die Maße für Sicherungsringe und Nuten für Wellen und Bohrungen.

10

Tabelle 10.30 Sicherungsringe für Wellen DIN 471 in Regelausführung (Auswahl)

Maße in mm

Nenn-maß d_1	Ring					Nut			
	s	d_3	d_5 min.	a max.	b	d_2 zul. Abweich.	m H13	n min.	
10	1	9,3	1,5	3,3	1,8	9,6 / 0 −0,06 (h 10)	1,1	0,6	
12	1	11	1,7	3,3	1,8	11,5	1,1	0,8	
15	1	13,8	1,7	3,6	2,2	14,3 / 0 −0,11 (h 11)	1,1	1,1	
18	1,2	16,5	2	3,9	2,4	17	1,3	1,5	
20	1,2	18,5	2	4	2,6	19 / 0 −0,13 (h 11)	1,3	1,5	
22	1,2	20,5	2	4,2	2,8	21	1,3	1,5	
25	1,2	23,2	2	4,4	3	23,9	1,3	1,7	
28	1,5	25,9	2	4,7	3,2	26,6 / 0 −0,21 (h 12)	1,6	2,1	
30	1,5	27,9	2	5	3,5	28,6	1,6	2,1	
32	1,5	29,6	2,5	5,2	3,6	30,3	1,6	2,6	
35	1,5	32,3	2,5	5,6	3,9	33	1,6	3	
38	1,75	35,2	2,5	5,8	4,2	36 / 0 −0,25 (h 12)	1,85	3	
40	1,75	36,5	2,5	6	4,4	37,5	1,85	3,8	
45	1,75	41,5	2,5	6,7	4,7	42,5	1,85	3,8	
50	2	45,8	2,5	6,9	5,1	47	2,15	4,5	
55	2	50,8	2,5	7,2	5,4	52 / 0 −0,30 (h 12)	2,15	4,5	
60	2	55,8	2,5	7,4	5,8	57	2,15	4,5	

DIN 471

Form für d_1 = 10 bis 165 ungespannt

$d_4 = d_1 + 2,1a$ (größter achszentrischer Durchmesser des Einbauraums während der Montage)

Regelausführung: d_1 = 3 … 300 mm; schwere Ausführung: d_1 = 15 … 100 mm
Werkstoff: Federstahl C67, C75 oder Ck75
Bezeichnung eines Sicherungsringes für Wellendurchmesser (Nennmaß)
d_1 = 30 mm und Ringdicke s = 1,5 mm: **Sicherungsring DIN 471-30×1,5**

Tabelle 10.31 Sicherungsringe für Bohrungen DIN 472 in Regelausführung (Auswahl)

Maße in mm

| Nenn-maß d_1 | Ring | | | | | Nut | | | DIN 472 |
	s	d_3	d_5 min.	a max.	b	d_2 zul. Ab-weich.	m H13	n min.	ungespannt
16	1	17,3	1,7	3,8	2	16,8 +0,11 0 (H 11)	1,1	1,2	
19	1	20,5	2	4,1	2,2	20 +0,13 0	1,1	1,5	
22	1	23,5	2	4,2	2,5	23 (H 11)	1,1	1,5	
24	1,2	25,9	2	4,4	2,6	25,2 +0,21 0 (H 12)	1,3	1,8	$d_4 = d_1 - 2,1a$
26	1,2	27,9	2	4,7	2,8	27,2	1,3	1,8	(kleinster achszentrischer Durchmesser des Einbau-raums während der Mon-tage)
28	1,2	30,1	2	4,8	2,9	29,4	1,3	2,1	
30	1,2	32,1	2	4,8	3	31,4	1,3	2,1	
32	1,2	34,4	2,5	5,4	3,2	33,7	1,3	2,6	
35	1,5	37,8	2,5	5,4	3,4	37 +0,25 0 (H 12)	1,6	3	
37	1,5	39,8	2,5	5,5	3,6	39	1,6	3	
40	1,75	43,5	2,5	5,6	3,9	42,5	1,85	3,8	
42	1,75	45,5	2,5	5,9	4,1	44,5	1,85	3,8	
47	1,75	50,5	2,5	6,4	4,4	49,5	1,85	3,8	
52	2	56,2	2,5	6,7	4,7	55	2,15	4,5	
55	2	59,5	2,5	6,8	5	58 +0,30 0 (H 12)	2,15	4,5	
62	2	66,2	2,5	7,3	5,5	65	2,15	4,5	
68	2,5	72,5	3	7,8	6,1	71	2,65	4,5	
72	2,5	76,5	3	7,8	6,4	75	2,65	4,5	

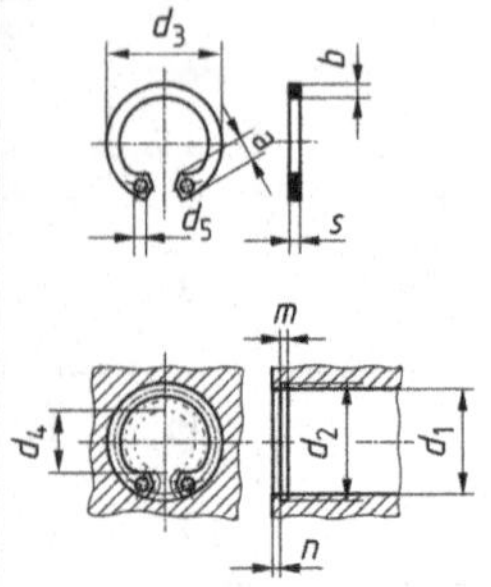

Regelausführung: $d_1 = 8 \ldots 300$ mm; schwere Ausführung: $d_1 = 20 \ldots 100$ mm

10

10.2.6 Welle-Nabe-Verbindungen

1. Keile

Nach der Richtung des Eintreibens zur Achse unterscheidet man Querkeile und Längskeile, nach dem Verwendungszweck Befestigungs-, Spann- und Nachstellkeile. Keile bestehen gewöhnlich aus gezogenem Stahl E295+C oder für Dicken > 25 mm aus E335+C. Die Abmessungen am Querschnitt des Keilstahls sind toleriert.

Keile erzeugen durch ihren Anzug Pressungen; Keilverbindungen sind mithin Spannungsverbindungen und halten die Werkstücke meist durch Selbsthemmung zusammen. Die Keilneigung ist 1:15 bis 1:25, wenn die Verbindung oft gelöst werden muss, sonst 1:30 oder 1:40 und für Dauerverbindungen 1:100.

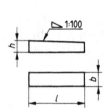

10.153 Treibkeil (Keil DIN 6886-B)

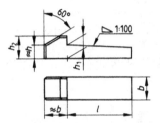

10.154 Nasenkeil nach DIN 6887

Längskeile dienen vorwiegend zur Befestigung von Zahnrädern und Riemenscheiben auf Wellen, damit Drehbewegungen übertragen werden können. Sie erfordern einen strammen Sitz der zu verbindenden Teile und liegen meist in der Wellen- und der Nabennut, **10.163**. Die Neigung der Längskeile und Nabennuten ist 1:100. Durch die Neigung entstehen beim Eintreiben Pressungen zwischen den Rückenflächen des Keils und den Nutgründen in Nabe und Welle. Die einseitige Verspannung kann zu größerer Unwucht der Nabe führen.

Treibkeile haben gerade Stirnflächen, **10.153**.

Nasenkeile sind wegen der Unfallgefahr lediglich an geschützten Stellen zu verwenden, wenn nur von einer Seite ein- und ausgetrieben werden kann, **10.154**. Treibkeile und Nasenkeile können große Kräfte übertragen.

Flachkeile sind nicht so tief in die Nut eingelassen, **10.155** und **10.156** und können auch auf einer Abflachung der Welle liegen.

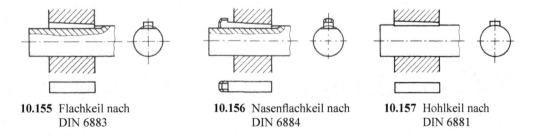

10.155 Flachkeil nach
DIN 6883

10.156 Nasenflachkeil nach
DIN 6884

10.157 Hohlkeil nach
DIN 6881

Hohlkeile, 10.157 und **10.158** sitzen lediglich durch Reibung auf der Welle fest und übertragen nur geringe Kräfte.

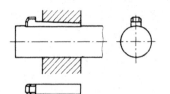
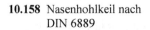

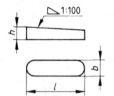

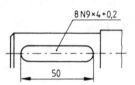

10.158 Nasenhohlkeil nach
DIN 6889

10.159 Einlegekeil (Form A)
nach DIN 6886

10.160 Passfedernut

Einlegekeile, **10.159** haben runde Stirnflächen und werden an Stelle der Treibkeile und Nasenkeile gebraucht, wenn der Platz zum Aus- und zum Eintreiben fehlt. Der Einlegekeil wird vor dem Aufschieben des Nabenteils in die Wellennut eingelegt.

Zweckmäßige Bemaßung einer Naben- und einer Wellennut zeigen die Bilder **10.161** und **10.162**, Maße der Keilverbindungen nach DIN 6886 und DIN 6887 sind aus den Bildern **10.163** und **10.164** sowie Tab. 10.32 zu ersehen. Zeichnerische Darstellung nach DIN 406-11.

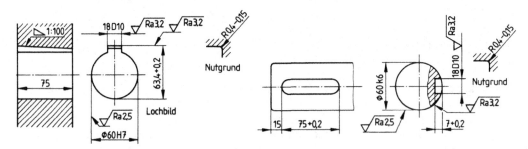

10.161 Keilnut in der Nabe

10.162 Keilnut in der Welle

Die Richtung der Neigung wird durch ein Symbol angegeben, **10.159**. Sie ist (abgesehen von Einlegekeilen) zugleich die Richtung, in der die Keile eingetrieben werden. An die Anzugsfläche der Keile wird ein Bezugshaken mit der Bemerkung „eingepasst in lfd. Nr. ..." gesetzt, **10.163** und **10.164**. Meist fasst man Bohrungsdurchmesser und Nuttiefe zu einem Maß zusammen (63,4 + 0,2 in **10.161**). Als Tiefe der Nabennut gilt stets die größte Tiefe. Vereinfacht kann sie mittels einer Hinweislinie angegeben werden, wobei die Toleranzangaben direkt dem zutreffenden Nennmaß zugeordnet werden, **10.162**.

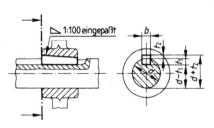

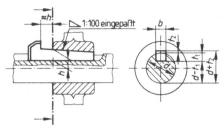

10.163 Keilverbindung mit rundstirnigem
Einlegekeil nach DIN 6886

10.164 Keilverbindung mit Nasenkeil nach
DIN 6887

a)

b)

10.165
Keil- und Nutgestaltung
a) Kantenbrechung (allseitig), Schrägung/Rundung nach Wahl
   des Herstellers
b) Rundung des Nutgrunds für Welle und Nabe

Tabelle 10.32 Keilverbindungen nach DIN 6886 und DIN 6887 (Auswahl), s. 10.154, 10.163 und 10.164

Keilbreite	b h9	6	10	14	16	22
Keilhöhe	h Nennmaß	6	8	9	10	14
für Wellendurch-	über	17	30	44	50	75
messer $d^{1)}$	bis	22	38	50	58	85
Keilhöhe	h_1	6,1	8,2	9,2	10,2	14,2
	Grenzabmaße	− 0,1	− 0,2	− 0,2	− 0,2	− 0,2
Nasenhöhe	h_2	10	12	14	16	22
Nutbreite	b D10	6	10	14	16	22
Wellennuttiefe	t_1	3,5	5	5,5	6	9
	Grenzabmaße	+ 0,1	+ 0,2	+ 0,2	+ 0,2	+ 0,2
Nabennuttiefe	t_2	2,2	2,4	2,9	3,4	4,4
	Grenzabmaße	+ 0,1	+ 0,2	+ 0,2	+ 0,2	+ 0,2
Schrägung oder	min.	0,25	0,4	0,4	0,4	0,6
Rundung r_1	max.	0,4	0,6	0,6	0,6	0,8
Rundung des	max.	0,25	0,4	0,4	0,4	0,6
Nutgrunds r_2	min.	0,16	0,25	0,25	0,25	0,4
Länge l	von	16	25	40	45	70
	bis	70	110	160	180	250

1) Für Anschlussmaße, besonders von Wellenenden, ist die Zuordnung des Keilquerschnitts zu den
Wellendurchmessern unbedingt einzuhalten.

Keile haben genormte Bezeichnungen. Ein Treibkeil, geradstirnig (Form B), von 12 mm
Breite, 8 mm Höhe und 70 mm Länge wird bezeichnet: Keil DIN 6886-B12×8×70.

Die Tiefe eines parallel zur Kegelachse liegenden Nutgrunds wird unter Berücksichtigung der
Toleranzen möglichst von der Mantelfläche einer benachbarten Zylinderform aus bemaßt
10.166a, sonst von der Kegelachse aus **10.166b**. Bleibt an einer kegeligen Nabenbohrung ein
Teil der zylindrisch vorgedrehten Bohrung erhalten, wird der Nutgrund vom gegenüberliegenden Scheitel der Bohrung aus angegeben **10.166c**, andernfalls von der Mittelachse aus
10.166d. Die Bemaßung der Tiefe einer parallel zur Kegelseitenlinie laufenden Nut geschieht
nach **10.166e** und f.

10

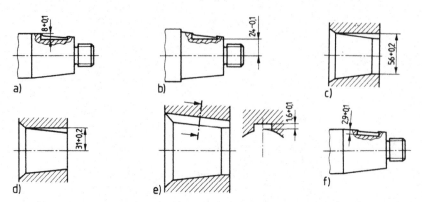

10.166 Besondere Bemaßung der Nuttiefen (DIN 406-11)

Tangentkeile (DIN 271) übertragen sehr große Kräfte, z. B. von Kurbelwellen auf Schwung-räder, und werden paarweise verwendet, **10.167**. Tritt wie in Walzwerken stoßartiger Wech-seldruck auf, werden Tangentkeile mit größeren Abmessungen gewählt (DIN 268).

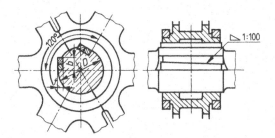

10.167
Tangentialkeilverbindung nach DIN 271 für
gleichbleibende Beanspruchung
(D = 60 bis 630 mm)

2. Pass- und Scheibenfedern

Passfedern haben keine Neigung, also keinen Anzug, und tragen nur mit den schmalen Längs-seitenflächen, den Flanken, **10.168**. Sie übertragen Drehbewegungen und erlauben die Ver-schiebung von Bohrung oder Welle in Achsrichtung. Diese Verbindungen sind spannungsfrei und heißen Mitnehmerverbindungen. Es gibt drei Ausführungen:

– hohe Passfedern, DIN 6885-1, **10.171**,
– hohe Passfedern für Werkzeugmaschinen, DIN 6885-2, (Tab. 10.33),
– niedrige Passfedern, DIN 6885-3.

Passfedern sind rund- oder geradstirnig, je nachdem, ob sie in eine mit dem Schaft- oder mit dem Scheibenfräser gefertigte Nut gelegt werden **10.171**, Form A und B. Alle geradstirnigen Federn und die rundstirnigen, sofern sie zur Führung hin- und hergleitender Teile dienen, sind mit Zylinderschrauben zu befestigen, **10.169** und Tab. 10.33. Federn unter 8×7-Querschnitt werden verstiftet, verstemmt oder fest eingepasst. Zum bequemen Lösen aus der Nut dienen Abdrückschrauben (Form E und F) oder Schrägungen, Form G und H, **10.171**.

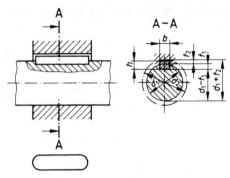

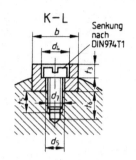

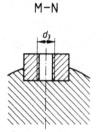

10.168 Passfeder DIN 6885-A

10.169 Festgeschraubte Passfeder

10.170 Gewindeloch für Abdrückschraube

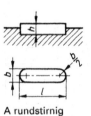

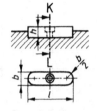

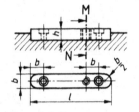

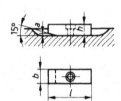

A rundstirnig ohne Halteschraube

C rundstirnig für 1 Halteschraube über der Stufenlinie

E rundstirnig für 2 Halteschrauben und 1 oder 2 Abdrückschrauben unter der Stufenlinie

G geradstirnig für 1 Halteschraube und Schrägung

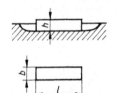

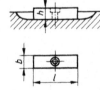

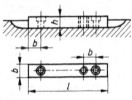

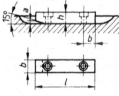

B geradstirnig ohne Halteschraube

D geradstirnig mit Halteschraube

F geradstirnig für 2 Halteschrauben und 1 oder 2 Abdrückschrauben

H geradstirnig für 2 Halteschrauben und Schrägung

Die Passfeder der Form J ist geradstirnig, mit Schrägung und Bohrung für eine Spannhülse.

10.171 Passfedern DIN 6885-1, hohe Form (Auszug)

10

Tabelle 10.33 Maße für Nuten und Passfedern nach DIN 6885-2, hohe Form für Werkzeugmaschinen (Auswahl)[1]

Passfeder-Querschnitt			Breite b	**10**	**12**	**14**	**16**	**18**
			Höhe h	**8**	**8**	**9**	**10**	**11**
Für Wellendurchmesser d_1 [2]			über	30	38	44	50	58
			bis	38	44	50	58	65
Wellennut	Breite b	fester Sitz	P9	10	12	14	16	18
		leichter Sitz	N9					
	Tiefe	t_1	$^{+0,2}_{\ \ 0}$	5	5	5,5	6	7
Nabennut	Breite b	fester Sitz	P9	10	12	14	16	18
		leichter Sitz	JS9					
	Tiefe (bei Rückenspiel)	t_2	$^{+0,2}_{\ \ 0}$	3,3	3,3	3,8	4,3	4,4
d_2 Mindestmaß [3]			d_1+	8	8	9	11	11

Länge l	Grenzabmaß		Zuordnung der Längen durch × gekennzeichnet				
	Feder	Nut					
25	0	+ 0,2	×				
28	− 0,2	0	×				
32			×	×			
36			×	×			
40			×	×	×		
45	0	+ 0,3	×	×	×	×	
50	− 0,3	0	×	×	×	×	×
56			×	×	×	×	×
63			×	×	×	×	×
70			×	×	×	×	×
80			×	×	×	×	×
90			×	×	×	×	×
100	0	+ 0,5	×	×	×	×	×
110	− 0,5	0	×	×	×	×	×

Bohrungen für Halte- und Abdrück-schrauben	Bohrungen der Passfeder	d_5	3,4	4,5	5,5		6,6
		d_4	6	8	10		11
		d_7	M3	M4	M5		M6
		t_3	2,4	3,2	4,1		4,8
	Bohrungen der Welle	d_7	M3	M4	M5		M6
		t_5	5	6	6		6
		t_6	8	10	10		11
Halteschraube (Zylinderschraube nach DIN 7984 oder DIN 6912)			M3×10	M4×10	M5×10		M6×12

1) Stimmt bis auf die Maße d_2, t_1 und t_2 mit DIN 6885-1 überein.

2) Für Anschlussmaße, besonders von zylindrischen Wellenenden, ist die Zuordnung der Passfeder-Querschnitte zu den Wellen-Nenndurchmessern unbedingt einzuhalten. Die Zuordnung der Passfeder-Querschnitte zu kegeligen Wellenenden und die Maße für die Nuttiefen sind den Normen über kegelige Wellenenden zu entnehmen.

3) Die Werte für d_2 entsprechen dem kleinsten Durchmesser von Teilen, die zentrisch über die Passfeder übergeschoben werden können.

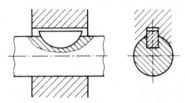

10.172 Scheibenfedern nach DIN 6888

Scheibenfedern haben Seitenflächen in Form von Kreisabschnitten und sind besonders an Werkzeugmaschinen üblich, **10.172**. Die Herstellung ist verhältnismäßig billig, doch wird die Welle durch die tiefere Nut merklich geschwächt. (s. auch DIN 748-1, Zylindrische Wellenenden.)

Passfedern haben genormte Bezeichnungen. Für eine Feder der Form A von 20 mm Breite, 12 mm Höhe und 100 mm Länge lautet die Bezeichnung:

Passfeder DIN 6885-A20×12×100

3. Keilwellen und Kerbverzahnungen

Keilwellenverbindungen übertragen große Kräfte. Keilwellenverbindungen mit geraden Flanken, **10.173** eignen sich besonders für Verschieberäder in Hochleistungsschaltgetrieben und sind in DIN ISO 14, DIN 5464, DIN 5466-1, DIN 5471 und DIN 5472 genormt. Die vorstehenden Rippen haben überall gleiche Höhe, also keinen Anzug, und sind als einzelne Längsfedern anzusehen. Zahnnaben- und Zahnwellenprofile mit Evolventenflanken s. DIN 5480 (mehrere Teile) und DIN 5481-1 und DIN 5481-3.

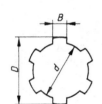

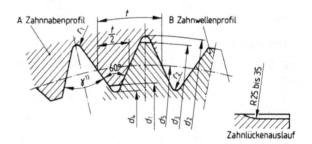

10

10.173 Keilwellen und Keilnabenprofil mit geraden Flanken DIN ISO 14

10.174 Kerbverzahnung DIN 5481-1

Kerbverzahnungen schwächen die Welle in nur geringem Maße, zentrieren die Nabe zwangsläufig und übertragen große Kräfte, **10.174**. Voraussetzungen sind genaue Zahnteilungen und Zahnflankenwinkel.

Eine vollständige Darstellung von Keilwellen ist in technischen Zeichnungen nicht notwendig und zu vermeiden. Im Regelfall ist eine vereinfachte Darstellung nach DIN ISO 6413 zweckmäßig. Ähnlich der Darstellung von Zahnrädern werden die gezahnten Teile als ganzes Teil ohne Zähne dargestellt. Die Bezeichnung der Verbindung besteht aus einem grafischen Symbol und Angaben der betreffenden Norm. Beispiele für die vereinfachte Darstellung und Bezeichnung siehe **10.176** bis **10.178**.

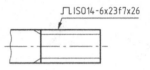

a)  b)

10.175 Symbole
  a) Keilwelle oder -nabe mit geraden Flanken
  b) Zahnwelle oder -nabe und Kerbverzahnung
     mit Evolventenflanken

10.176 Darstellung und Bezeichnung
     einer Keilwelle

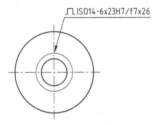

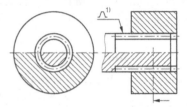

10.177 Darstellung und Bezeichnung einer Keilnabe

10.178 Darstellung einer Zahnwellen-
verbindung
1) Bei Bedarf Bezeichnung eintragen,
   z. B. DIN 5480 – 40×2×30×18×9H 8f

10.2.7 Lager

1. Wälzlager

Wälzlager sind einbaufertige Maschinenteile, die aus Wälzkörpern (Kugeln, Kegelrollen usw.) und Rollbahnen (dem auf der Welle sitzenden Innenring und dem im Gehäuse angeordneten Außenring) bestehen. Ihr Aufbau richtet sich nach den zu übertragenden Radial- und/oder Axialkräften.

Standardbauformen

Rillenkugellager, einreihig (DIN 625), **10.179**a sind wegen ihres einfachen Aufbaus und universellen Eignung die meistverwendeten Wälzlager.

Schrägkugellager, einreihig (DIN 628), **10.179**b können neben Radialkräften hohe Axialkräfte aufnehmen. Im Allgemeinen sind zwei Lager in entgegengeetzter Richtung einzubauen (O- oder X-Anordnung).

Vierpunktlager (DIN 628), **10.179**c mit Laufbahnen in der Form von Spitzbögen. Die Kugeln berühren diese an vier Punkten. Durch den geteilten Innenring können mehr Kugeln aufgenommen und die Tragfähigkeit erhöht werden.

Schulterkugellager (DIN 615), **10.179**d sind zerlegbar. Der abnehmbare Außenring hat nur eine Schulter. Nur bis Bohrung 30 mm genormt.

Pendelkugellager (DIN 630), **10.179**e können durch eine hohlkugelige Laufbahn im Außenring winklige Wellenverlagerungen und Fluchtfehler (ca. 4°) ausgleichen.

Zylinderrollenlager (DIN 5412), **10.179**f mit großer Tragfähigkeit durch Linienberührung. Zerlegbar. Je nach Ausführung der Borde axial nicht oder nur gering belastbar; Bauarten N, NU und NJ.

Nadellager (DIN 617), **10.179**g als Sonderbauform des Zylinderrollenlagers sind nur radial belastbar. Sie werden mit und ohne Innenring eingesetzt und zeichnen sich durch kleine Baudurchmesser aus.

Kegelrollenlager (DIN 720), **10.179**h sind radial und axial hoch belastbar. Sie haben als Laufbahnen Kegelmantelflächen. Der bordlose und somit abnehmbare Außenring erleichtert Ein- und Ausbau der Lager. Sie werden stets spiegelbildlich zueinander eingebaut (X- oder O-Anordnung).

Pendelrollenlager (DIN 635-2), **10.179**i besitzen zwei Reihen Tonnenrollen und sind für höchste radiale und axiale Belastung geeignet. Sie sind winkeleinstellbar und können Fluchtfehler ausgleichen.

Axial-Rillenkugellager, einseitig wirkend (DIN 711), **10.179**k bestehen aus einer Wellen- und einer etwas größeren Gehäusescheibe. In den Rillen dieser Scheiben läuft ein Kugelkranz.

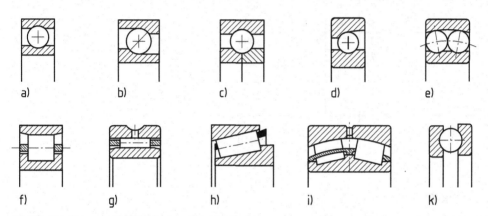

10.179 Bauformen von Wälzlagern (Auswahl)
    a) Rillenkugellager, b) Schrägkugellager, c) Vierpunktlager, d) Schulterkugellager,
    e) Pendelkugellager, f) Zylinderrollenlager, g) Nadellager, h) Kegelrollenlager,
    i) Pendelrollenlager, k) Axial-Rillenkugellager

10

Bezeichnung

Durch die Anwendung von DIN 623 (Grundlagen) wird eine einheitliche Bezeichnung für die systematische Benennung und Identifizierung von Wälzlagern erreicht. Sie setzt sich zusammen aus Benennung, Normnummer und Merkmale-Gruppen. Die Merkmale-Gruppen umfassen

- Vorsetzzeichen (Einzelteile, Werkstoffe)
- Basiszeichen (Lagerart, Breiten- und Durchmesserreihe, Lagerbohrung)
- Nachsetzzeichen (innere Konstruktion, äußere Form, Käfig, Genauigkeit, Lagerluft, Schmierfettfüllung)
- Ergänzungszeichen (Herstellerangabe)

Bezeichnungsbeispiel eines Rillenkugellagers nach DIN 625, der Lagerreihe 60 mit $d = 30$ mm Bohrungsdurchmesser (Basiszeichen 6006), in der Ausführung mit zwei Deckscheiben (2Z), Toleranzklasse P6, radiale Lagerluft C3 (P63), Käfigwerkstoff und -ausführung sowie Befettung nach Wahl des Herstellers:

Rillenkugellager DIN 625 – 6006 – 2Z – P63

Eine Übersicht über genormte Wälzlager gibt DIN 611. Für die einzelnen Lagerarten werden nach den Maßplänen DIN 616 die wichtigsten Anschlussmaße genormt. In der Regel das Nennmaß des Bohrungsdurchmessers, des Außendurchmessers, sowie Breite und Höhe und das Mindestmaß der Kantenverrundung. Die Kataloge der Hersteller enthalten darüberhinaus noch Angaben über die Tragfähigkeit der Lager.

Die Maßnorm für einreihige Rillenkugellager der Lagerreihen 60 und 160 enthält Tabelle 10.34.

Tabelle 10.34 Rillenkugellager, einreihig (DIN 625-1), Auswahl

Lagerreihe 60					Lagerreihe 160[1)]			
Kurzzeichen	d	D	B	r_S	Kurzzeichen	B	r_S	
6000	10	26	8	0,3	–	–	–	
6001	12	28	8	0,3	–	–	–	
6002	15	32	9	0,3	16002	8	0,3	
6003	17	35	10	0,3	16003	8	0,3	
6004	20	42	12	0,6	16004	8	0,3	
6005	25	47	12	0,6	16005	8	0,3	
6006	30	55	13	1	16006	9	0,3	
6007	35	62	14	1	16007	9	0,3	
6008	40	68	15	1	16008	9	0,3	
6009	45	75	16	1	16009	10	0,6	
6010	50	80	16	1	16010	10	0,6	

1) d und D wie Lagerreihe 60.

Anordnung der Lager

Zur Führung und Abstützung einer umlaufenden Welle sind mindestens zwei in einem bestimmten Abstand angeordnete Lager erforderlich. Dabei müssen Toleranzen und Längenänderungen im Betrieb beachtet werden.

Festlager-Loslager-Anordnung. Das Lager, das die Welle in beiden Richtungen axial führt, wird als Festlager bezeichnet, **10.180**a. Als Festlager können alle Lagerarten benutzt werden, die neben Radialkräften auch Axialkräfte in beiden Richtungen aufnehmen können. Das Lager, das axiale Wärmedehnungen ausgleicht, bezeichnet man als Loslager. Dazu besonders geeignet sind Zylinderrollen- und Nadellager, **10.179**f und **10.179**g, die Längenunterschiede im Lager selbst ausgleichen.

Angestellte Lagerung. Sie besteht meist aus zwei spiegelbildlich angeordneten Schrägkugel- oder Kegelrollenlagern, **10.180**b. Spiel oder notwendige Vorspannung sind über Passscheiben oder Muttern einstellbar. Bei der O-Anordnung, **10.180**b zeigen die von den Drucklinien gebildeten Kegel nach außen; bei der X-Anordnung nach innen. Die Stützbasis H, also der Abstand der Druckspitzen S, ist bei der O-Anordnung größer. Sie ergibt daher das geringere Kippspiel.

Schwimmende Lagerung. Wenn keine enge axiale Führung der Welle gefordert wird, ist sie eine kostengünstige Lösung, **10.180**c. Ihr Aufbau gleicht dem der angestellten Lagerung. Da sich die Welle bei jedem Richtungswechsel der Axialkraft verschiebt, wird das Axialspiel a klein gehalten ($a < 0,5$ mm). Auch unter ungünstigen thermischen Verhältnissen dürfen sich die Lager aber nicht verspannen. Geeignete Lager sind z. B. Rillenkugellager, Pendelkugellager und -rollenlager.

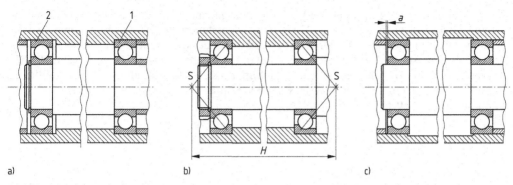

a)   b)   c)

10.180 Anordnung der Lager
a) Festlager/Loslager-Anordnung, (1) Festlager, (2) Loslager, b) angestellte Lagerung mit Schrägkugellagern in O-Anordnung, c) schwimmende Lagerung (a = Axialspiel)

Vereinfachte Darstellung von Wälzlagern und Dichtungen

Die Darstellung von Wälzlagern darf vereinfacht werden, wenn es nicht nötig ist Einzelheiten zu zeigen. Für allgemeine Zwecke wird ein Wälzlager durch ein Quadrat oder Rechteck und ein freistehendes aufrechtes Kreuz in der Mitte des Quadrates dargestellt (DIN ISO 8826-1, **10.181**). Detaillierte vereinfachte Darstellungen von Wälzlager-Bauformen (DIN ISO 8826-2) zeigt **10.184**. Schraffuren sind in vereinfachten Darstellungen zu vermeiden. Falls schraffiert werden muss, sind alle Einzelteile des Wälzlagers in derselben Richtung zu schraffieren, **10.182**.

Wenn Wälzlager rechtwinklig zur Wälzachse gezeichnet werden, wird ein Wälzelement als Kreis unabhängig von seiner eigentlichen Form (Kugel, Rolle usw.) und seiner Größe gezeichnet, **10.183**.

10

10.181 Allgemeine, vereinfachte Darstellung von Wälzlagern **10.182** Vereinfachte Schraffur **10.183** Vereinfachte Darstellung von Wälzlagern rechtwinklig zur Wälzachse

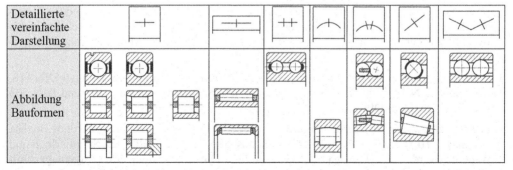

10.184 Anwendung der detaillierten vereinfachten Darstellung von Wälzlagern verschiedener Bauformen (DIN ISO 8826-2)

Die häufig in Lagerungen benutzten Wellendichtringe, aber auch Profil- und Labyrinthdichtungen, lassen sich nach DIN ISO 9222 vereinfacht darstellen, **10.187**. Für allgemeine Zwecke wird die Dichtung durch ein Quadrat und ein freistehendes diagonales Kreuz in der Mitte des Quadrates dargestellt. Die Dichtrichtung kann durch einen Pfeil angegeben werden, **10.185**. **10.186** zeigt einen Wellendichtring ohne Staublippe als übliche Abbildung und in detaillierter vereinfachter Darstellung. Ein Beispiel für die vereinfachte Darstellung von Wälzlagern und Dichtungen zeigt **10.187**.

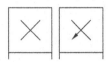

10.185 Allgemeine, vereinfachte Darstellung von Dichtungen ohne und mit Angabe der Dichtrichtung

10.186 Wellendichtring als Abbildung und detaillierter, vereinfachter Darstellung

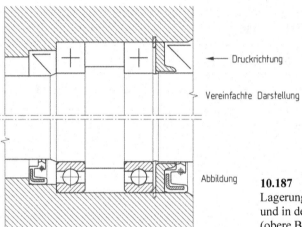

Druckrichtung

Vereinfachte Darstellung

Abbildung

10.187
Lagerung als Abbildung (untere Bildhälfte) und in detaillierter, vereinfachter Darstellung (obere Bildhälfte)

2. Gleitlager

Als eigentliches Führungs- oder Lagerungselement (Gleitflächenträger) werden bei Gleitlagern vielfach Buchsen z. B. aus Kupferlegierungen, Sintermetallen, Kunstkohle oder Kunststoffen eingesetzt. Diese Buchsen werden in die betreffenden Gehäuse, Lagerböcke, Maschinenwände u. a. eingepresst, -geklebt, -gespannt oder bei größeren Abmessungen als Lagerschalen eingelegt.

Die wichtigsten genormten einbaufertigen Radiallagereinheiten sind Stehgleitlager DIN 118, Deckellager DIN 505 und DIN 506 und die einfachen Flanschlager DIN 502 und DIN 503 sowie die Augenlager DIN 504

Das Augenlager DIN 504 kommt in Form A mit Buchse DIN 8221 und in Form B ohne Buchse zum Einsatz, **10.188**. Der Lagerkörper besteht aus Gusseisen EN-GJL-200. Schmierloch und Schmiernut werden nach DIN ISO 12128 ausgeführt. Die Bezeichnung eines Augenlagers mit Buchse (Form A) und Bohrung $d_1 = 40$ mm lautet: Augenlager DIN 504-A40. Abmessungen s. Tab. 10.35.

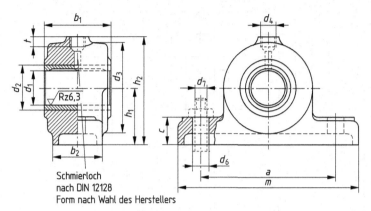

10.188 Augenlager DIN 504
Form A mit, Form B ohne Lagerbuchse

Tabelle 10.35 Augenlager DIN 504 (Auszug). Maße in mm

d_1		a	b_1	b_2	c	d_2	d_3	d_4	d_6	d_7	h_1	h_2	m	t
D10						D7								
A	B													
25	35	160	60	45	25	35	80		14,5	M12	50	95	120	
30	40					40								
35	45	190	70	50	30	45	90		18,5	M16	60	110	140	
40	50					50		$G^{1}/_4$						10
45	55	220	80	55	35	55	100		24	M20	70	125	160	
50	60					60								
55	65	240	90	60	35	65	120		24	M20	80	145	180	
60	70					70								

Die Lagerungsprinzipien sind bei Wälz- und Gleitlagerungen gleich. Neben der anzustrebenden Fest-Loslagerung **10.189**a wird die schwimmende Lagerung benutzt. Dabei nimmt jedes Lager Axialkräfte jeweils nur in einer Richtung auf. Entsprechend der Kraftrichtung in den Lagern unterscheidet man die „O-Anordnung" nach **10.189**b bei der bei Wärmeausdehnung der Welle das Lagerspiel größer wird, und die „X-Anordnung" nach **10.189**c, bei der die Wellenausdehnung das Spiel verkleinert. Bei der schwimmenden Lagerung mit Bundbuchsen wird die einfachere „X-Anordnung" **10.190**a bevorzugt. Die Ausführung als Festlager erfolgt z. B. über ein aufgesetztes Bauteil und eine Scheibe, **10.190**b. Eine Auswahl genormter Gleitlagerbuchsen zeigt Tabelle 10.36.

10.189 Gestaltung von Lagerungen (in vereinfachter Darstellung ISO 3952-4)
a) Fest-Loslagerung, (1) Festlager, (2) Loslager,
b) schwimmende Lagerung (O-Anordnung),
c) schwimmende Lagerung (X-Anordnung)

Tabelle 10.36 Buchsen für Gleitlager nach DIN ISO 4379 und DIN 1850‑3 (Auszug)

DIN	Buchsen für Gleitlager (Bezeichnung, Werkstoff)	Form, Durchmesserbereich Darstellung
ISO 4379	**aus Kupferlegierungen** *Bezeichnung* z. B. Form C mit $d_1 = 20$ mm, $d_2 = 24$ mm, $b_2 = 20$ mm, Einpressfase $C_2 = 15°$ aus CuSn8P nach ISO 4382-2 **Buchse** **ISO 4379-C20×24×20Y-CuSn8P** Werkstoff: Kupfer-Gusslegierungen nach ISO 4382-1, Kupfer-Knetlegierungen nach ISO 4382-2	C | F (Darstellung mit $\varnothing$ IT8 Ⓜ, A, $C_2\times45°$, $C_1\times45°$, b_1, b_2, u, $d_2\varnothing$, $d_3\varnothing$)
1850-3	**aus Sintermetall** *Bezeichnung* z. B. Form J von $d_1 = 18$ mm mit G7 $d_2 = 24$ mm mit r6 und $l = 18$ mm, aus Sinterbronze Sint-B50, getränkt: **Buchse** **DIN 1850-J18G7×24r6×18Sint-B50** Werkstoff: Sintermetall DIN 30910-3, s. Norm	J | V¹⁾ | K¹⁾ $d_1 = 1$ bis 60 | $d_1 = 1$ bis 20 | $d_1 = 1$ bis 40 | $d_1 = 1$ bis 40 (Darstellung mit $\varnothing$ IT8, $f\times45°$, b_1, $d_2\varnothing$, $d_3\varnothing$, $d_5\varnothing$, c, $S\varnothing d_4$)

Maße

	20	22	25	28	30	32	35	38	40	42	45	48	50	55	60
d_1	20	22	25	28	30	32	35	38	40	42	45	48	50	55	60
d_2 C u. F Reihe 1	23	25	28	32	34	36	39	42	44	46	50	53	55	60	65
d_2 C u. F Reihe 2	24	26	28	32	36	38	40	42	45	48	52	55	58	65	75
C	24	26	30	34	36	38	41	45	48	48	53	56	58	63	70
b_1	15		20		30										
	20		30		40										
	30		40												
b_1 F Reihe 1	1,5		1,5		2						2,5		2,5		
b_1 F Reihe 2	3		4		4					5			5		7,5
C_1, C_2 45° max.	0,5								0,8						
C_2 15° max.	2								3						
d_3 F Reihe 1	26	28	31	36	38	40	43	46	48	50	55	58	60	65	70
d_3 F Reihe 2	32	34	38	42	44	46	50	54	58	60	63	66	68	73	83
U	1,5								2						3

Form 1850‑3 (Sintermetall):

Form	d_1	1	1,5	2	2,5	3	4	5	6	7	8	9	10
J u. V	d_2 r6	3	4	4	5	6	6	8	9	11	12	14	16
J	b_1 js13	1	1	2	2	3	3	4	5	5	6	6	8
V		2	2	2	3	3	4	4	4	5	6	6	8
K	$c_{max.}$	0,7	1	1	1,2	1,5	2	3	3	3,5	4	4	4,5
K	d_4 h11	3	4,5	5	6	8	10	12	14	16	16	18	19
K	$d_5 \approx$	2,2	3,3	4	4,5	5,3	6	7,9	9,8	11,6	11,6	13,4	13,4
J	$f_{max.}$	0,2				0,3		0,3		0,3			0,4
V u. K		0,2				0,3		0,3		0,3			0,4
V	$r_{max.}$												0,6

¹⁾ übrige Maße wie Form J

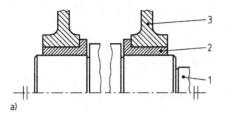
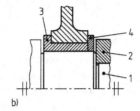

a)   b)

10.190 Gleitlagerungen
      a) schwimmende Lagerung (X-Anordnung), (1) Welle, (2) Bundbuchse, (3) Gehäuse,
      b) Festlager (1) Welle, (2) Bauteil, (3) Bundbuchse, (4) Scheibe

Schmierung von Gleitlagerbuchsen. DIN ISO 12128 bietet die Möglichkeit, Ausführungsformen der Schmierstoffzuführung und -verteilung den Buchsen für Gleitlager z. B. nach DIN
ISO 4379, Tab. 10.36, DIN 1850-5 und DIN 1850-6 sowie Ausführungsformen der Zu- und
Abführung der Medien den Buchsen aus Kunstkohle nach DIN 1850-4 zuzuordnen. Buchsen
aus Sintermetall sind mit Schmierstoff getränkt, Buchsen aus Kunstkohle werden nicht mit Öl
oder Fett geschmiert. Die Maße und Formen der Schmierlöcher, Schmiernute und Schmiertaschen für Buchsen nach dieser Form sind in DIN ISO 12128 festgelegt, **10.191**.

Schmiertaschen werden nur vorgesehen, wenn größere Schmierräume erforderlich sind.
Schmiernuten bleiben an den Enden nur offen, wenn der Schmierstoff von der Stirnseite zu-
geführt wird. Bezeichnung eines Schmierloches nach DIN ISO 12128, Form A mit $d_2 = 3$ mm
Lochdurchmesser: **Schmierloch ISO 12128-A3.**

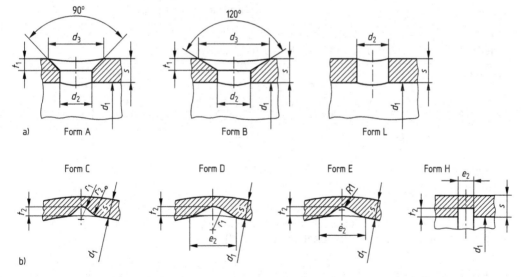

10

10.191 Schmierlöcher und Schmiernuten (DIN ISO 12128, Auszug)
      a) Schmierlöcher (Formen A, B, L)
          Für $d_1 \leq 30$ mm und $s = 2 \ldots 2{,}5$ mm gilt z. B.: $d_2 = 3$ mm, $t_1 = 1{,}5$ mm, $d_3 = 6$ mm (A) bzw.
          8,2 mm (B).
      b) Schmiernuten (Formen C, D, E, H)
          Für $d_1 \leq 30$ mm und $s = 2 \ldots 2{,}5$ mm gilt z. B.: $t_2 = 1$ mm, $e_1 = 8$ mm, $e_2 = 4$ mm, $r_1 = 2$ mm (C)
          bzw. 4 mm (D), $r_2 = 4{,}5$ mm.

10.2.8 Zahnräder

1. Begriffe und Bestimmungsgrößen

Die Bestimmungsgrößen der Zahnräder werden auf Teilkreise bezogen. Die Teilung p ist der Zahnabstand gemessen im Bogenmaß. Er setzt sich zusammen aus der Zahndicke s und der Lückenweite e, es gilt $s = e = p/2$, **10.192**. Als praktisches Verzahnungsmaß gilt allerdings die Durchmesserteilung Modul $m = p/\pi = d/z$. Er ist die Bezugsgröße für Evolventenverzahnungen an Stirnrädern. Die Bezugsprofile mit geraden Flanken (Zahnstangenprofil für $z = \infty$) sind in DIN 867 genormt, **10.193**. Der Modul ist für beide Räder eines Zahnradpaares gleich groß. Er ist für Stirnräder in DIN 780-1 in Normzahlreihen festgelegt, Tab. 10.37. Alle Längenmaße des Bezugsprofils können auch als Vielfache des Moduls m angegeben werden.

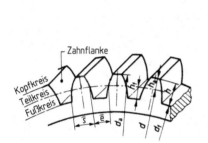

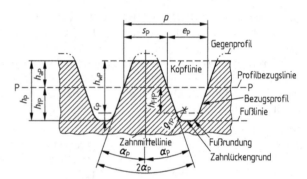

10.192 Bezeichnungen am Zahnrad

10.193 Bezugsprofil für Stirnräder mit Evolventenverzahnungen nach DIN 867 (Zeichen mit Index p), $\alpha_\mathrm{p} = 20°$

Tabelle 10.37 Modulreihe für Stirnräder nach DIN 780-1 (Auszug), Moduln in mm

Reihe 1	0,1 0,9 10	0,12 1 12	0,16 1,25 16	0,20 1,5 20	0,25 2 25	0,3 2,5 32	0,4 3 40	0,5 4 50	0,6 5 60	0,7 6	0,8 8
Reihe 2	0,11 0,95 11	0,14 1,125 14	0,18 1,375 18	0,22 1,75 22	0,28 2,25 28	0,35 2,75 36	0,45 3,5 45	0,55 4,5 55	0,65 5,5 70	0,75 7	0,85 9

Die Moduln gelten im Normalschnitt; Reihe 1 ist gegenüber Reihe 2 zu bevorzugen.

Alle wesentlichen Festlegungen über geradverzahnte nicht korrigierte Stirnräder sind – einschließlich der Zahn-, Kopf- und Fußhöhe sowie dem Kopfspiel – als Vielfache des Moduls m zusammengestellt. Der Profilwinkel beträgt $\alpha = 20°$.

Teilung	$p = \pi \cdot m$	(1)
Teilkreisdurchmesser	$d = m \cdot z$	(2)
Zahnkopfhöhe	$h_\mathrm{a} = m$	(3)
Kopfspiel	$c = (0,1 \text{ bis } 0,3) \cdot m$	(4)
Zahnfußhöhe	$h_\mathrm{f} = m + c$	(5)
Zahnhöhe	$h = 2 \cdot m + c$	(6)
Kopfkreisdurchmesser	$d_\mathrm{a} = d + 2 \cdot m$	(7)
Fußkreisdurchmesser	$d_\mathrm{f} = d - 2 \cdot (m + c)$	(8)

Zahnradpaar. Zwei miteinander arbeitende Zahnräder bilden ein Zahnradpaar, **10.194**. Ein einwandfreies Arbeiten der Zahnräder miteinander (Kämmen) ist nur dann möglich, wenn sie gleiche Teilung, also gleichen Modul haben. Die zu übertragende Kraft geht von dem treibenden Zahnrad auf das getriebene über. Wird ein größeres Zahnrad angetrieben, ist das eine Übersetzung in die kleinere, umgekehrt in die größere Drehzahl.

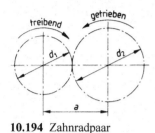

Den Bezeichnungen für das treibende Rad wird eine ungerade Zahl (hier 1) und denen für das getriebene Rad eine gerade Zahl (hier 2) angehängt, z. B. d_1 und d_2. Der Abstand von Mitte zu Mitte Zahnrad ist so zu bemessen, dass sich die Teilkreise beider Zahnräder berühren. Demgemäß ist der Abstand a gleich der halben Summe der beiden Teilkreisdurchmesser d_1 und d_2:

10.194 Zahnradpaar

$$a = \frac{d_1 + d_2}{2}$$

Zahnformen. Die Zahnflanken sollen sich mit möglichst geringer Reibung aufeinander abwälzen. Sie haben meist Evolventenform, **10.192**. Zahnflanken an Zahnstangen sind gerade, **10.193**.

Bei der Evolventenverzahnung (DIN 867) ist die Zahnflanke ein Teil der Evolvente. Zwei in Eingriff stehende Zahnflanken berühren sich an einer Stelle, die sich durch die Drehung beider Zahnräder geradlinig fortbewegt und die Eingriffslinie bildet, **10.195**. Sie ist die die Evolvente erzeugende Gerade und wird vom Punkt P auf dem Teilkreis unter einem Winkel von 20° (Eingriffswinkel) gezogen. Der kürzeste Abstand der Geraden vom Mittelpunkt des Teilkreises ist der Halbmesser des Grundkreises. Das Bogenstück von 0 bis zur senkrechten Mittellinie wird gleichmäßig unterteilt, ebenso der Bogen nach der anderen Seite. Durch eine vom Teilpunkt 1 auf der Tangente T_1, angetragene Strecke wird der Evolventenpunkt P_1 gefunden. Sie setzt sich aus der von 0 bis 1 reichenden Bogenlänge und dem Stück von 0 bis P zusammen.

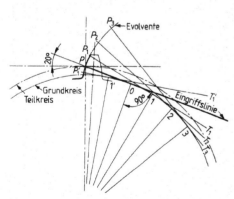

10.195 Entstehung der Evolventenform

Für den Punkt P_1' ist die Strecke von 0 bis P, vermindert um die Bogenlänge 0 bis 1', auf T_1 von 1' aus abzutragen. Evolventenpunkt P_2 wird durch Abtragen der Bogenlänge von 2 bis 0 und der Strecke 0 bis P auf T_2 von 2 aus ermittelt usw. Der zwischen dem Grundkreis und dem Fußkreis liegende Teil der Zahnflanke wird von P'_1 aus als Tangente weitergeführt und mit einer Rundung versehen. Die Punkte 1', 0, 1, 2, 3 ... auf dem Grundkreis können als Mittelpunkte für Kreisbögen mit den Halbmessern $1'P'$, OP, $1\,P_1$ ... dienen. Die Bogen gehen ineinander über und sind Teile der gesuchten Evolvente. Zahnflanken an Zahnstangen bilden miteinander einen Winkel von 40°, **10.193**.

2. Darstellung einzelner Zahnräder (DIN ISO 2203)

Ein Zahnrad wird grundsätzlich als ganzes Teil ohne einzelne Zähne dargestellt; die Bezugsfläche (Teilzylinder) wird als schmale Strichpunktlinie hinzugefügt. Die Konturen und Körperkanten jedes Zahnrades, **10.196**a, b u. c werden so gezeichnet, dass sie

- in ungeschnittener Ansicht, ein volles von der Kopffläche begrenztes Zahnrad darstellen,
- im Schnitt ein Stirnrad mit zwei gegenüberliegenden ungeschnittenen Zähnen darstellen, auch wenn die Räder keine Stirnzähne oder eine ungerade Zähnezahl haben.

Die **Bezugsfläche** der Verzahnung ist, auch bei verdeckten Teilen eines Zahnrades oder in Schnitten, mit einer schmalen Strichpunktlinie folgendermaßen anzugeben

- in einer Darstellung senkrecht zur Achse ist zu zeichnen: bei Stirn- und Schneckenrad der Teilkreis, bei einem Kegelrad der Teilkreis am Rückenkegel, bei einer Zylinderschnecke der Mittenkreis, **10.196**a, b u. c,
- bei einer Darstellung parallel zur Achse sind die sich in einem Axialschnitt ergebenden Schnittlinien der Bezugsfläche zu zeichnen: bei einem Stirnrad bzw. Kegelrad sind dies die Teilzylinder bzw. Teilkegel-Mantellinien, bei einer Zylinderschnecke die Mittenzylinder-Mantellinien, bei einem Schneckenrad die Mittenkehlkreise. Diese Linien sind über Körperkanten hinweg zu zeichnen, **10.196**a, b u. c.

Die **Zahnfußflächen** sind nur in Schnitten darzustellen. Falls eine Eintragung in der Ansicht zweckmäßig erscheint, ist die Zahnfußfläche mit einer schmalen Volllinie zu zeichnen, **10.196**d.

Zähne. Um die Enden eines verzahnten Teilstückes oder die Lage der Zähne zu einer Achsenfläche festzulegen ist es oft erforderlich einen oder zwei Zähne als breite Volllinie zu zeichnen, **10.196**e. Erforderlichenfalls ist in der Draufsicht auf die verzahnte Fläche in einer Darstellung parallel zu den Radachsen die Flankenrichtung am Zahnrad oder der Zahnstange durch drei schmale Volllinien der entsprechenden Form und Richtung einzuzeichnen, **10.196**f. Bei Radpaaren sollte man die Flankenrichtung nur an einem Rad zeigen.

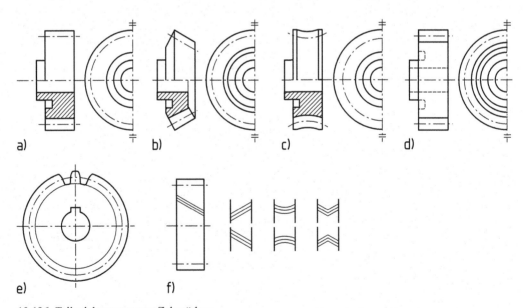

10.196 Teilzeichnungen von Zahnrädern
a) Stirnrad, b) Kegelrad, c) Schneckenrad, d) Darstellung der Zahnfußfläche,
e) symbolische Angabe der Flankenrichtung für Schrägzahn- und Schneckenräder

3. Darstellung von Zahnradpaaren (Zusammenstellungszeichnungen)

Die Regeln für die Darstellung von Zahnrädern in Einzelteilzeichnungen werden auch für Zusammenstellungszeichnungen angewendet. Bei der Darstellung eines Kegelradpaares in einer achsparallelen Projektion werden jedoch die Linien zur Angabe der Teilkegelflächen bis zum Schnittpunkt der Achsen verlängert, **10.197**d. Im Allgemeinen wird nicht davon ausgegangen, dass eines der gepaarten Zahnräder am Zahneingriff von dem anderen verdeckt wird, mit Ausnahme der beiden Fälle:

1. Wenn eines der beiden Zahnräder vollständig vor dem anderen liegt und so tatsächlich Teile des anderen Zahnrades verdeckt, **10.197**d und e,

2. wenn beide Räder im Achsschnitt dargestellt werden, so dass wahlweise eine der beiden Verzahnungen teilweise von der anderen verdeckt wird, **10.197**b und d.

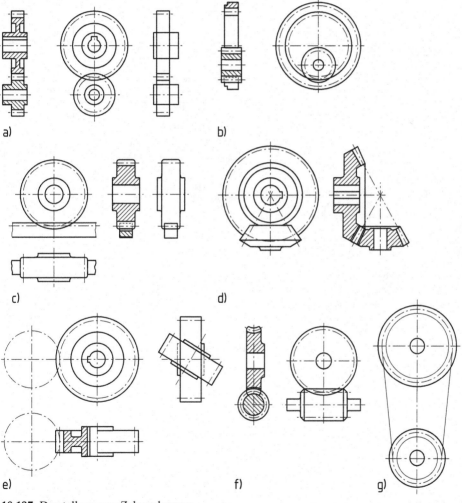

a)   b)   c)   d)   e)   f)   g)

10.197 Darstellung von Zahnradpaaren
   a) Stirnrad mit außenliegendem Gegenrad, b) Stirnrad mit innenliegendem Gegenrad,
   c) Stirnrad mit Zahnstange, d) Kegelradpaar, e) Stirnrad-Schraubgetriebe,
   f) Schnecke und Schneckenrad, g) Kettenräder

10

In diesen beiden Fällen müssen verdeckte Körperkanten nicht dargestellt werden, wenn sie für die Eindeutigkeit der Zeichnung nicht notwendig sind, **10.197**d.

4. Angaben für Verzahnungen in Zeichnungen (DIN 3966)

DIN 3966 enthält die Angaben, die in Herstellungszeichnungen neben den üblichen Angaben über Werkstoff, Wärmebehandlung und Härte zur eindeutigen Bemaßung und Kennzeichnung der Verzahnung erforderlich sind. In einer besonderen Tabelle sind die Rechnungsgrößen anzugeben, die für die Herstellung und Prüfung erforderlich sind. Die Tabelle kann auf dem Zeichnungsblatt stehen oder als besonderes Blatt der Zeichnung beigegeben werden, s. **10.198** und **10.199**.

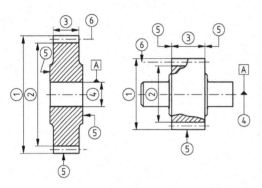

Stirnrad		außenverzahnt
Modul	m_n	
Zähnezahl	z	
Bezugsprofil Verzahnung Werkzeug		
Schrägungswinkel	β	
Flankenrichtung		
Teilkreisdurchmesser	d	
Grundkreisdurchmesser	d_b	
Profilverschiebungsfaktor	x	
Verzahnungsqualität, Toleranzfeld Prüfgruppe nach DIN 3961		
Achsabstand im Gehäuse mit Abmaßen	$a \pm$	

1 Kopfkreisdurchmesser d_a
2 Fußkreisdurchmesser d_f (bei Bedarf), wenn in der Tabelle keine Zahnhöhe angegeben ist oder wenn ein bestimmtes Maß eingehalten werden soll.
3 Zahnbreite b
4 Kennzeichen der Bezugselemente. Für Rundlauf- und Planlauftolerierung ist die Radachse Bezugselement.
5 Rundlauf- und Planlauftoleranz (z.B. $\boxed{\nearrow \,|\, 0{,}01 \,|\, A}$ bzw. $\boxed{\perp \,|\, 0{,}01 \,|\, A}$). Diese Toleranzen sind anzugeben, wenn der Hinweis auf die Allgemeintoleranzen nach DIN EN ISO 2768 nicht genügt. Rund- und Planlauftoleranzen nach DIN EN ISO 1101
6 Oberflächen-Kennzeichnung für die Zahnflanken nach DIN ISO 1302

10.198 Erforderliche Zeichnungsangaben für Stirnrad-Evolventenverzahnungen (DIN 3966-1)

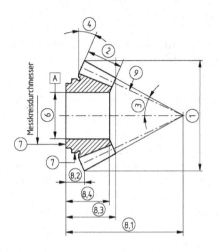

Geradzahn-Kegelrad		
Modul	m_p	
Zähnezahl	z	
Teilkegelwinkel	δ	
Äußerer Teilkreisdurchmesser	d_e	
Äußere Teilkegellänge	R_e	
Fußwinkel	ϑ_f	
oder Fußkegelwinkel	δ_f	
Profilwinkel	α_p	
Verzahnungsqualität		
Achsenwinkel im Gehäuse mit Abmaßen	Σ	

1 Kopfkreisdurchmesser d_{ae}
2 Zahnbreite b
3 Kopfkegelwinkel δ_a
4 Komplementwinkel des Rückenkegelwinkels δ
6 Kennzeichen des Bezugselementes.
  Für die Rundlauf- und Planlauftolerierung ist
  das Bezugselement die Radachse
7 Rundlauftoleranz (z.B. $\boxed{\nearrow\ 0{,}02\ A}$)
  und Planlauftoleranz
  (z.B. $\boxed{\perp\ 0{,}01\ A}$) nach DIN EN ISO 1101.
  Angaben sind erforderlich, wenn Hinweis auf
  Allgemeintoleranzen nach DIN ISO 2768 nicht genügt.

8.1 Einbaumaß (wird allgemein am fertigen Werkstück
    festgestellt und auf dem Werkstück angegeben)
8.2 Äußerer Kopfkreisabstand
8.3 Innerer Kopfkreisabstand
8.4 Hilfsebenenabstand
9 Oberflächenkennzeichen für die Zahnflanken
  nach DIN EN ISO 1302

10.199 Erforderliche Zeichnungsangaben
für Geradzahn-Kegelradverzahnungen
(DIN 3966-2)

5. Teilzeichnungen von Zahnrädern mit Angaben

10

In Teilzeichnungen von Zahnrädern sind folgende Maßeintragungen erforderlich: Kopfkreis-durchmesser, Fußkreisdurchmesser (bei Bedarf), Zahnbreite sowie Oberflächenangaben für die Zahnflanken, die an die Teilkreislinie gesetzt werden, **10.198**.

Der Teilkreisdurchmesser geht aus den zusätzlichen Angaben hervor, z. B. beim Stirnrad aus $d = m \cdot z$.

Meist reicht in Teilzeichnungen eine Schnittdarstellung aus. In einer Ansicht senkrecht zur Achse kann das Nabenprofil dargestellt und bemaßt werden.

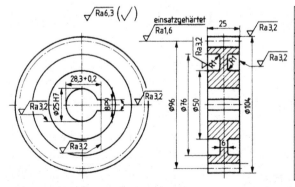

Stirnrad		außenverzahnt
Modul	m_p	4
Zähnezahl	z	24
Bezugsprofil		DIN 867
Schrägungswinkel	β	0°
Flankenrichtung		–
Profilverschiebungsfaktor	x	0
Verzahnungsqualität		8 e 26
Toleranzfeld		DIN 3967
Achsenabstand im Gehäuse mit Abmaßen	a	122±0,03
Gegenrad	Sachnummer	
	Zähnezahl z	37

10.200 Teilzeichnung eines Geradstirnrades (Beispiel)

10.2.9 Federn

Federn sind elastisch nachgiebige Maschinenelemente, die erheblich größere Verformungen ertragen als andere Bauteile. Diese Eigenschaft lässt sich bei Stahl als Federwerkstoff nur durch entsprechende Formgebung erreichen.

1. Vereinfachte Darstellung von Federn (DIN ISO 2162-1)

DIN ISO 2162-1 legt Regeln für die vereinfachte Darstellung von Druck-, Zug-, Dreh-, Teller-, Spiral- und Blattfedern in technischen Zeichnungen fest. In vereinfachten Darstellungen werden gewickelte Federn aus Draht durch eine Linie die der Achse des Federdrahtes und andere Arten von Federn durch Linien, die die Merkmale der jeweiligen Federart und ihrer Elemente wiedergeben. Bei nicht kreisförmigem Werkstoff-Querschnitt muss das grafische Symbol nach ISO 5261, z. B. □, ▭, angegeben werden. Die übliche Wickelrichtung rechts (RH), muss im Unterschied zur Wickelrichtung links (LH) nicht angegeben werden, s. Tab. 10.38.

Tabelle 10.38 Vereinfachte Darstellung von Federn (Auswahl)

Benennung	Darstellung		
	Ansicht	Schnitt	vereinfacht
Zylindrische Schraubendruckfeder			
Doppelkegelige Schraubendruckfeder – Tonnenfeder –			
Kegelige Schrauben-druckfeder Werkstoffquerschnitt ▭ – Kegelstumpffeder –			
Zylindrische Schraubenzugfeder			
Zylindrische Schraubendrehfeder (Schenkelfeder)			
Tellerfedernpaket (gleichsinnig geschichtet)			
Spiralfeder aus Werkstoff mit rechteckigem Quer-schnitt		—	
Geschichtete Blattfeder mit Augen		—	

10

2. Zylindrische Schraubendruckfedern (DIN 2095)

Druckfedern mit Drahtdurchmessern bis 10 mm werden kalt, solche mit Durchmessern zwischen 10 und 17 mm je nach Werkstoff, Verwendung und Beanspruchung der Feder kalt oder warm geformt.

Zum Vermeiden einseitiger Beanspruchung wird an jedem Ende eine ganze nicht federnde Windung angebogen. Die Drahtenden liegen auf entgegengesetzten Seiten der Federachse und werden bis auf den vierten Teil des Drahtdurchmessers heruntergeschliffen, **10.201**.

Bei Federn unter 0,5 mm Drahtdurchmesser ist meist kein Planschliff erforderlich. Es wird der äußere Windungsdurchmesser bemaßt, wenn die Feder in einer Bohrung arbeitet (D_h) oder der innere, wenn sie über einem Dorn sitzt (D_d). Der Durchmesser der Bohrung oder des Bolzens sollte im Text angegeben sein. Der mittlere Windungsdurchmesser dient zur Berechnung der Drahtlänge. Die Federlänge (L_0) bezieht sich stets auf den ungespannten Zustand. Linksgewundene Federn erhalten zum Durchmesser den Zusatz LH „linksgewickelt" – auch dann, wenn dieser Windungssinn aus der Darstellung bereits hervorgeht. Eine Grenzabweichung (e_1) der Mantellinie von der Senkrechten an der unbelasteten Feder kann eingetragen werden, wenn sie für die Wirksamkeit bedeutungsvoll ist. Dasselbe gilt für eine auf den Außendurchmesser bezogene zulässige Abweichung (e_2) in der Parallelität der geschliffenen Auflageflächen.

Notwendige Angaben:

Anzahl der wirksamen Windungen ..., dazu angebogen je Ende eine bis auf $\frac{1}{4}d$ heruntergeschliffene Windung = ... Gesamtwindungen

Durchmesser des Bolzens in der Feder ... mm

Als Fertigungsausgleich werden freigegeben: Federlänge, Anzahl der wirksamen Windungen und Drahtdurchmesser

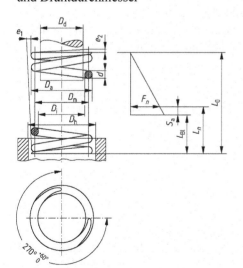

D_d	Dorndurchmesser in mm
D_h	Hülsendurchmesser in mm
D	mittlerer Windungsdurchmesser in mm
L_0	Länge der unbelasteten Feder in mm
L_{Bl}	Blocklänge der Feder in mm (alle Windungen liegen aneinander)
L_n	kleinste zul. Prüflänge in mm
F_n	höchste zul. Federkraft in N, zugeordnet der Federlänge L_n
R	Federrate in N/mm
d	Drahtdurchmesser in mm
S_a	Summe der lichten Mindestabstände zwischen den wirksamen Windungen
s_n	größter zul Federweg, zugeordnet der Federkraft F_n
i_f	Anzahl der federnden Windungen
i_g	Anzahl der gesamten Windungen

10.201 Zylindrische Druckfeder mit Prüfdiagramm (DIN 2095)

Belastungsprüfung. Wird die Belastung der Feder geprüft, ist ein Kraft-Weg-Diagramm zu zeichnen, **10.201**. Darin gibt man in der Regel an: die im Gebrauch auftretende größte Federkraft und die Prüfkraft (F_n) mit den dazugehörigen Längen (L_n), die Blocklänge (L_{Bl}), bei der alle Windungen aneinander liegen, und die Summe (S_a) der Mindestabstände zwischen den Windungen.

Als Fertigungsausgleich der Feder müssen zur Herstellung einige Angaben freigegeben und gekennzeichnet werden, und zwar:

– bei einer vorgeschriebenen Federkraft und vorgeschriebener Länge (L_0) die Zahl der wirksamen Windungen und entweder der Drahtdurchmesser (d) oder der innere oder äußere Windungsdurchmesser,

– bei zwei vorgeschriebenen Federkräften dieselben Werte, außerdem die Federlänge (L_n).

Normen. Stahldrähte für Federn sind in DIN EN 10270 für patentiert-gezogene (Teil 1), ölschlussvergütete (Teil 2) und nichtrostende (Teil 3) genormt. Bezeichnungsbeispiele: Federstahldraht nach DIN EN 10270-1 der Sorte SM mit einem Nenndurchmesser von 2,0 mm, Oberflächenbehandlung phosphatiert: *Federdraht EN 10270-1-SM-2,0ph*. Nichtrostender Federstahldraht nach DIN EN 10270-3, Werkstoff X10CrNi18-8, Werkstoff-Nr. 1.4310, übliche Festigkeitsstufe (NS), Nenndurchmesser 2,0 mm, mit Nickelüberzug: *Federdraht EN 10270-3-1.4310-NS-2,0 mit Nickelüberzug*. Federn werden auch aus Kupferknetlegierungen u. a. hergestellt.

3. Zylindrische Zugfedern (DIN 2097, DIN EN 10270-1)

Zugfedern bis 17 mm Werkstoffdurchmesser werden gewöhnlich aus federhartem Werkstoff und mit Vorspannung kaltgeformt. Federn mit größeren Werkstoffdurchmessern und für hohe Beanspruchung schon ab 10 mm Durchmesser werden schlussvergütet. Sie haben dann keine Vorspannung; aneinander liegende Windungen sind deshalb nicht notwendig. Statt des äußeren Windungsdurchmessers (D_a) kann der innere bemaßt werden, **10.202**. Die Länge (L_0) der unbelasteten Feder reicht von Innenkante zu Innenkante der Ösen und setzt sich aus der Länge (L_K) des Federkörpers und den zwei Abständen (L_H) bis zu den Öseninnenkanten zusammen. Ferner ist die Weite (m) der Ösenöffnung anzugeben.

Im Prüfdiagramm sind gewöhnlich erforderlich: die Vorspannkraft (F_0), die größere Betriebskraft (F_1), die Prüfkraft (F_n) und die dazugehörigen Längen (L_0, L_1, und L_n).

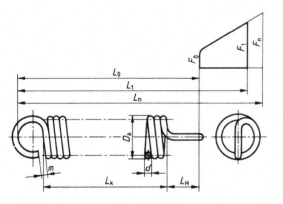

Anzahl der federnden Windungen ..., dazu angebogen je Ende eine ganze deutsche Öse. Als Fertigungsausgleich werden freigegeben: Anzahl der federnden Windungen, Werkstoffdurchmesser (d) und Vorspannkraft (F_0).

10.202
Zylindrische Zugfeder mit einer ganzen deutschen Öse und Prüfdiagramm (DIN 2097)

Die Ausführung der Ösen ist sehr verschieden; Näheres darüber s. DIN 2097. Zu bevorzugen ist die ganze deutsche Öse (**10.202**), bei der $L_H = 80\%$ des inneren Durchmessers ist. Die Ösen einer Feder stehen in der Regel parallel zueinander oder um 90° gegenseitig versetzt.

Als Fertigungsausgleich müssen freigegeben und gekennzeichnet werden:

– wenn eine Federkraft, Länge (L_0) und Vorspannkraft (F_0) vorgeschrieben sind: Die Anzahl der federnden Windungen und entweder der Werkstoffdurchmesser (d) oder der äußere oder innere Windungsdurchmesser.

– bei zwei vorgeschriebenen Federkräften die gleichen Größen, außerdem die Vorspannkraft (F_0).

10.3 Fertigungszeichnung

10.3.1 Normung in der Fertigungszeichnung

Die Zeichnungen enthalten Informationen über die Funktion, Fertigung, Montage, sowie die Prüfbedingungen der Einzelteile und Baugruppen.

Sie geben Auskunft über die Größe, Form, Oberflächenbeschaffenheit, sowie zulässige Abweichungen der Maße, Formen und Lagen bei den Einzelteilen.

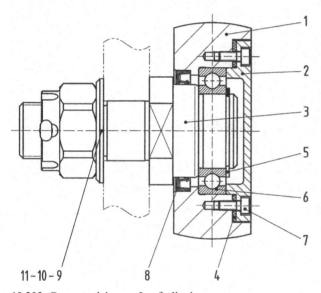

10.203 Gesamtzeichnung Laufrollenlagerung

10

Pos.	Menge	Einh.	Benennung	Sachnummer/Norm – Kurzbezeichnung	Bemerkung
1	1	Stck	Laufrolle		16MnCr5
2	1	Stck	Lagerdeckel		9SMn28
3	1	Stck	Achse		16MnCr5 + C
4	1	Stck	Dichtring		NBR
5	1	Stck	Sicherungsring	DIN 471 - 40 x 1,75	
6	1	Stck	Rillenkugellager	DIN 625 - 6008	
7	4	Stck	Zylinderschraube	ISO 4762 - M5 x 12 - 8.8	
8	1	Stck	RWDR	DIN 3760 - AS50 x 65 x 8 - NB	
9	1	Stck	Scheibe	ISO 7090 - 30 - 200HV	
10	1	Stck	Kronenmutter	DIN 935 - M30 x 2 - 8	
11	1	Stck	Splint	ISO 1234 - 6,3 x 50 - St	

Verantwortl. Abt.	Technische Referenz Projekt Laufrolle	Erstellt durch	Genehmigt von	
		Dokumentenart Stückliste		Dokumentenstatus
		Titel, Zusätzlicher Titel **Laufrollenlagerung mit Splint**	Sachnummer	
			Änd. Ausgabedatum	Spr. Blatt

10.204 Stückliste

Für die Fertigungszeichnung Achse sind beispielhaft die zu berücksichtigenden Normen zusammengestellt.

DIN ISO 128-24 Linienarten

DIN ISO 128-30 Grundlagen der Darstellung

DIN 406-10, -11, -12 Maßeintragung, Toleranzen

DIN 323-1 Normmaße

DIN EN ISO 3098-2 Normschrift

DIN EN ISO 5457 Blattgrößen

DIN EN ISO 7200 Schriftfelder

DIN ISO 5455 Maßstäbe

DIN ISO 2768-1, -2 Toleranzangaben

DIN ISO 1101 Form- und Lagetoleranzen

DIN 7157 Passungsauswahl

DIN EN ISO 1302 Oberflächenangaben

DIN ISO 13715 Werkstückkanten

DIN 6773 Angaben wärmebehandelter Teile in Zeichnungen

DIN 471 Sicherungsring (Wellennut)

DIN 3760 Radialwellen Dichtring (Einbauangaben)

DIN 5425-1 Wälzlager – Einbautoleranzen

DIN 509 Freistiche

DIN 76-1 Gewindefreistiche

DIN ISO 6410-1 bis -3 Gewindedarstellung

DIN EN ISO 4753 Gewindeenden

DIN ISO 6411 Zentrierbohrungen

10

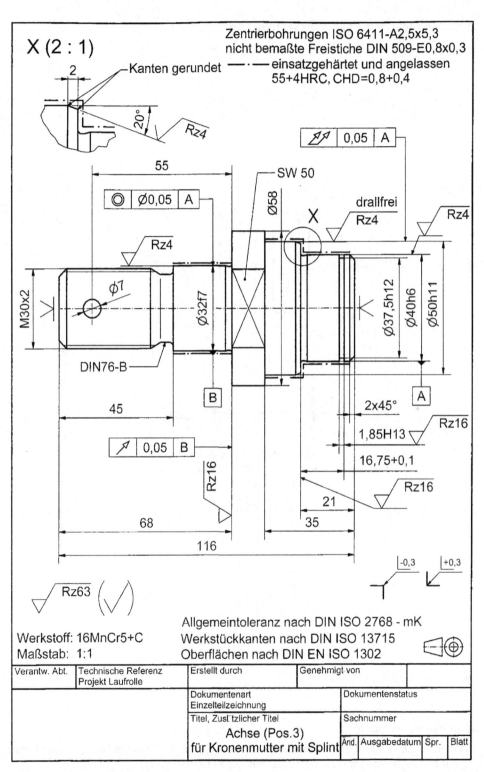

X (2 : 1)

Kanten gerundet

Zentrierbohrungen ISO 6411-A2,5x5,3
nicht bemaßte Freistiche DIN 509-E0,8x0,3
einsatzgehärtet und angelassen
55+4HRC, CHD=0,8+0,4

20° Rz4

2

0,05 | A

55

SW 50

Ø58

⌀0,05 | A

X

drallfrei
Rz4

Rz4

Rz4

M30x2

Ø7

Ø32f7

Ø37,5h12

Ø40h6

Ø50h11

DIN76-B

B

A

45

2x45°

Rz16

0,05 | B

1,85H13

16,75+0,1

Rz16

68

35

21

Rz16

116

-0,3 +0,3

Rz63

Allgemeintoleranz nach DIN ISO 2768 - mK

Werkstoff: 16MnCr5+C
Maßstab: 1:1

Werkstückkanten nach DIN ISO 13715
Oberflächen nach DIN EN ISO 1302

Verantw. Abt.	Technische Referenz Projekt Laufrolle	Erstellt durch	Genehmigt von		
		Dokumentenart Einzelteilzeichnung		Dokumentenstatus	
		Titel, Zusätzlicher Titel		Sachnummer	
		Achse (Pos.3) für Kronenmutter mit Splint		Änd.	Ausgabedatum	Spr.	Blatt

10

10.205 Fertigungszeichnung Achse

10.3.2 Beispiele von Fertigungszeichnungen

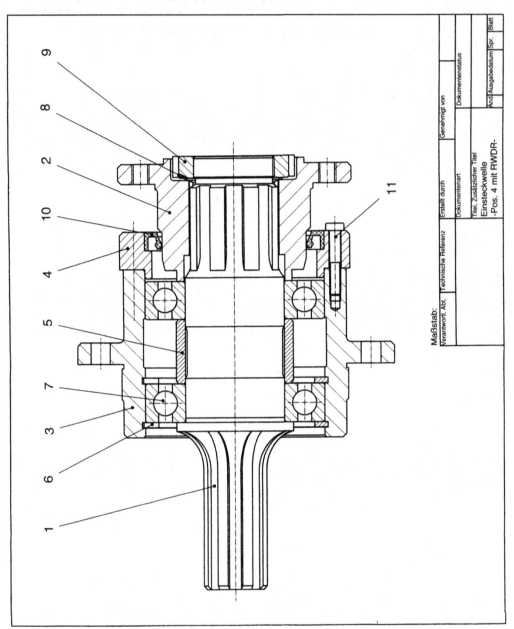

10.206 Geamtzeichnung Einsteckwelle

Funktionsbeschreibung:

Die Baugruppe Einsteckwelle verbindet als starre Kupplung eine Antriebseinheit keilwellenseitig mit einem anzutreibenden Aggregat auf der Flanschseite.

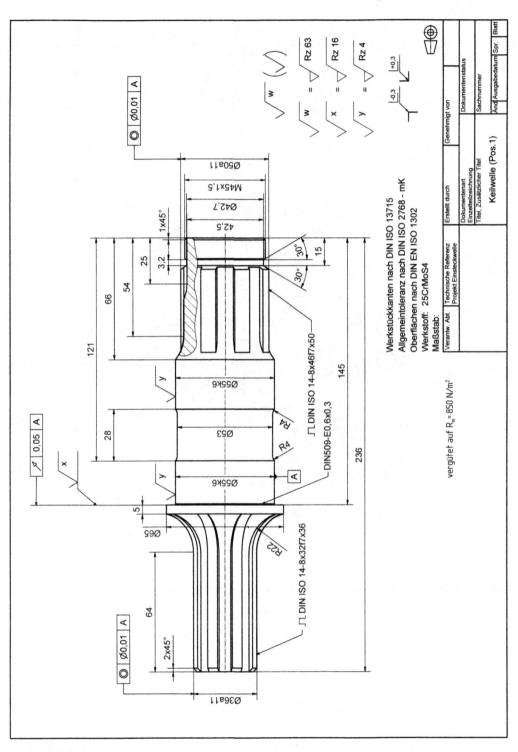

10.207 Fertigungszeichnung Keilwelle

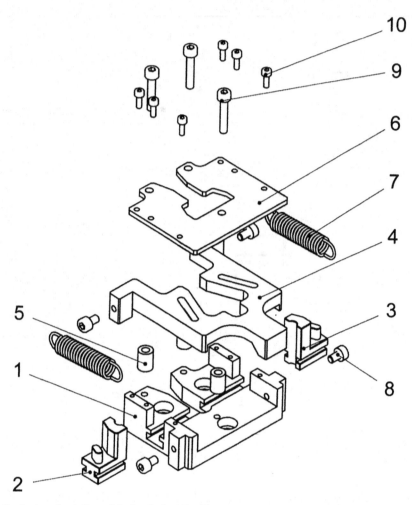

10.208 Explosionsdarstellung Mechanischer Greifer

Funktionsbeschreibung:

Die Baugruppe Mechanischer Greifer ist Teil einer automatischen Montagestation.

Mit der Baugruppe werden Stahlseilstücke zum nächsten Bearbeitungsschritt weitertransportiert. Der Schieber (Pos. 4) wird dabei pneumatisch betätigt.

10

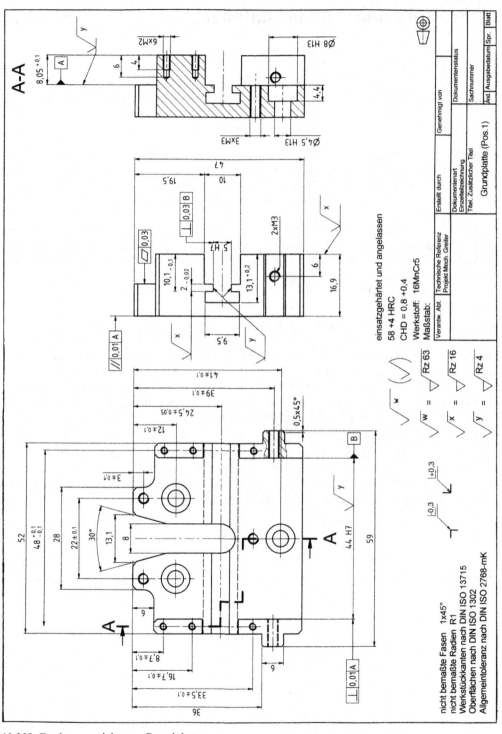

10.209 Fertigungszeichnung Grundplatte

11 Schweiß- und Lötverbindungen

Durch Schweißen und Löten werden Werkstoffe unter Aufwand von Wärme und/oder Druck stoffschlüssig miteinander verbunden. Das geschieht mit oder ohne Beigabe von Zusatz-Werkstoffen. Die Schweißverfahren lassen sich unterscheiden

- **nach der Art der Grundwerkstoffe** in Schweißen von Metallen, Kunststoffen, anderen Werkstoffen und von Werkstoffkombinationen,
- nach **dem Zweck des Schweißens** in Verbindungsschweißen, bei dem die Teile zusammengefügt werden, und Auftragsschweißen, das im stellenweisen Beschichten der Werkstücke besteht,
- **nach dem Ablauf des Schweißens** in Pressschweißen, wenn die hoch zu erhitzenden Verbindungsstellen unter Druck vereinigt werden, und Schmelzschweißen, bei dem die Verbindung der bis zum flüssigen Zustand erhitzten Stellen meist unter gleichzeitigem Schmelzen des Zusatzwerkstoffes geschieht,
- nach **der Art der Fertigung** in Schweißen von Hand, in teilmechanisiertes, vollmechanisiertes und automatisches Schweißen.

(Die Angaben gelten für das Löten sinngemäß)

Zum Pressschweißen zählen Feuer-, Widerstandsschweißen und andere. Beim Feuerschweißen werden die Teile im Ofen erhitzt und durch Freiformen ohne Schweißzusatz geschweißt. Beim Widerstandsschweißen erhitzt man die Berührungsstellen durch elektrischen Strom. Hierzu gehören das Pressstumpfschweißen, bei dem die Stücke mit den Stirnflächen verbunden werden, das Punkt- und das Rollennahtschweißen.

Zum Schmelzschweißen gehören das Gasschweißen, bei dem die Werkstücke an den Schweißstellen und ggf. der Schweißstab als Zusatzwerkstoff durch eine Acetylen-Sauerstoff- oder eine Wasserstoff-Sauerstoffflamme bis zum Schmelzfluss erhitzt werden, und das Lichtbogenschweißen. Die Hitze wird hier durch einen elektrischen Lichtbogen zwischen Schweißstab und Werkstück oder zwischen zwei Elektroden erzeugt.

Kunststoffe werden durch warme Luft, durch Heizelemente, durch Reiben, durch hochfrequente Ströme oder durch Ultraschall erwärmt.

Folgende Normen sind unbedingt zu beachten: DIN 8593-6 (Fügen durch Schweißen), DIN EN 14610 (Metallschweißprozesse) und DIN EN ISO 4063 (Referenznummern für Schweißprozesse).

U. Kurz, H. Wittel, *Konstruktives Zeichnen Maschinenbau*,
DOI 10.1007/978-3-658-17257-2_11, © Springer Fachmedien Wiesbaden GmbH 2017

11.1 Darstellung (DIN EN 22553)

Zu schweißende Teile werden am Schweißstoß durch Schweißnähte zu einem Schweißteil gefügt. Eine Schweißgruppe entsteht durch Schweißen von Schweißteilen. Das fertige Teil kann aus einer oder mehreren Schweißgruppen bestehen.

Schweißstoß ist der Bereich, in dem die Teile durch Schweißen vereinigt werden. Die Stoßart wird durch die konstruktive Anordnung der Teile zueinander bestimmt (Verlängerung, Verstärkung, Abzweigung, Tab. 11.1). Die Stoßform dagegen wird durch die Vorbereitung der Teile und durch Maße und Lageangaben am Stoß festgelegt (z. B. Fuge).

Schweißnaht. Sie vereinigt die Teile am Schweißstoß. Die Nahtart wird bestimmt z. B. durch die Art des Schweißstoßes, Art und Umfang einer Vorbereitung, den Werkstoff oder das Schweißverfahren.

Tabelle 11.1 Schweißstoßarten

Art	Kennzeichen	Merkmale
Stumpfstoß		Die Teile liegen in einer Ebene und stoßen stumpf gegeneinander.
Parallelstoß		Die Teile liegen parallel aufeinander.
Überlappstoß		Die Teile liegen parallel aufeinander und überlappen sich.
T-Stoß		Die Teile stoßen rechtwinklig (T-förmig) aufeinander.
Doppel-T-Stoß (Kreuzstoß)		Zwei in einer Ebene liegende Teile stoßen rechtwinklig (kreuzend, Doppel-T) gegen ein dazwischenliegendes drittes.
Schrägstoß		Ein Teil stößt schräg gegen ein anderes.
Eckstoß		Zwei Teile stoßen unter beliebigem Winkel aneinander (Ecke).
Mehrfachstoß		Drei oder mehr Teile stoßen unter beliebigem Winkel aneinander.
Kreuzungsstoß		Zwei Teile liegen kreuzend übereinander.

11

Man unterscheidet:

- **Stumpfnaht.** Die Teile liegen in einer Ebene und sind durch Schweißen gefügt (z. B. I-Naht).
- **Kehlnaht.** Hier bilden die Teile eine Kehlfuge zur Aufnahme der Schweißnaht. Es gibt die Kehl- und die Doppelkehlnaht.
- **Sonstige Nähte,** bei denen gleichzeitig verschiedene Fugen- und Kehlformen angewendet werden (z. B. HV-Naht mit Kehlnaht, HY-Naht mit Kehlnähten am Schrägstoß, Liniennaht am Überlappstoß). – Nahtvorbereitung s. DIN EN ISO 9692-1.

Kennzeichnung. Schweiß- und Lötverbindungen müssen eindeutig gekennzeichnet und sollen den allgemeinen Regeln für technische Zeichnungen entsprechend eingetragen sein. Zur Vereinfachung verwendet man grafische Symbole und Kennzeichen (z.B. für die Bewertungsgruppen). Wenn sie nicht eindeutig sind, sind die Nähte gesondert zu zeichnen und vollständig zu bemaßen (bildliche Darstellung, **11.1**). Die Schweißnähte werden bevorzugt symbolhaft dargestellt. In der bildlichen Darstellung wird der Nahtquerschnitt geschwärzt und in der Ansicht durch kurze, der Nahtform angepasste Querstriche gezeichnet, z.B. Tab. 11.2 und **11.1**.

Grafische Symbole kennzeichnen die Form, Vorbereitung und Ausführung der Naht. Sie sind nicht an bestimmte Schweiß- und Lötverfahren gebunden.

Das allgemeine grafische Symbol darf eingetragen werden, wenn die Art und Ausführung der Naht freigestellt ist, **11.2**.

Tab. 11.2 zeigt die Grundsymbole. Sie enthält auch Beispiele zur Anwendung von Zusatzsymbolen für die Oberflächenform und zur Nahtausführung (Tab. 11.3 und 11.4). Sind keine Zusatzsymbole enthalten, ist die Oberflächenform bzw. Nahtausführung freigestellt. Ergänzungssymbole weisen auf den Nahtverlauf (z.B. „ringsum"-verlaufend) und die Baustellennähte hin, Tab. 11.5. Zusammengesetzte grafische Symbole bestehen aus Kombinationen von Grundsymbolen, Tab. 11.6. Wenn die symbolische Darstellung zu schwierig ist, ist eine derartige Kombination gesondert darzustellen.

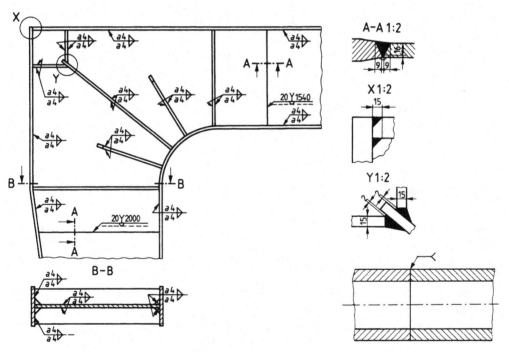

11.1 Rahmenecke (Darstellung mit Hilfe grafischer Symbole)   **11.2** Allgemeines grafisches Symbol

Tabelle 11.2 Grundsymbole und Anwendungsbeispiele (Auszug aus DIN EN 22553)

Nr.	Benennung und Symbol-nummer	Darstellung		symbolische Darstellung	
		räumlich	erläuternd	wahlweise	
1	Bördelnaht ⋀ 1				
2					
3	I-Naht ‖ 2				
4					
5	V-Naht ⋁				
6	3				
7					
8	HV-Naht ⋁				
9	4				
10					
11	Y-Naht Y 5				

Fortsetzung s. nächste Seite.

11

Tabelle 11.2 Fortsetzung

Nr.	Benennung und Symbol- nummer	Darstellung			symbolische Darstellung		
		räumlich	erläuternd		wahlweise		
12	HY-Naht ⊬						
13	6						
14	U-Naht ⊻ 7						
15	HU-Naht (Jot-Naht) ⊬						
16	8						
17							
18							
19	Kehlnaht △ 10						
20							
21							
22	Lochnaht ⊓ 11						

Fortsetzung s. nächste Seite.

Tabelle 11.2 Fortsetzung

Nr.	Benennung und Symbol-nummer	Darstellung		symbolische Darstellung	
		räumlich	erläuternd	wahlweise	
23		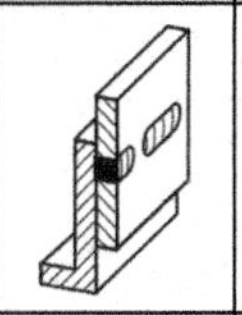	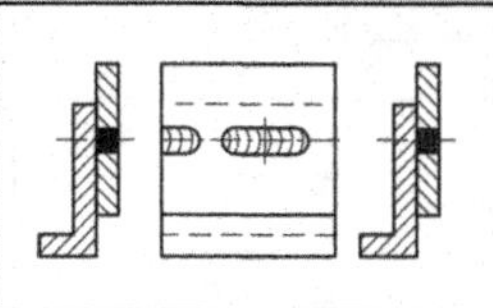	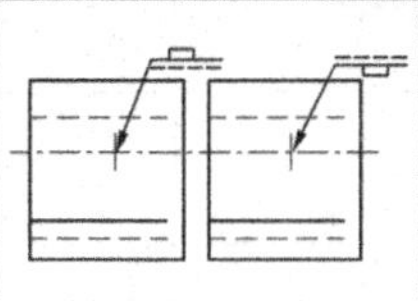	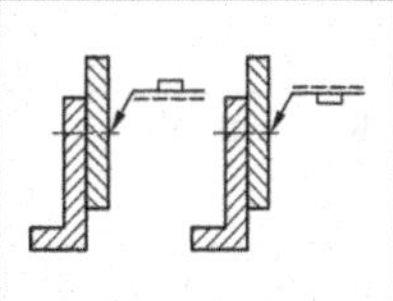
24	Punktnaht ○ 12	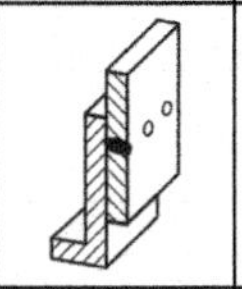	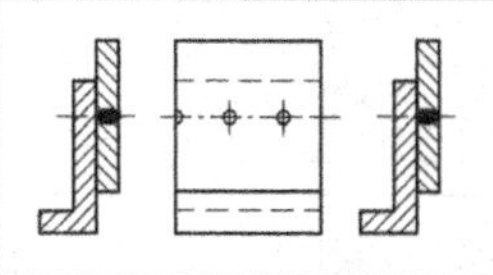	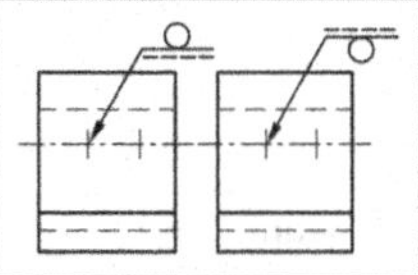	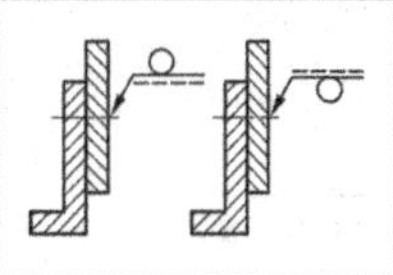
25		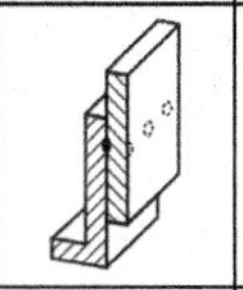	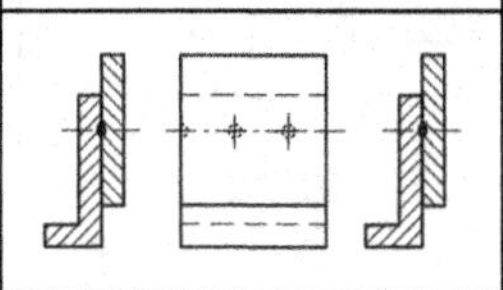	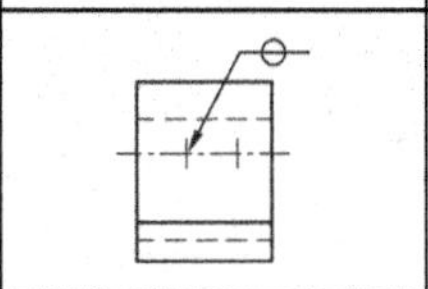	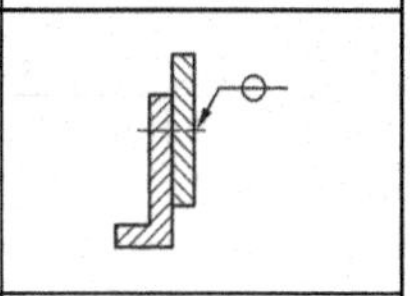
26	Liniennaht ⊖ 13	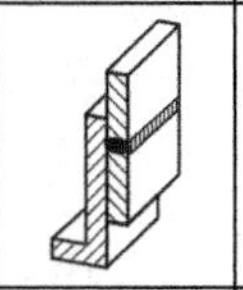	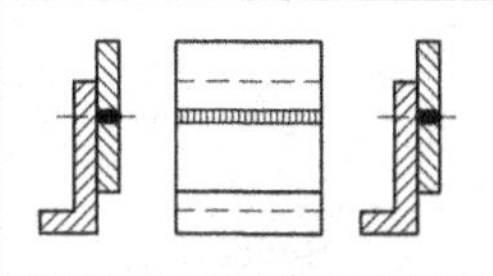	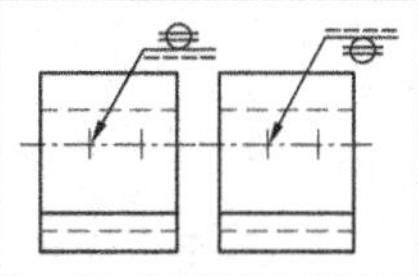	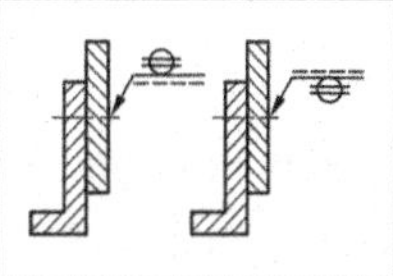
27		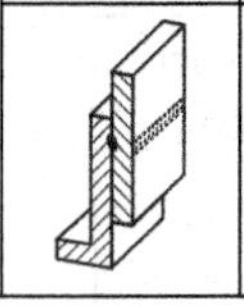	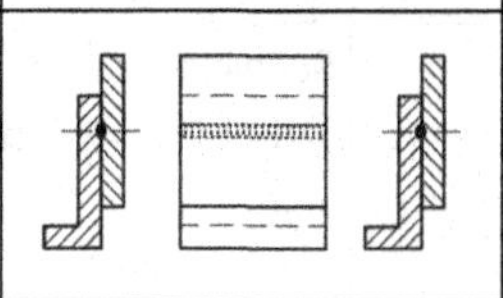	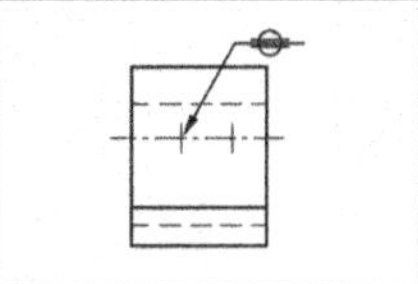	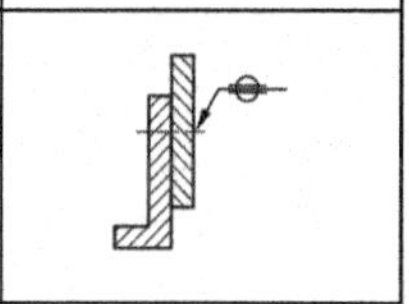

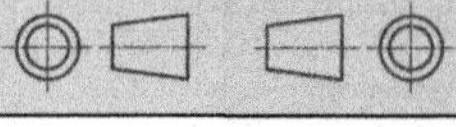

11

Tabelle 11.3 Zusatzsymbole

Form der Oberflächen oder der Naht	Symbol
a) flach (üblicherweise flach nachbearbeitet)	—
b) konvex (gewölbt)	⌒
c) konkav (hohl)	⌣
d) Nahtübergänge kerbfrei	⌣⌐
e) verbleibende Beilage benutzt	⎰M⎱
f) Unterlage benutzt	⎰MR⎱

Tabelle 11.4 Anwendungsbeispiele für Zusatzsymbole

Benennung	Darstellung	Symbol
Flache V-Naht		
Gewölbte Doppel-V-Naht		
Hohlkehlnaht		
Flache V-Naht mit flacher Gegenlage		
Y-Naht mit Gegenlage		
Flach nachbearbeitete V-Naht		1)
Kehlnaht mit kerbfreiem Naht-übergang		

Tabelle 11.5 Ergänzungssymbole

Bedeutung	grafisches Symbol	Bedeutung	grafisches Symbol
Ringsum-Naht		Schweißprozess (nach DIN EN ISO 4063)	23
Baustellennaht		Bezugsangabe	A1

1) Symbol nach ISO 1302; es kann auch das Grundsymbol $\sqrt{}$ benutzt werden.

Tabelle 11.6 Zusammengesetzte grafische Symbole

Benennung und Symbolnummer	Darstellung			symbolische Darstellung		
	räumlich	erläuternd ⊕◁ ◁⊕		wahlweise		
Bördelnaht ⋏1 mit Gegenlage ▽9 1-9						
I-Naht ‖2 geschweißt von beiden Seiten 2-2						
Doppel-V-Naht ⋁3 (X-Naht) 3-3						
Doppel-HV-Naht ⋁4 (K-Naht) 4-4						
Doppel-Y-Naht ⋎5 5-5						
Doppel-HY-Naht ⋎6 (K-Stegnaht) 6-6						
V-U-Naht ⋁3 ⋎7 3-7						
Doppel-Kehl-naht ◺10 ◹10 10-10						

11

Tabelle 11.7 Beispiele für die Kombination von Grund- und Zusatzsymbolen

Die Schnittflächen in Schweißteilzeichnungen haben unterschiedliche Schraffur. Eine Kennzeichnung soll sich in der Zeichnung nicht wiederholen. In den Tabellen sind jedoch die Schweißstellen sowohl im Schnitt als auch in der Ansicht gekennzeichnet, um beide Möglichkeiten zu zeigen.

Das Bezugszeichen **11.3** besteht

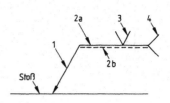

- aus der Bezugslinie (zwei Parallellinien, und zwar der Bezugs-volllinie und der Bezugsstrichlinie, die je nach Projektions-methode über oder unter der Bezugsvolllinie angegeben wer-den kann); bei symmetrischen Nähten darf sie entfallen;
- aus einer Pfeillinie je Stoß;
- aus der Gabel (nur erforderlich bei Angaben über Verfahren, Bewertungsgruppe, Schweißposition, Zusatzwerkstoffe und Hilfsstoffe);
- aus dem grafischen Symbol, das auf die Seite der Bezugsvoll-linie oder Bezugsstrichlinie gesetzt werden darf, **11.4**.

11.3 Bezugszeichen
1   Pfeillinie
2a   Bezugslinie (Volllinie)
2b   Bezugslinie (Strichlinie)
3   Symbol
4   Gabel

Die Bezugslinie soll waagerecht zur Zeichnungshauptlage oder (wenn dies nicht möglich ist) senkrecht dazu verlaufen.

Das grafische Symbol steht senkrecht zur Bezugslinie. Die Lage der Naht am Stoß wird durch die Stellung des Symbols zur Bezugslinie gekennzeichnet.

- Wenn das Symbol auf der Seite der Bezugs-Volllinie angeordnet wird, befindet sich die Naht (die Nahtoberseite) auf der Pfeilseite des Stoßes, **11.4**a.
- Wenn das Symbol auf der Seite der Bezugs-Strichlinie angeordnet wird, befindet sich die Naht (die Nahtoberseite) auf der Gegenseite des Stoßes, **11.4**b. Bei Punktschweißungen, die durch Buckel-schweißen hergestellt werden, gilt die Buckelseite als Nahtoberseite.

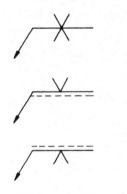

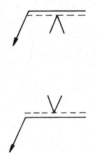

a) Naht, ausgeführt von der Pfeilseite   b) Naht, ausgeführt von der Gegenseite

11.4 Lage des Symbols zur Bezugslinie

Bei einseitigen Kehlnähten wird unterschieden zwischen Pfeil- und Gegenseite. Die Pfeilseite ist die Seite, auf die die Pfeillinie weist, **11.5**. Das grafische Symbol steht oberhalb der Be-zugslinie, wenn die Kehlnaht auf der Pfeilseite liegt, und unterhalb, wenn sie sich auf der Gegenseite befindet. Dabei zeigt die Spitze des grafischen Symbols für die Kehlnaht nach rechts.

Die Richtung der Pfeillinie zur Naht hat nur Bedeutung bei unsymmetrischen Nähten (HV-, HY- und HU-Nähte). In diesen Fällen muss die Pfeillinie zu dem Teil zeigen, an dem die Nahtvorbereitung vorgenommen wird, **11.6**a. Um das bearbeitete Teil eindeutig zu kennzeich-nen, darf die Pfeillinie auch gewinkelt dargestellt werden, **11.6**b.

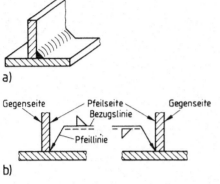

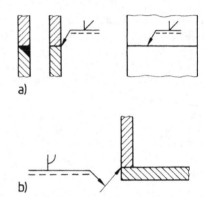

11.5 Stellung des grafischen Symbols für Kehlnähte
   a) Illustration
   b) symbolhafte Darstellung

11.6 Richtung der Pfeillinie
   a) bei einer HV-Naht
   b) bei gewinkelter Pfeillinie (HU-Naht)

11.2 Bemaßung (DIN EN 22553)

Die symbolische Darstellung von Schweiß- und Lötnähten und die Maßeintragung in Zeichnungen sind unabhängig vom Schweiß- bzw. Lötverfahren. Sie müssen klar und unmissverständlich sein. Reichen die Schweißzeichen zum Kennzeichnen der Vorbereitung und des Endzustands nicht aus, werden Einzelheiten gesondert, ggf. vergrößert dargestellt (z. B. die vorzubereitende Fugenform).

Die Form der Schweißfugen hängt ab vom Werkstoff, der Dicke des Werkstücks, der Stoßart, dem Schweißverfahren, der Schweißposition und der Fertigungsmöglichkeit. Fugenformen an Stählen s. DIN EN ISO 9692-1 und 2.

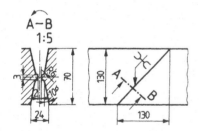

11.7
DU-Naht mit vorbereiteter Fuge in symbolischer
und bildlicher Darstellung

Zur Bemaßung darf jedem Nahtsymbol eine bestimmte Anzahl von Maßen zugeordnet sein:
–   Hauptquerschnittsmaße werden auf der linken Seite des Symbols,
–   Längenmaße auf der rechten Seite des Symbols eingetragen.

Das Maß, das den Abstand der Naht zum Werkstückrand festlegt, erscheint nicht in der Symbolisierung, sondern in der Zeichnung. Das Fehlen einer Angabe nach dem Symbol bedeutet, dass die Naht durchgehend über die gesamte Länge des Werkstückes läuft.

Tabelle 11.8 Schweißnähte – Hauptmaße

Nr.	Benennung	Darstellung	Definition	Eintragung
1	Stumpfnaht		s: Mindestmaß von der Werkstückoberfläche bis zur Unterseite des Einbrandes; es kann nicht größer sein als die Dicke des dünneren Werkstückes.	$\vee$
				$s \parallel$
				$s Y$
2	Bördelnaht		s: Mindestmaß von der Nahtoberfläche bis zur Unterseite des Einbrandes.	1)
3	Durchgehende Kehlnaht		a: Höhe des größten gleichschenkligen Dreiecks, das sich in die Schnittdarstellung eintragen lässt. z: Schenkel des größten gleichschenkligen Dreiecks, das sich in die Schnittdarstellung eintragen lässt.	$a \triangle$ $z \triangle$
4	Unterbrochene Kehlnaht		l: Einzelnahtlänge (ohne Krater) (e): Nahtabstand n: Anzahl der Einzelnähte a z $\Big\}$ (s. Nr. 3)	$a \triangle n \times l (e)$ $z \triangle n \times l (e)$
5	Versetzte, unterbrochene Kehlnaht		l (e) n $\Big\}$ (s. Nr. 4) a z $\Big\}$ (s. Nr. 3)	$\frac{a}{a} \triangleright n \times l \rceil (e) \atop n \times l \lfloor (e)$ $\frac{z}{z} \triangleright n \times l \rceil (e) \atop n \times l \lfloor (e)$
6	Langlochnaht		l (e) n $\Big\}$ (s. Nr. 4) c: Lochbreite	$c \sqcap n \times l (e)$
7	Liniennaht		l (e) n $\Big\}$ (s. Nr. 4) c: Breite der Naht	$c \oplus n \times l (e)$
8	Lochnaht		n: (s. Nr. 4) (e): Abstand d: Lochdurchmesser	$d \sqcap n (e)$
9	Punktnaht		n: (s. Nr. 4) (e): Abstand d: Punktdurchmesser	$d \bigcirc n (e)$

11

1) Gilt bei nicht durchgeschweißtem Bördel als I-Naht. Eintragung: s ‖

Stumpfnähte. Hier wird die Nahtdicke s (Mindestmaß von der Oberfläche des Teiles bis zur Unterseite der Durchschweißung) nur angegeben, wenn der Querschnitt nicht voll durchgeschweißt werden soll. Sie steht dann vor dem grafischen Symbol für die Nahtart. Die Nahtlänge l in mm gibt man nur bei Nähten an, die nicht über die ganze Stoßlänge verbunden sind. Das Maß steht hinter dem Nahtartsymbol. Wenn nicht anders angegeben, gelten Stumpfnähte als voll angeschlossen.

Bei unterbrochenen Nähten (z. B. Heftnähten) stehen nach dem grafischen Symbol die Anzahl n und die Länge l der jeweiligen Einzelnähte sowie die Länge der Zwischenräume e[1].

Bei Bördelnähten wird die Nahtdicke s nicht angegeben, wenn der Bördel vollständig niedergeschmolzen ist. Soll er dies nicht, wendet man das grafische Symbol für die I-Naht und die Nahtdicke an.

Bei Kehlnähten gibt es für die Angabe von Maßen zwei Methoden, **11.8**. Deshalb ist der Buchstabe a oder z stets vor das entsprechende Maß zu setzen. Für Kehlnähte mit tiefem Einbrand wird die Nahtdicke mit s angegeben, **11.9**.

Kehlnähte können je nach dem Nahtquerschnitt eine hohle (konkave), flache (ebene) oder gewölbte (konvexe) Oberflächenform haben **11.10** bis **11.12**. Für die Nahtlängen gelten die gleichen Bemaßungsgrundsätze wie für Stumpfnähte, wobei jedoch Krater, Nahtanfänge und -enden nicht zur Nahtlänge zählen.

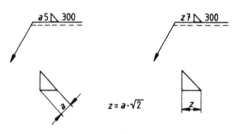
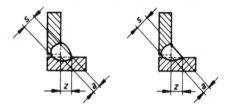

11

11.8 Eintragungsart für Kehlnähte

Für Kehlnähte mit tieferem Einbrand werden die Maße z. B. angegeben mit s8a6 ◿

11.9 Eintragungsart für Kehlnähte mit tiefem Einbrand

11.10   **11.11**   **11.12**

Lochnähte. Das kreisförmige oder längliche Loch ist mit Schweiß- oder Lötgut ausgefüllt. Schweißt man bei größeren Löchern nur Kehlnähte am Lochumfang, handelt es sich um Lochnähte. Bei einer Loch- oder Schlitznaht mit schrägen Flanken gilt das Maß am Grund des Lochs.

Punkt- und Liniennaht. Die Bemaßung geht aus Tab. 11.8 hervor.

---

1) e ist bei symbolhafter Darstellung stets in Klammern zu setzen

Schweiß-Zusatzwerkstoffe

Umhüllte Stabelektroden für das Verbindungsschweißen von unlegierten Stählen und Fein-kornstählen sind in DIN EN ISO 2560 genormt. Aus der Bezeichnung der Stabelektroden kann der Verbraucher die Auswahl und Anwendung der Elektroden ersehen (Einzelheiten s. Norm).

Gasschweißstäbe für das Verbindungsschweißen von Stahl sind in DIN EN 12536 festgelegt.

Schweiß-Zusatzwerkstoffe für Aluminium-Werkstoffe s. DIN EN ISO 18273, für Kupfer und Kupfer-legierungen s. DIN EN 14640, für Nickel und Nickellegierungen s. DIN EN ISO 18274, für nichtrostende und hitzebeständige Stähle s. DIN EN ISO 14343, für das Schweißen von Gusseisen s. DIN EN ISO 1071, für Auftragschweißen (Hartauftragung) s. DIN EN 14700, für das Unterpulverschweißen s. DIN EN 756, für das Schutzgas-Lichtbogenschweißen s. DIN EN ISO 14341, DIN EN ISO 17632, DIN EN ISO 636 und DIN EN ISO 17633.

Nachbehandlung und Prüfung werden durch Angaben, wie „spannungsarm geglüht", „Dichtheits-prüfung mit 10 bar", „Durchschallung" u.a. sowie durch besondere Abnahmevorschriften unter Hinweis darauf (z. B. „DIN EN 1090 bzw. DIN 18600, „Germanischer Lloyd" usw.) festgelegt.

Zur eindeutigen symbolhaften Darstellung sind folgende Angaben auf dem Bezugszeichen erforderlich, **11.13**:

① bei Schweißnähten: Nahtdicke s in mm, wenn der Querschnitt nicht voll durchgeschweißt wird; bei Kehlnähten: Nahtdicke a in mm; bei Loch-, Punkt- und Liniennähten: Lochbreite c, Lochlänge l, Punktdurchmesser d bzw. Breite der Liniennaht c;

② grafisches Symbol für die Naht;

③ Anzahl der Nahtlängen × Nahtlänge bei unterbrochenen Nähten;

④ Nahtabstand bei unterbrochenen Nähten;

⑤ Zusätzliche Angaben in dieser Reihenfolge und durch Schrägstriche voneinander abgegrenzt:
Verfahren (z. B. Kennzahl nach DIN EN ISO 4063)/
Bewertungsgruppe (z. B. nach DIN EN ISO 5817)/
Arbeitsposition nach DIN EN ISO 6947/
Schweißzusatzwerkstoff (z. B. nach DIN EN ISO 2560).

Sofern die Angaben nicht in der Gabel, sondern getrennt aufgeführt werden sollen, ist in der Gabel eine Bezugsangabe einzutragen und die Gabel zu schließen, **11.14**. Die Erläuterung für die Bezugsangabe ist anzugeben, z. B. in der Nähe des Zeichnungsschriftfelds.

11.13 Angaben auf dem Bezugszeichen

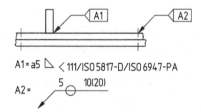

A1 = a5 ⟨ 111/ISO 5817-D/ISO 6947-PA

A2 =

11.14 Bezugsangabe in geschlossener Gabel

Die Arbeitsposition wird durch die Lage der Schweißung im Raum und durch die Arbeitsrichtung bestimmt. Durch Neigung und Drehung definierte Hauptpositionen werden durch Kurzzeichen beschrieben und erleichtern die Angabe. Die Wannenlage (PA) z. B. ist durch waagerechtes Arbeiten mit oberer Decklage und senkrechter Nahtmittellinie definiert. Die weiteren Haupt-positionen PB, PC, PD, PE, PF und PG s. DIN EN ISO 6947.

12 Werkstoffe

12.1 Werkstoffauswahl

Alle technischen Produkte werden aus Werkstoffen hergestellt. Die geforderte Qualität, Funktionalität, Umweltverträglichkeit und Wirtschaftlichkeit hängen entscheidend vom verwendeten Werkstoff ab. Die Summe aller Beanspruchungen, die ein Bauteil ertragen muss wird Anforderungsprofil genannt. Die Beanspruchungen finden in den Einflussbereichen *Festigkeit* (z. B. Spannungen, Verformungen), *Korrosion, Temperatur* (z. B. Wärmeausdehnung, Festigkeitsverlust durch Wärme) und *Reibung* (z. B. Verschleiß, Werkstoffverluste) statt.

Dem Anforderungsprofil an das Bauteil steht das Eigenschaftsprofil des Bauteilwerkstoffes gegenüber. Dieses lässt sich gliedern in *mechanische Eigenschaften* (z. B. Zugfestigkeit, Bruchdehnung), *technologische Eigenschaften* (z. B. Schwindmaß, Härtetiefe), *thermische Eigenschaften* (z. B. Zeitstandfestigkeit, Kerbschlagarbeit) und *chemische Eigenschaften* (z. B. Seewasserbeständigkeit, Korrosionsgeschwindigkeit).

Es ist stets zu prüfen, ob das Eigenschaftsprofil des Bauteilwerkstoffes dem Anforderungsprofil an das Bauteil entspricht. Der Werkstoff für einfache Werkstücke wird oft nach der Verfügbarkeit, dem Preis, den Fertigungsmöglichkeiten oder aus der Erfahrung heraus unter Zuhilfenahme von Werkstofftabellen Tab. 12.1 gewählt.

In die Herstellungskosten eines Produkts gehen auch die Werkstoffpreise ein. Einen ersten Überblick kann man sich durch die volumenbezogenen Relativkosten verschaffen. Nachfolgend ist ein Rundstab aus Baustahl S235 (Bezugsobjekt) mit der gleichen Halbzeugform anderer Stahlsorten, NE-Metallen oder Kunststoffen verglichen (Klammerwerte).

Stähle: Baustahl S235 (1,0), Einsatzstähle (1,1 ... 2,3), Vergütungsstähle (1,2 ... 1,7), Nitrierstähle (2,6), nichtrostende Stähle (3 ... 6).

NE-Metalle: CuZn-Legierungen (7 ... 8), CuSn-Legierungen (17), Reinaluminium (2,3), Al-Knetlegierungen (3 ... 4), Titan-Legierungen (40).

Kunststoffe: PVC (1), Polyamid (3,3), PTFE „Teflon" (15), Hartgewebe (6,8).

12.2 Ausgewählte Maschinenbauwerkstoffe, Eigenschaften und Verwendung

Eine ausführliche Darstellung befindet sich auf der Verlagshomepage unter extras.springer.com.

U. Kurz, H. Wittel, *Konstruktives Zeichnen Maschinenbau*,
DOI 10.1007/978-3-658-17257-2_12, © Springer Fachmedien Wiesbaden GmbH 2017

Tabelle 12.1 Maschinenbauwerkstoffe (Übersicht)

Werkstoffgruppe	Kurzname	Werk-stoff-nummer	A % min.	R_m N/mm² min.	R_e $R_{p0,2}$ N/mm² min.	Eigenschaften und Verwendung
Unlegierte Baustähle DIN EN 10025-2	S235JR	1.0038	26	360	235	Schweißkonstruktionen, einfache Maschinenteile Maschinenbaustahl, Wellen, Ritzel, Bolzen
	S355JR	1.0045	22	470	355	
	E295	1.0050	20	470	295	
	E360	1.0070	11	670	360	
Vergütungsstähle DIN EN 10083-2, -3, vergütet (+QT)	C45E	1.1191	14	700	490	Teile mit hoher Beanspruchung; Wellen, Zahnräder, Schnecken
	42CrMo4	1.7225	10	1100	900	
	30CrNiMo8	1.6580	9	1250	1050	
Einsatzstähle DIN EN 10084, gehärtet	C15E	1.1141	14	800	545	dynamisch beanspruchte Teile mit verschleißfester Oberfläche; Wellen, Zahnräder, Getriebeteile
	16MnCr5	1.7131	10	1000	695	
	18CrNiMo7-6	1.6587	8	1200	850	
Nitrierstähle DIN EN 10085, vergütet (+QT)	31CrMo12	1.8515	10	1030	835	hohe Verschleiß- und Dauerfestigkeit; Bolzen, Spindeln, Kolbenstangen
	33CrMoV12-9	1.8522	11	1150	950	
	34CrAlNi7-10	1.8550	10	900	680	
Automatenstähle DIN EN 10087-3, kaltgezogen (+C)	11SMnPb30	1.0718	8	460	375	kaltverfestigter Blankstahl mit ≥0,1% S; Bolzen, Grund-platten, Achsen
	10SPb20	1.0722	9	460	360	
	35SPb20	1.0756	8	560	360	
Nichtrostende Stähle DIN EN 10088-3	X6Cr17	1.4016	20	400	240	*ferritisch*: Bestecke, Stoß-stangen, Zierleisten
	X6CrMo17-1	1.4113	18	440	280	
	X20Cr13	1.4021	13	700	550	*martensitisch*: Wellen, Messer, Pumpenteile
	X39CrMo17-1	1.4122	12	750	550	
	X5CrNi18-10	1.4301	45	500	190	*austenitisch*: Nahrungsmittel-industrie, Schweißkonstruktionen
	X2CrNiMo17-12-2	1.4404	40	500	200	
Federstahl DIN EN 10089, vergütet (+QT)	46Si7	1.5024	7	1400	1250	Schraubenfedern Blatt- u. Tellerfedern Federdraht
	61SiCr7	1.7108	5,5	1550	1400	
	54SiCr6	1.7102	6	1450	1300	
kaltgewalztes Blech aus weichen Stählen DIN EN 10130	DC01	1.0330	28	270	140	einfache Ziehteile schwierige Ziehteile sehr schwierige Ziehteile
	DC04	1.0338	38	270	140	
	DC06	1.0873	38	270	120	
Stahlguss für allge-meine Anwendung DIN EN 10293	GE240	1.0445	22	450	240	Hebel, Bremsscheiben Schweißverbundkonstruktionen Turbinen- u. Ventilgehäuse
	G26CrMo4+QT	1.7221	10	700	550	
	GX3CrNi13-4+QT	1.6982	15	700	500	
Gusseisen mit Lamellengrafit DIN EN 1561	EN-GJL-150	5.1200	–	110…150	–	gute Gießbarkeit und Druckfestigkeit, Dämpfungsfähigkeit
	EN-GJL-250	5.1301	–	200…250	–	
	EN-GJL-350	5.1303	–	280…350	–	
Gusseisen mit Kugelgrafit DIN EN 1563	EN-GJS-350-22	5.3102	22	350	220	Gehäuse, Achsschenkel Pressenkörper Umformwerkzeuge
	EN-GJS-500-7	5.3200	7	500	320	
	EN-GJS-900-2	5.3302	2	900	600	
Temperguss DIN EN 1562	EN-GJMW-350-4	5.4200	4	350	–	entkohlend geglüht: Hebel, Ketten, Fittings nicht entkohlend geglüht: Hydraulikguss, Kolben
	EN-GJMW-550-4	5.4204	4	550	340	
	EN-GJMB-350-10	5.4101	10	350	200	
	EN-GJMB-800-1	5.4302	1	800	600	
Kupfer-Knetlegie-rungen DIN EN 12163	CuZn37-R290	CW508L	45	290	230	Tiefziehteile, Schrauben Gleitelemente, Lagerbuchsen Drehteile, Zahnräder, Platinen hoch belastete Gleitlager höchstbelastete Lagerteile Teile für Optik und Feinmechanik
	CuZn31Si1-R460	CW708R	22	460	240	
	CuZn40Pb2-R360	CW617N	20	360	320	
	CuSn8P-R390	CW459K	45	390	280	
	CuAl11Fe6Ni6-R740	CW308G	5	740	420	
	CuNi12Zn24-R380	CW403J	38	380	290	

12

12.3 Werkstoff- und Halbzeugangaben in Zeichnungen und Stücklisten

Der Werkstoff für das herzustellende Teil muss aus der Zeichnung und/oder der Stückliste eindeutig hervorgehen. In der Regel wird unter zugrundelegen der betreffenden Maßnorm eine Normbezeichnung nach DIN 820-2 gebildet. Die Bezeichnung genormter Gegenstände besteht danach aus einem Benennungsblock und einem Identifizierungsblock, der wiederum aus dem internationalen Norm-Nummernblock und dem Merkmaleblock, z. B. Rundstab EN 10060-32×3550E, Stahl EN 10025-S235JR, besteht. Werkstoffe können danach als Werkstoffart (z. B. Aluminium), Werkstoffgruppe (z. B. Aluminium-Knetlegierung nach DIN EN 573-3) oder Werkstoffsorte (z. B. ENAW-3103 nach DIN EN 573-3) festgelegt werden. Die Werkstoffsorte darf dabei als Werkstoff-Kurzzeichen, als Werkstoffnummer oder verschlüsselt (z. B. A2) angegeben werden, siehe Tab. 12.1. Gütenormen enthalten stets ein Bezeichnungsbeispiel und Bestellangaben.

Die Internationale Norm DIN ISO 5261 enthält Festlegungen für die vereinfachte Angabe von Stäben und Profilen in Zusammenbau- und Einzelteilzeichnungen. Sie besteht aus der entsprechenden ISO-Bezeichnung und – bei Erfordernis – der Länge der Profile oder Stäbe, die durch einen Mittelstrich voneinander getrennt werden. Dies gilt auch für das Ausfüllen von Stücklisten.

Beispiel   Winkelprofil ISO 657-1-40×40×4-1600

Weiterhin sind grafische Symbole für Stäbe (z. B. $\varnothing$, $\square$, $\triangle$, $\square$, $\bigcirc$) und für Profile (z. B. L, $\top$, I, C, $\daleth$, H) festgelegt. Diese dürfen für Profile durch Kurzzeichen (Großbuchstaben) ersetzt werden, z. B. L, T, I, H, U, Z.

In der zurückgezogenen DIN 1352-2 waren noch immer anzutreffende Abkürzungen enthalten, z. B. Bl (Blech), Dr (Draht), Fl (Flach), Rd (Rund), 4kt (Vierkant).

Direkte Zeichnungseintragung am Profil ist möglich, z. B.: $\square$ 120×15–830, $\square$ 100×60×4–715 (Rechteck-Hohlprofil) oder $\varnothing$ 168, 3×7,1–2500 (Rohr).

Bezeichnungsbeispiele:

12

Rundstab EN 10600-50×1250E

Stahl EN 10025-S355JR

warmgewalzter Rundstab nach EN 10060, Durchmesser 50 mm, Genaulänge (E) 1250 mm, aus unlegiertem Baustahl mit der Bezeichnung S355JR (bzw. 1.0045) nach EN 10025-2

Rohr – 30×ID26 – EN 10305-1 – E 235 + N – Genaulänge 1800 mm

nahtlos kaltgezogenes Präzisionsstahlrohr mit einem Außendurchmesser von 30 mm und einem Innendurchmesser von 26 mm nach EN 10305-1, gefertigt aus der Stahlsorte E235 im normal geglühten Zustand (+ N), geliefert in Genaulänge 1800 mm + 3 mm

Flach EN 10278 - 80×16 – 140

EN 10277-5 – 25CrMoS4 + C + QT (oder 1.7213 + C + QT) – Klasse 3

blanker Flachstahl („Blankstahl") der Breite 80 mm, der Dicke 16 mm und der Genaulänge 140 mm nach EN 10278 (Maßnorm), hergestellt aus Vergütungsstahl der Sorte 25CrMoS4 im Lieferzustand kaltgezogen (+ C) und vergütet (+ QT), Oberflächengüteklasse 3, nach EN 10277 (Werkstoffnorm)

U-Profil DIN 1026 – U240 – S355J2

warmgewalzter U-Profilstahl mit geneigten Flanschflächen (U) mit einer Höhe von 240 mm nach DIN 1026-1, aus Stahl mit dem Kurznamen S355J2 nach EN 10025-2

L EN 10056-1 – 70×50×6 - Stahl EN 10025-4 – S355ML

warmgewalzter ungleichschenkliger Winkel nach EN 10056-1 mit den Schenkelbreiten 70 mm und 50 mm, der Schenkeldicke 6 mm, aus schweißgeeignetem Feinkornbaustahl der Sorte S355ML nach EN 10025-4

Blech EN 10051 – 4,0×1200GK×2500
Stahl EN 10025-6 – S690QL

warmgewalztes Blech nach EN 10051 mit der Nenndicke 4,0 mm, Nennbreite 1200 mm, mit geschnittenen Kanten (GK), Nennlänge 2500 mm, aus der Stahlsorte S690QL nach EN 10025-6 (Baustahl (S) mit einer Mindeststreckgrenze von 690 N/mm^2 in vergütetem Zustand (Q) und in Gütegruppe (L)).

12.4 Kennzeichnung von Stoffen durch Schraffuren

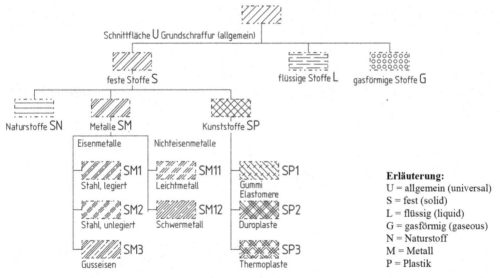

12.1 Kennzeichnung von Stoffen durch Schraffuren nach DIN ISO 128-50 (Anhang NB) (Auszug)

Schnittflächen sind im Allgemeinen ohne Rücksicht auf den Werkstoff mit der Grundschraffur U zu kennzeichnen. In manchen Zeichnungen kann es sinnvoll sein, unterschiedliche Stoffe zu charakterisieren. Dies kann durch Variation der Schraffur (Linienarten und geometrische Grundfiguren) erfolgen. In DIN ISO 128-50 (Anhang NB) findet zunächst eine Unterteilung in feste (S), flüssige (L) und gasförmige (G) Stoffe statt. Die Schraffuren fester Stoffe können dann weiter unterschieden werden in Naturstoffe (SN), Metalle (SM) und Kunststoffe (SP). Diese Gruppen können dann bei Bedarf weiter untergliedert werden, **12.1**.

Beachte: Wird diese besondere Darstellung durch Schraffuren angewandt, ist die Bedeutung deutlich auf der Zeichnung zu definieren, z. B. durch einen Hinweis auf ISO 128-50, Bilder, Wortangaben, chemische Formeln usw.

Beispiele für die Kennzeichnung von Werkstoffen im Bauwesen zeigen die Bilder **12.2**, **12.3** und **12.4**.

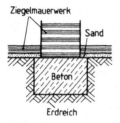
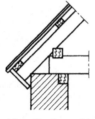
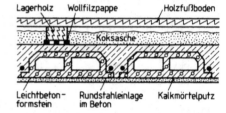

12.2 Grundmauerwerk   **12.3** Dachtraufe   **12.4** Stahlbeton-Rippendecke

12

13 Darstellung und Angaben über Wärmebehandlungen und Beschichtungen

13.1 Zeichnungsangaben über wärmebehandelte Teile aus Eisenwerkstoffen nach DIN ISO 15787

Die Zeichnung muss, außer dem Werkstoff, den Einbau- oder Endzustand des Teiles beschreiben und die notwendigen Angaben für die Härte und die Härtetiefe enthalten. Für Angaben wie dieser Zustand erreicht wird, sind ergänzende Fertigungsunterlagen, wie Wärmebehandlungsanweisungen (HTO) bzw. Wärmebehandlungspläne (HTS) in die Zeichnung aufzunehmen. Werden wärmebehandelte Teile nachträglich noch bearbeitet, muss ein entsprechendes Bearbeitungsaufmaß berücksichtigt werden. Durch geeignete Hinweise, wie Vorbearbeitungsmaße (in [ ]), zusätzliche Darstellungen (Einbauzustand oder Zustand nach der Wärmebehandlung) oder zusätzliche Wortangaben, wie z.B. „nach dem Schleifen" ist zu verdeutlichen, auf welchen Zustand sich die Zeichnungsangaben beziehen.

Wärmebehandlungszustand. Den gewünschten Endzustand nach der Wärmebehandlung bestimmt man als „gehärtet", „vergütet", „nitriert", „randschichtgehärtet" oder „aufgekohlt" durch entsprechende Einzelangaben. Sind mehrere Wärmebehandlungen erforderlich, so sind sie entsprechend der Reihenfolge der Durchführung aufzuzählen und mit „und" zu verknüpfen, z.B. „einsatzgehärtet und angelassen" **13.3, 13.12**.

Härteangaben. Die *Oberflächenhärte* muss als Vickershärte HV nach DIN EN ISO 6507-1, als Brinellhärte HB nach DIN EN ISO 6506-1 oder als Rockwellhärte HR nach DIN EN ISO 6508-1 angegeben werden. Die *Kernhärte* ist in die Zeichnung einzutragen, wenn dies notwendig und ihre Prüfung vorgeschrieben ist. Zur Prüfung ist eine Zerstörung oder Beschädigung des Werkstückes unumgänglich. Gegebenenfalls kann die Prüfung an einer zu diesem Zweck zusammen mit den Werkstücken wärmebehandelten Probe vorgenommen werden. Allen Härtewerten muss eine größtmögliche Plus-Toleranz zugeordent werden, z.B. (525+100) HV 10.

Kennzeichnen der Messstelle. Muss die Messstelle in der Zeichnung gekennzeichnet werden, trägt man das Symbol für die Messstelle ein, **13.1**. Man kann es direkt mit einer Kennzahl mit der Messstelle verbinden und die Lage entsprechend bemaßen, **13.2** und **13.3**.

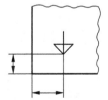

13.1 Messstelle, mit Symbol
und Bemaßung

13.2 Messstelle 2,
bemaßt

Festigkeitswerte werden nur angegegben, wenn Form und Maße eines Teiles bzw. mitbehandelten Probe, eine Prüfung auf Festigkeit zulassen. Die Stelle, an der eine Probe entnommen werden kann, legt man erforderlichenfalls maßlich fest. Die Angabe der Kernhärte entfällt. Dem Festigkeitswert ist eine größtmögliche Toleranz zuzuordnen, **13.5**.

U. Kurz, H. Wittel, *Konstruktives Zeichnen Maschinenbau*,
DOI 10.1007/978-3-658-17257-2_13, © Springer Fachmedien Wiesbaden GmbH 2017

Glühen. Die Kennzeichnung eines geglühten Zustandes muss durch die Wortangabe „geglüht" mit einer Zusatzbezeichnung, die das Glühverfahren näher kennzeichnet erfolgen, also z. B. weichgeglüht, spannungsarmgeglüht, normalgeglüht oder rekristallisationsgeglüht.

Aufkohlungstiefe (CD). Sie wird üblicherweise mit einem Kohlenstoffgehalt als Grenzmerkmal ermittelt. Der Grenzkohlenstoffgehalt ist dann als Index dem Kurzzeichen hinzuzufügen. $CD_{0,35}$ bedeutet z. B. einen Grenzkohlenstoffgehalt von 0,35% Massenanteil. Um das Werkstück nicht zu beschädigen kann die Prüfung an einer mitbehandelten Probe vorgenommen werden, **13.5.** Die stets mit einer größtmöglichen Toleranz versehene Angabe lautet z. B. „$CD_{0,35} = 0,5^{+0,3}_{0}$", **13.11.**

Härtetiefe. Sie ist der senkrechte Abstand von der Oberfläche des wärmebehandelten Werkstückes bis zu dem Punkt, an dem die Härte einem festgelegten Grenzwert entspricht. Sie wird entsprechend dem jeweiligen Wärmebehandlungsverfahren angegeben:

– Einhärtungs-Härtetiefe (**SHD**) bzw. Schmelzhärtungs-Härtetiefe (**FHD**) beim Induktionshärten bzw. Laser- und Elektronenstrahl-Randschichtschmelzhärten. Zum Kurzzeichen für die Härtetiefe muss der Zahlenwert der in HV 1 gemessenen Grenzhärte angegeben werden. Sie beträgt im Regelfall 80% der vorgeschriebenen Oberflächenmindesthärte. So beträgt z. B. für die Härte 525 HV 10 die Grenzhärte 0,8 · 525 = 420 HV 10 und bei einer verlangten Mindesthärtetiefe von 0,6 mm folgt die Angabe „FHD 420 = $0,6^{+0,3}_{0}$".

– Einsatzhärtungs-Härtetiefe (**CHD**). Sie wird in mm als Nennmaß angegeben. Die Grenzhärte beträgt im Regelfall 550 HV 1.

– Nitrier-Härtetiefe (**NHD**). Die Grenzhärte beträgt im Regelfall: Istkernhärte +50 HV 0,5. Sie wird in mm als Nennmaß angegeben.

– Verbindungsschichtdicke (**CLT**) bei Nitrocarburierung. Sie wird wie die Grenzabweichungen in μm angegeben. Beispiele: „CLT = (8^{+4}_{0}) μm", „CLT = (15^{+8}_{0}) μm".

Zweckmäßige Stufung der Härtetiefen und Anhaltswerte für die zuzuordnenden oberen Grenzabweichungen siehe Tabelle 13.1.

Tabelle 13.1 Mindesthärtetiefe und zugehörige obere Grenzabweichung der Wärmebehandlungsverfahren nach DIN ISO 15787 (Auszug)

Erforderliche Mindesthärtetiefe	obere Grenzabweichung in mm				
	Induktionshärten	Laser- und Elektronenstrahlhärten	Einsatzhärten	Nitrierhärten	Randschichtschmelzhärten (Laser)
mm	(SHD)	(SHD)	(CHD)	(NHD)	(FHD)
0,1	0,1	0,1	0,1	0,05	0,1
0,2	0,2	0,1	0,2	0,1	0,1
0,3	0,3	0,2	0,2	0,1	0,2
0,4	0,4	0,2	0,3	0,2	0,2
0,5	0,5	0,3	0,3	0,2	0,3
0,6	0,6	0,3	0,3	0,3	0,3
0,8	0,8	0,4	0,4	0,3	0,4
1,0	1,0	0,5	0,5	–	0,5
1,3	1,1	0,6	0,5	–	0,6
1,6	1,3	0,8	0,6	–	0,8
2,0	1,6	1,0	0,8	–	1,0
2,5	1,8	1,0	1,0	–	1,0

13

Die Angaben über die Wärmebehandlung trägt man zweckmäßig in der Nähe des Schriftfeldes ein. Zu beachten ist der Unterschied zwischen der Wärmebehandlung des ganzen Teiles und der örtlich begrenzten Wärmebehandlung.

Wärmebehandlung des ganzen Teiles. Bei allseitig gleichen Anforderungen kennzeichnet man die erforderliche Wärmebehandlung durch Wortangaben. Muss nach dem Härten angelassen werden, so genügt die Angabe „gehärtet" nicht. Die vollständige Angabe muss „gehärtet und angelassen" lauten, **13.3**. Wird bei der Prüfung der Nitrier-Härtetiefe von dem festgelegten Regelfall abgewichen und eine andere Prüflast als HV 0,5 benutzt, so ist dies bei der NHD-Angabe anzugeben (**13.4**).

Wird zur Prüfung des vergüteten Zustandes ein Abschnitt des wärmebehandelten Teils abgetrennt, so muss die Kennzeichnung nach **13.5** erfolgen.

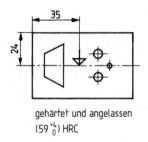

gehärtet und angelassen
$(59 \, {}^{+4}_{0})$ HRC

13.3 Teil mit gleichmäßiger Härte

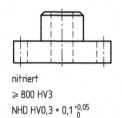

nitriert

≥ 800 HV3

NHD HV0,3 $= 0,1 \, {}^{+0,05}_{0}$

13.4 Angabe der Nitrier-Härtetiefe bei von HV 0,5 abweichender Prüflast

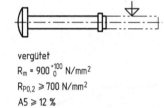

vergütet

$R_m = 900 \, {}^{+100}_{0}$ N/mm²

$R_{P0,2} \geq 700$ N/mm²

A5 ≥ 12 %

13.5 Werkstück mit mitbehandelter Probe

Muss ein Teil in einzelnen Bereichen unterschiedliche Härtewerte aufweisen und die Wärmebehandlung nach einer Wärmebehandlungsanweisung (HTO) durchgeführt werden, so sind die Bereiche unterschiedlicher Härte zu kennzeichnen und zu bemaßen. Auf die HTO ist hinzuweisen, **13.6**.

13

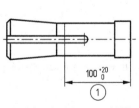

$100 \, {}^{+20}_{0}$

①

gehärtet und angelassen nach HTO
$(58 \, {}^{+4}_{0})$ HRC

① $(40 \, {}^{+5}_{0})$ HRC

13.6 Hinweis auf Wärmebehandlungsanweisung HTO

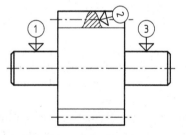

einsatzgehärtet und angelassen

① + ③ $(60 \, {}^{+4}_{0})$ HRC
CHD $= 0,8 \, {}^{+4}_{0}$

② $(700 \, {}^{+100}_{0})$ HV10
CHD $= 0,5 \, {}^{+0,3}_{0}$

13.7 Unterschiedliche Oberflächenhärte und Einsatzhärtungs-Härtetiefe

Die Ritzelwelle **13.7** ist allseitig einsatzgehärtet. Im Bereich der Messstellen 1, 2 und 3 müssen die angegebenen Werte der Oberflächenhärte und Einsatzhärtungs-Härtetiefe vorliegen.

Örtlich begrenzte Wärmebehandlung. Sie kann gegenüber einer Behandlung des ganzen Teils mit zusätzlichem Mehraufwand verbunden sein. Man kennzeichnet diejenigen Bereiche eines Teiles die *wärmebehandelt sein müssen*, durch eine *breite Strichpunktlinie* (— · — ISO 128-24, 04.2) außerhalb der Körperkontur. Bei rotationssymmetrischen Teilen genügt es zur Vereinfachung, eine entsprechende Mantellinie („die Erzeugende") zu kennzeichnen, **13.8**. Größe und Lage es Bereiches sind, so weit erforderlich, durch Maße und Toleranzen festzulegen.

Der Übergang zwischen wärmebehandeltem und nicht wärmebehandeltem Bereich liegt grundsätzlich außerhalb des Nennmaßes für die Länge des wärmebehandelten Bereichs.

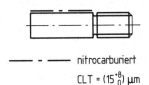

randschichtgehärtet

(620_{0}^{+160}) HV50

SHD500 = $0,8_{0}^{+0,8}$

13.8 Örtlich begrenztes Randschichthärten

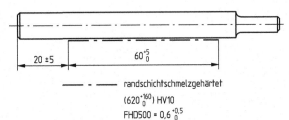

20 ±5 60_{0}^{+5}

randschichtschmelzgehärtet

(620_{0}^{+160}) HV10

FHD500 = $0,6_{0}^{+0,5}$

13.9 Örtlich begrenztes Randschichtschmelzhärten

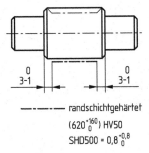

nitrocarburiert

CLT = (15_{0}^{+8}) µm

13.10 Örtlich begrenzte Nitrocarburierung

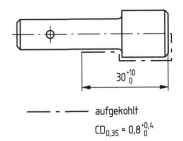

30_{0}^{+10}

aufgekohlt

$CD_{0,35}$ = $0,8_{0}^{+0,4}$

13.11 Örtlich begrenzte Aufkohlung

Bereiche, *die wärmebehandelt sein dürfen*, kennzeichnet man durch eine *breite Strichlinie* (— — — ISO 128-24, 02.2) außerhalb der Körperkontur und bemaßt sie, wenn erforderlich, **13. 12**. Dies kann die Durchführung der örtlichen Wärmebehandlung erleichtern und Verzug vermeiden.

Bereiche, die bei Ganzhärtung oder innerhalb der breiten Strichpunktlinie oder breiten Strichlinie *nicht wärmebehandelt sein dürfen*, kennzeichnet man mit einer *schmalen Strich-Zweipunktlinie* (— · · — · · — ISO 128-24, 05.1), **13.12**.

Bereiche an denen keine Wärmebehandlung erforderlich ist, sollten nicht gekennzeichnet werden.

Während die breite Strichpunktlinie außerhalb der Körperkanten den randschichtgehärteten Bereich kennzeichnet, kann dessen Lage und Verlauf durch eine schmale Strichpunktlinie (— · — · — ISO 128-24, 04.1) innerhalb der Kontur angegeben werden, **13.8**.

Beim Randschichthärten eines Werkstücks können sich verfahrensbedingt Bereiche geringerer Härte und Härtetiefe ergeben (Schlupfzone). Die zulässige Lage der Schlupfzone wird durch eine Bemaßung festgelegt, **13.13**. Zusätzliche Angaben müssen in einem Wärmebehandlungsplan (HTS) enthalten sein, auf den hingewiesen werden muss.

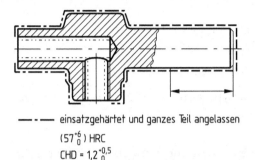

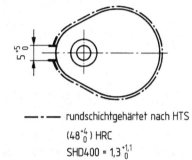

— · — einsatzgehärtet und ganzes Teil angelassen

(57_0^{+6}) HRC

CHD = $1{,}2_0^{+0{,}5}$

— · — rundschichtgehärtet nach HTS

(48_0^{+4}) HRC

SHD400 = $1{,}3_0^{+1{,}1}$

13.12 Bereiche die wärmebehandelt
(— — —) bzw. nicht wärmebehandelt
(— · · —) sein dürfen

13.13 Angabe der Schlupfzone

Ein **Wärmebehandlungsbild** fügt man der Darstellung hinzu, wenn sie unübersichtlich wird oder eine Verwechslung mit anderen Behandlungsverfahren möglich scheint. Diese Angaben zur Wärmebehandlung dürfen an einer separaten Darstellung des Teils gemacht werden. Sie darf unvollständig und an einer beliebigen freien Stelle der Zeichnung platziert sein. Sie muss den Titel "Wärmebehandlungsbild" tragen, **13.14**.

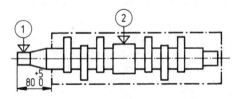

— · — einsatzgehärtet und ganzes Teil gehärtet
und angelassen

① (25_0^{+15}) HRC

② (58_0^{+4}) HRC

CHD = $1{,}2_0^{+0{,}5}$

13.14 Wärmebehandlungsbild

13

13.2 Zeichnungsangaben für Beschichtungen nach DIN 50960-2

Beschichten ist das Aufbringen einer fest haftenden Schicht aus formlosem Stoff auf ein Werkstück (DIN 8580). Man unterscheidet Beschichten aus dem gas-/dampfförmigen (z. B. Aufdampfen), dem flüssigen/breiigen (z. B. Anstreichen), dem ionisierten (z. B. Galvanisieren) und dem festen (z. B. Pulveraufspritzen) Zustand. Hauptanwendungen für Schichten sind der Korrosions- und Verschleißschutz sowie die Verbindungstechnik.

Ähnliche Regeln wie für die Kennzeichnung von Wärmebehandlungen gelten auch für die Bezeichnung von Beschichtungen. Die Bezeichnung galvanischer Überzüge ist z. B. in DIN EN 1403 festgelegt. Die Angabe auf der Zeichnung erfolgt an einem grafischen Symbol der Oberflächenbeschaffenheit (DIN EN ISO 1302), **13.15**.

EN 12329-Fe/HT(180)2/Zn10//D/T2

13.15 Beispiel für Angabe von Überzügen

Im Bezeichnungsbeispiel entsprechend EN 12329 (galvanische Zinküberzüge)

Galvanischer Überzug EN 12329-Fe/HT(180)2/Zn10//D/T2

bedeuten:

- Fe   Grundwerkstoff, Stahl
- HT (180)2   Wärmebehandlung des Grundwerkstoffes vor der Metallabscheidung bei 180 °C Mindesttemperatur über 2 Stunden
- Zn 10   10 µm dicker Zinküberzug
- //   fehlende Stufe: keine Wärmebehandlung nach der Metallabscheidung
- D   undurchsichtiger Chromatierüberzug
- T2   anorganisches Versiegelungsmittel

Weitere Symbole sind z. B.:

- Grundmetall: Zn (Zink), Cu (Kupfer), Al (Aluminium)
- galvanische Überzüge: Cd (Cadmium), Ni (Nickel), Cr (Chrom), Sn (Zinn)
- Chromat-Umwandlungsüberzüge: A (klar), B (gebleicht), C (irisierend)
- zusätzliche Behandlung: T1 (Anwendung von Farben, Lacken), T3 (Färben), T4 (Anwendung von Fetten, Ölen), T5 (Anwendung von Wachsen)

Phosphatüberzüge werden durch Behandeln des Metalls mit phosphorhaltiger Lösung hergestellt. Sie dienen dem Korrosionsschutz, der elektrischen Isolation, zur Verminderung der Reibung und zur Erleichterung der Kaltumformung. Die Bezeichnung der Überzüge wird nach DIN EN 12476 (Phosphatüberzüge auf Metallen) gebildet.

Das Bezeichnungsbeispiel **Phosphatüberzug EN 12476-Fe//Znph/r/5/T2/T1** benennt einen Überzug aus Zinkphosphat (Znph), der zum Korrosionsschutz (r) auf einen Eisenwerkstoff (Fe) mit einer flächenbezogenen Masse von (5) g/m^2 aufgebracht wird und durch Versiegelung (T2) und Anstrich (Tl) nachbehandelt wurde. Weitere Kurzzeichen für Überzüge sind (ZnCaph) für Zinkcalciumphosphat, (Mnph) für Manganphosphat und (Feph) für Phosphate vom behandelten Metall.

Feuerverzinken, als auf Stahl aufgebrachte Zinküberzüge (Stückverzinken), dienen dem Korrosionsschutz und sind mit DIN EN ISO 1461 genormt. Dabei werden besondere Kurzzeichen verwendet. Im Bezeichnungsbeispiel **Überzug DIN EN ISO 1461-tZno** steht tZno für „Feuerverzinken ohne Anforderung". Das Kurzzeichen tZnb steht für „Feuerverzinken und Beschichten", das Kurzzeichen tZnk für Feuerverzinken und „keine Nachbehandlung vornehmen".

Ein einheitlicher allseitiger Überzug wird in der Nähe des Schriftfeldes bzw. im Schriftfeld der Teilzeichnung angegeben, **13.16**. Alle Flächen des Teiles gelten dann als wesentliche Flächen (Funktionsflächen).

13

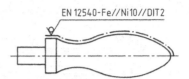

13.16 Allgemeine Angabe für allseitigen Überzug

13.17 Kennzeichnung eines beschichteten Bereichs mit zugeordneter Angabe der Überzugsart

Begrenzte Bereiche sind durch besondere Linien zu kennzeichnen. Wenn an einem Teil nur einzelne Bereiche einen Überzug erhalten müssen, werden diese durch eine breite Strichpunktlinie (DIN ISO 128-24, 04.2) gekennzeichnet (wesentliche Flächen). Die Angabe der Überzugsart erfolgt an der Strichpunktlinie **13.17** oder als Erklärung der Strichpunktlinie **13.18, 13.20**.

Flächen, die einen Überzug erhalten dürfen, obwohl dies nicht erforderlich ist (Fertigungserleichterung), werden durch eine breite Strichlinie (DIN ISO 128-24, 02.2) gekennzeichnet, **13.20**.

Wenn an einem Teil einzelne Bereiche ohne Überzug bleiben müssen, sind sie durch eine schmale Strich-Zweipunktlinie (DIN ISO 128-24, 05.1) zu kennzeichnen und gegebenenfalls zu bemaßen, **13.20**.

Eine Fertigmaßbeschichtung (z. B. für Passmaße) ist besonders anzugeben. Dabei wird das Vorbearbeitungsmaß und das Fertigmaß festgelegt. Vorbearbeitungsmaße werden dabei nach DIN 406-11 durch eckige Klammern gekennzeichnet, **13.19**.

Wird die Darstellung eines Teiles durch die Beschichtungsangaben unübersichtlich oder mehrdeutig, so wird auf der Zeichnung ein Beschichtungsbild hinzugefügt oder eine getrennte Beschichtungszeichnung angefertigt, also getrennte Zeichnungen für das vorgearbeitete und das fertige Teil. Eine maßstabsgetreue Darstellung ist nicht erforderlich. Das Beschichtungsbild ist als solches zu kennzeichnen und mit allen notwendigen Angaben zu versehen, **13.20**.

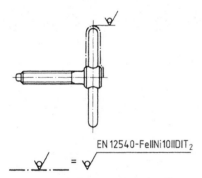

13.18 Vereinfachte Angabe der Überzugsart

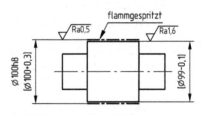

13.19 Fertigmaßbeschichtung

13

Die in **13.20** nicht direkt angegebenen Maße a und b dürfen in einer Tabelle stehen, in der z. B. das Fertigmaß, das Vorbearbeitungsmaß, die Grenzabmaße und die Schichtdicke enthalten sind. Wenn es erforderlich ist, die Oberflächenbeschaffenheit vor und nach der Beschichtung anzugeben, wird dies wie im Beispiel **13.20** angegeben.

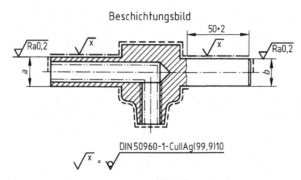

Durch- messer	Fertigmaß mm	Grenzmaß mm	Vorbearbeitungsmaß mm	Schichtdicke µm
a	$\varnothing 22,24$ h9	$\begin{matrix}0\\-0,052\end{matrix}$	$\begin{matrix}0\\\varnothing 22,208-0,04\end{matrix}$	10 bis 16
b	$\varnothing 21,85$ h8	$\begin{matrix}0\\-0,033\end{matrix}$	$\begin{matrix}0\\\varnothing 21,818-0,021\end{matrix}$	

13.20 Beschichtungsbild

Die gemeinsame Angabe von Beschichtung und Rauheit kann nach **13.21** erfolgen. Für Textangaben (z. B. Berichte) darf statt des grafischen Symbols das Kurzzeichen NMR (No material removed, d. h. Materialabtrag unzulässig), gefolgt von den Beschichtungsangaben und nach einem Strichpunkt der Oberflächenkenngröße, **13.21**b.

a) in Zeichnungen   b) im Text

13.21 Angabe einer Beschichtung und der Rauheitsanforderung

13.3 Zeichnungsangaben für wärmebehandelte und gleichzeitig beschichtete Teile

Bei *allseitiger* Beschichtung und Wärmebehandlung erfolgt der Eintrag durch zwei getrennte Sammelangaben in dem dafür vorgesehenen Zeichnungsfeld, **13.22**.

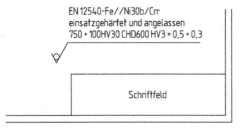

13.22 Sammelangabe von gleichzeitiger Beschichtung und Wärmebehandlung

Bei *teilweiser* Beschichtung und Wärmebehandlung der *gleichen Flächen* erfolgt der Eintrag durch zusammengefasste Angaben an der Darstellung, **13.23**.

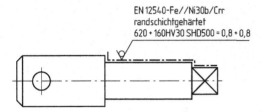

EN 12540-Fe//Ni30b/Crr
randschichtgehärtet
620 + 160HV30 SHD500 = 0,8 + 0,8

13.23 Angabe bei teilweiser Beschichtung und Wärmebehandlung der gleichen Flächen

Bei teilweiser Beschichtung und Wärmebehandlung *unterschiedlicher Flächen* erfolgt der Eintrag durch Angaben in der Darstellung **13.24**. Auch vereinfachte Angaben oder getrennte Beschichtungs- und Wärmebehandlungsbilder sind möglich.

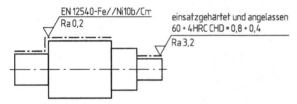

EN 12540-Fe//Ni10b/Crr
Ra 0,2
einsatzgehärtet und angelassen
60 + 4HRC CHD = 0,8 + 0,4
Ra 3,2

13.24 Angabe bei teilweiser Beschichtung und Wärmebehandlung unterschiedlicher Flächen

13

14 Projektaufgaben

14.1 Laufrollenlagerung

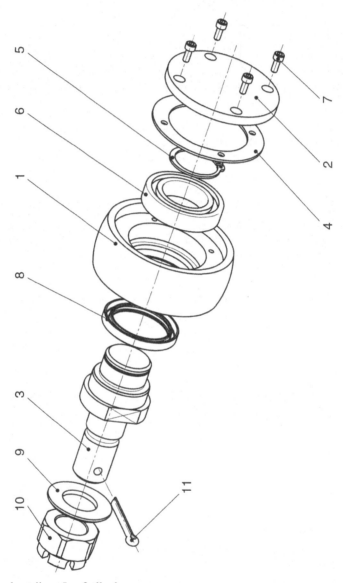

14.1 Explosionsdarstellung Laufrollenlagerung

U. Kurz, H. Wittel, *Konstruktives Zeichnen Maschinenbau*,
DOI 10.1007/978-3-658-17257-2_14, © Springer Fachmedien Wiesbaden GmbH 2017

Funktionsbeschreibung:

Laufrollenbahnen werden in vielen Industriebetrieben zum Transport von Paletten verwendet.

Diese Transporteinrichtung kann über eine längere Strecke angelegt sein und deshalb eine große Anzahl von Laufrollen aufweisen.

Die Konstruktion der Baugruppe soll einfach und zuverlässig sein.

Gesamtzeichnung erstellen:

Erstellen Sie von der Laufrollenlagerung eine Gesamtzeichnung im Schnitt unter Verwendung des vorgegebenen Datensatzes.

Gesamtzeichnung auswerten:

1. Welche Werkzeugmaschinen, Werkzeuge und Messgeräte benötigt man für die Fertigung der Achse (Pos. 3)?
2. Die Achse (Pos. 3) und die Laufrolle (Pos. 1) werden aus dem Werkstoff 16MnCr5, der Lagerdeckel (Pos. 2) aus 9SMn28 gefertigt. Erklären Sie die Werkstoffwahl.
3. Unterscheiden Sie Achsen und Wellen nach der Beanspruchung bzw. Lagerung.
4. Welche Vorteile und Nachteile haben Wälzlager?
5. Legen Sie die notwendige Passung am Wälzlagersitz fest, ordnen Sie dabei die Begriffe Punktlast und Umfangslast den Lagerringen zu.
6. Die Achse (Pos. 3) und die Laufrolle (Pos. 1) erhalten einen Freistich nach DIN 509. Nennen Sie den Grund und wählen Sie eine geeignete Form mit der genauen Bezeichnung aus.
7. Die Achse (Pos. 3) ist im Bereich der Lauffläche des Radialwellendichtrings (Pos. 8) drallfrei Rz4 zu schleifen. Begründen Sie, warum.
8. Auf welche Weise erfolgt die Schmierung des Wälzlagers (Pos. 6)?
9. Geben Sie die Aufgaben des Lagerdeckels (Pos. 2) an.
10. Berührungsdichtungen kann man in zwei Bereiche einteilen. Nennen Sie diese.
11. Welche konstruktiven Vorgaben sind für den Einbauraum eines Radial-Wellendichtringes zu beachten?
12. Welche Funktion hat die mit einem Diagonalkreuz gekennzeichnete Rechteckfläche an der Achse (Pos. 3)?
13. Beschreiben Sie die Montage der Laufrollenlagerung.
14. Geben Sie die Montagewerkzeuge an.
15. Die Achse (Pos. 3) ist an der Trägerplatte mit einer Verliersicherung befestigt. Nennen Sie weitere Verliersicherungen als Alternativen.

Einzelteilzeichnungen erstellen:

Fertigen Sie normgerechte Einzelteilzeichnungen im Maßstab 1:1 der Bauteile Laufrolle (Pos. 1), Lagerdeckel (Pos. 2), Achse (Pos. 3) an.

Beachten Sie bei der Zeichnungserstellung die auf der Verlagshomepage unter extras.springer.com zusammengestellten Angaben.

14

Konstruktive Überarbeitung:

Die Laufrollenlagerung soll künftig mit einer Nutmutter DIN 70852 und einem Sicherungsblech DIN 70952 befestigt werden.

Ändern Sie den Gewindezapfen der Achse (Pos. 3) und die Stückliste entsprechend ab.

14.2 Fliehkraftkupplung

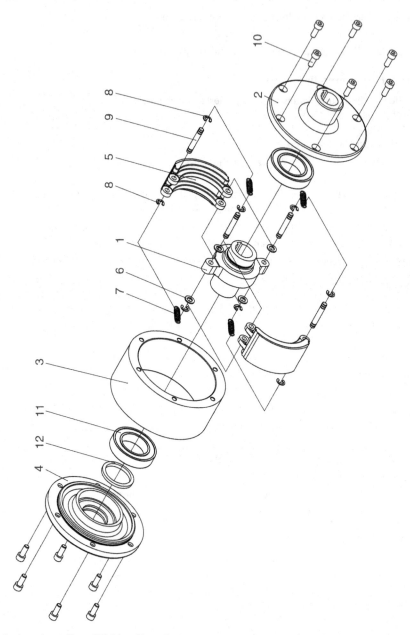

14.2 Explosionsdarstellung Fliehkraftkupplung
         Abdruck mit freundlicher Genehmigung der IHK Region Stuttgart (PAL)

Funktionsbeschreibung:

Fliehkraftkupplungen ermöglichen ein weiches Anfahren der Arbeitsmaschine, in diesem Falle einer Mischtrommel. In der Mischtrommel werden große Massen aus dem Stillstand auf die Betriebsdrehzahl beschleunigt. Durch die drehzahlgeschaltete Kupplung kann der Verbrennungs- oder Elektromotor lastfrei beschleunigen und erst bei einer entsprechenden Drehzahl die Mischtrommel durch Reibschluss mitnehmen.

Gesamtzeichnung erstellen:

Erstellen Sie von der Fliehkraftkupplung eine Gesamtzeichnung im Schnitt unter Verwendung des vorgegebenen Datensatzes.

Gesamtzeichnung auswerten:

1. Die Rillenkugellagerbezeichnung beinhaltet das Nachsetzzeichen 2Z. Erklären Sie diese Angabe und aus welchen Gründen wurde diese Lagerausführung gewählt?

2. Für die Rillenkugellager wurden an der Antriebsnabe (Pos. 1) das Passmaß $\varnothing$ 45k6 und an der Abtriebsnabe (Pos. 2) bzw. am Deckel (Pos. 4) das Passmaß $\varnothing$ 75H7 festgelegt. Welche Auswirkung hat dies für die Montage der Wälzlager?

3. Beschreiben Sie die komplette Montage der Fliehkraftkupplung.

4. Kupplungen kann man unter anderem nach dem Wirkprinzip einteilen. Nennen Sie die beiden Bereiche und geben Sie jeweils zwei Kupplungsbauarten an.

5. Eine Passfederverbindung überträgt das Drehmoment der Kraftmaschine (Motor) auf die Antriebsnabe (Pos. 1) der Fliehkraftkupplung. Geben Sie die mechanische Beanspruchung der Passfeder an.

6. Mit welchem Fertigungsverfahren kann die Passfedernut in der Antriebsnabe (Pos. 1) bzw. Abtriebsnabe (Pos. 2) hergestellt werden?

7. Nennen Sie die Bauteile, die sich beim Anfahren nicht mitdrehen.

8. Geben Sie den Kraftfluss durch die Fliehkraftkupplung an.

9. Der Reibbelag (Pos. 5.2) ist auf den Backen (Pos. 5.1) geklebt. Welche Anforderungen muss die Klebfläche erfüllen?

10. Welche Eigenschaften muss der Reibbelag (Pos. 5.2) besitzen?

11. Die Abtriebsnabe (Pos. 2) und das Gehäuse (Pos. 3) sind mit der Passung $\varnothing$ 136H7/h6 gefügt. Berechnen Sie die Grenzpassungen und stellen Sie die Toleranzfeldlage grafisch dar.

12. Welche Gestaltungsregeln sind bei Gussteilen wesentlich?

13. Die einzelnen Bauteile sind aus den Werkstoffen EN-GJS-700-2 bzw. E295 gefertigt. Erklären Sie die Bezeichnungen und begründen Sie die Werkstoffwahl.

14. Die im Sandguss hergestellten Bauteile werden an den Fügestellen spanend nachbearbeitet. Welche Oberflächenrauheit Rz wird beim Sandguss und beim Drehen bzw. Schleifen normalerweise erreicht?

15. Die Zylinderschrauben (Pos. 10) sollen gesichert werden. Nennen Sie verschiedene Möglichkeiten.

Einzelteilzeichnungen erstellen:

Erstellen Sie normgerechte Einzelteilzeichnungen im Maßstab 1:1 der Bauteile Antriebsnabe (Pos. 1), Abtriebsnabe (Pos. 2), Gehäuse (Pos. 3), Deckel (Pos. 4), Fliehgewicht (Pos. 5).

Beachten Sie bei der Zeichnungserstellung die auf der Verlagshomepage unter extras.springer.com zusammengestellten Angaben.

Konstruktive Überarbeitung:

Die Abtriebsnabe (Pos. 2) soll alternativ auch mit einer Keilwellenverbindung DIN ISO 14-6x28x32 hergestellt werden.

Ändern Sie die Einzelteilzeichnung entsprechend ab.

14

14.3 Transportband

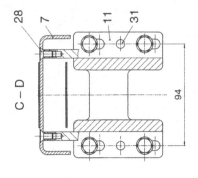

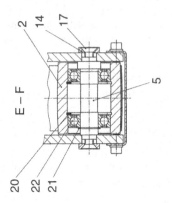

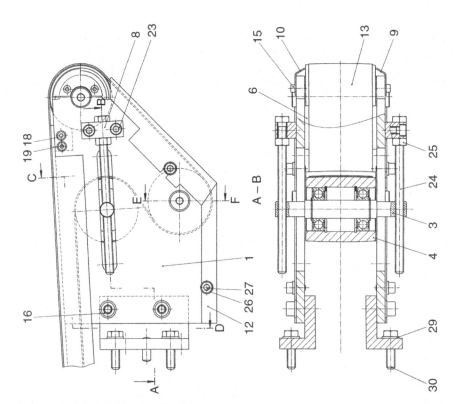

14.3 Gesamtzeichnung Transportband
      Abdruck mit freundlicher Genehmigung der IHK Region Stuttgart (PAL)

Funktionsbeschreibung:

Das Transportband ist Teil einer Produktionsanlage zur Fertigung von Küchengeräten. Die aus der Spritzgussmaschine entnommenen Gehäuse werden auf dem Transportband zur nächsten Montagestation befördert.

Bearbeiten Sie mit dem vorgegebenen Datensatz für das Transportband die nachfolgenden Aufgaben.

Gesamtzeichnung auswerten:

1. Das Rillenkugellager (Pos. 22) auf der Verstellachse (Pos. 3) ist defekt. Beschreiben Sie die Demontage in der logischen Reihenfolge.

2. Legen Sie eine geeignete Passung für die Lagerung der Achse (Pos. 5) in der Platte (Pos. 1) fest.

3. In der Rolle (Pos. 2) ist ein Sicherungsring (Pos. 20) nach DIN 472 eingebaut. Wie groß ist die Toleranz T bei der Breite des Sicherungsrings bzw. bei der Nut? Berechnen Sie das Höchstspiel P_{SH} und das Mindestspiel P_{SM}.

4. Aus welchem Grund sind die Rollen an der Bandlauffläche leicht ballig ausgeführt?

5. Die Spannrolle (Pos. 4) soll, damit das Band ohne Durchhang läuft, um s = 30 mm axial verstellt werden. Ermitteln Sie die Anzahl der notwendigen Umdrehungen an der Sechskantschraube (Pos. 24).

6. Nennen Sie die Bauteile, die zur Verstelleinrichtung gehören.

7. Welche Funktion hat die Sechskantmutter (Pos. 25)?

8. Berechnen Sie die gestreckte Länge L für die Abdeckung (Pos. 7) mit dem Ausgleichswert v. Die Maße können aus der Gesamtzeichnung entnommen werden.

9. Die Abdeckung (Pos. 7) wird aus dem Blech DC05, t = 3 mm durch Kaltbiegen gefertigt. Ermitteln Sie den kleinsten zulässigen Biegeradius r nach DIN 6935.

10. Erklären Sie die Werkstoffbezeichnung für die Rolle (Pos. 2), Achse (Pos. 3) und die Abdeckung (Pos. 7).

11. Um Gewicht einzusparen wird überlegt, die Platte (Pos. 1) aus einer Aluminiumlegierung herzustellen. Wie viel % Gewichtsersparnis bringt dies bei gleicher Dimensionierung?

12. Aus welchem Grund sind an der Konsole (Pos. 11) Langlöcher vorgesehen und welche Aufgabe haben die Zylinderstifte (Pos. 31)?

13. Die Bohrungen für die Zylinderstifte (Pos. 31) müssen ausgerieben werden. Welchen Zweck hat das Reiben und welche Rautiefe Rz kann erreicht werden? Mit welchem Prüfmittel kann die geriebene Bohrung kontrolliert werden?

14. Der Befestigungsflansch (Pos. 11) soll als Schweißkonstruktion aus kaltgewalztem Flachmaterial S235JR hergestellt werden. Die Grundplatte (11.1) und die beiden Stegplatten (11.2) sind zugeschnitten, entgratet und die Rohmaße geprüft. Beschreiben Sie die Arbeitsschritte bei der Herstellung der Schweißkonstruktion.

15. Erklären Sie, warum im Schnitt A-B der Zylinderstift (Pos. 31) nicht dargestellt ist.

Einzelteilzeichnungen erstellen:

Fertigen Sie normgerechte Einzelteilzeichnungen im Maßstab 1:1 der Bauteile Platte (Pos. 1), Rolle (Pos. 2), Verstellachse (Pos. 3) und der Achse (Pos. 5) an.

Beachten Sie bei der Zeichnungserstellung die auf der Verlagshomepage unter extras.springer.com zusammengestellten Angaben.

Konstruktive Überarbeitung:

Die Konsole (Pos. 11) soll durch eine Schweißkonstruktion ersetzt werden.

Beachten Sie bei der Zeichnungserstellung die auf der Verlagshomepage unter extras.springer.com zusammengestellten Angaben.

14

14.4 Einsteckwelle

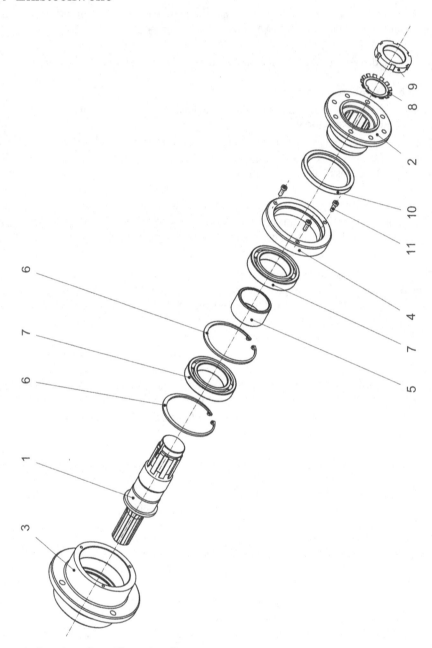

14.4 Explosionsdarstellung Einsteckwelle

Funktionsbeschreibung:

Die Baugruppe Einsteckwelle verbindet, als starre Kupplung, eine Antriebseinheit mit einem anzutreibenden Aggregat.

Vier M10-er Schrauben befestigen das Gehäuse (Pos. 3) an der Gehäusewand eines Getriebes, die anzutreibende Baugruppe wird mit acht M10-er Schrauben am Flansch (Pos. 2) angeschraubt.

Gesamtzeichnung erstellen:

Erstellen Sie von der Einsteckwelle eine Gesamtzeichnung im Schnitt unter Verwendung des vorgegebenen Datensatzes.

Gesamtzeichnung auswerten:

1. Welche Merkmale haben Keilwellenverbindungen?
2. Bei den Keilwellenverbindungen unterscheidet man zwei Bauarten. Nennen Sie diese und geben Sie die entsprechende Besonderheit der jeweiligen Bauform an.
3. Welche mechanischen Beanspruchungen treten am Keilwellenprofil auf?
4. Durch welche Fertigungsverfahren kann das Keilwellenprofil in Flansch (Pos. 2) hergestellt werden?
5. Geben Sie den Kraftfluss durch die Baugruppe Einsteckwelle an.
6. Die Keilwelle (Pos. 1) ist aus dem Werkstoff 25CrMoS4, das Gehäuse (Pos. 3) aus EN-GJMB-450-6 gefertigt. Erklären Sie die Werkstoffwahl.
7. Beschreiben Sie die Montage der Baugruppe Einsteckwelle.
8. Geben Sie die Werkzeuge an, die zur Montage benötigt werden.
9. Nennen Sie die Festlager- und Loslagerseite bei der Keilwellenlagerung.
10. Welche Bauteile müssen gehärtet werden?
11. Die Nutmutter (Pos. 9) wird durch das Sicherungsblech (Pos. 8) gesichert. Geben Sie das Wirkungsprinzip an.
12. Aus welchem Grund besitzt die Nutmutter (Pos. 9) ein Feingewinde?
13. Berechnen Sie das Mindest- und Höchstspiel des Sicherungsrings (Pos. 6) im Gehäuse (Pos. 3)
14. Warum hat der Flansch am Gehäuse (Pos. 3) nur auf einer Seite eine Fase?
15. Welche Bedingungen muss der Einbauraum für den Radialwellendichtring auf dem Flansch (Pos. 2) erfüllen?

Einzelteilzeichnungen erstellen:

Erstellen Sie normgerechte Einzelteilzeichnungen im Maßstab 1:1 der Bauteile Keilwelle (Pos. 1), Flansch (Pos. 2), Gehäuse (Pos. 3), Lagerdeckel (Pos. 4), Distanzhülse (Pos. 5). Beachten Sie bei der Zeichnungserstellung die auf der Verlagshomepage unter extras.springer.com zusammengestellten Angaben.

Konstruktive Überarbeitung:

Die Einsteckwelle soll künftig Rillenkugellager der Baureihe DIN 625-6211-2Z erhalten. Ändern Sie den Lagerdeckel (Pos. 4) und die Stückliste entsprechend ab.

14

14.5 Spannvorrichtung

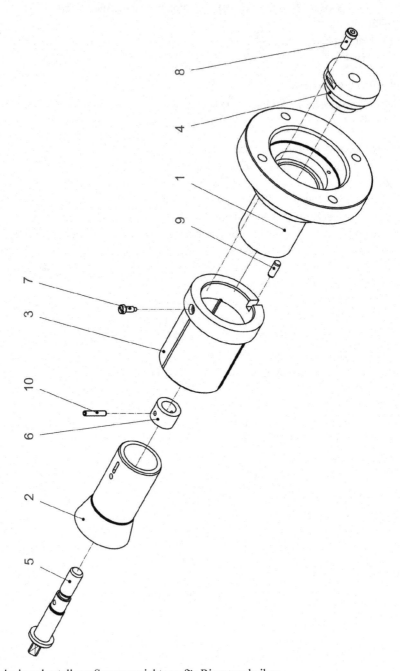

14.5 Explosionsdarstellung Spannvorrichtung für Riemenscheiben

Funktionsbeschreibung:

Die Spannvorrichtung ermöglicht ein Überdrehen der Außenkontur von gegossenen Riemenscheiben. Durch Reibschluss werden die innen mit einer engen Toleranz ausgedrehten Gussstücke auf der Vorrichtung gespannt.

Gesamtzeichnung erstellen:

Erstellen Sie von der Spannvorrichtung eine Gesamtzeichnung im Schnitt unter Verwendung des vorgegebenen Datensatzes.

Gesamtzeichnung auswerten:

1. Geben Sie die einzelnen Fertigungsschritte bei der Herstellung der Spannschraube (Pos. 5) an.

2. Welche Maschinen, Werkzeuge, Prüfmittel benötigt man für die Fertigung der Spannschraube (Pos. 5)? Legen Sie für die jeweiligen Werkzeuge die passenden Schnittwerte fest.

3. Der Grundkörper (Pos. 1), der Spannkegel (Pos. 2) und die Spannschraube (Pos. 5) erhalten einen Freistich. Nennen Sie den jeweiligen Grund und wählen Sie eine geeignete Form mit der genauen Bezeichnung aus.

4. Legen Sie die Passung zwischen dem Grundkörper (Pos. 1) und dem Spannkegel (Pos. 2) fest.

5. Der Spannkegel (Pos. 2) hat eine Länge von 110 mm. Geben Sie die Grenzabmaße an.

6. Berechnen Sie den Kegelerzeugungswinkel, bzw. die Kegelverjüngung beim Spannkegel (Pos. 2).

7. Welche Aufgaben haben die Bauteile (Pos. 7), (Pos. 8) und (Pos. 9)?

8. Warum befindet sich am Ende der drei Längsschlitze in der Spannhülse (Pos. 3) jeweils eine kleine Querbohrung ?

9. Aus welchem Grund wurde für die Verbindung der Spannschraube (Pos. 5) mit der Mitnahmebuchse (Pos. 6) ein Spannstift (Pos. 10) gewählt?

10. Die Bauteile (Pos. 1 bis Pos. 5) sind aus dem Werkstoff 35SPb20, die Mitnahmebuchse (Pos. 6) ist aus 11SMnPb30 gefertigt. Erklären Sie die Werkstoffauswahl.

11. Welche Bauteile müssen gehärtet werden?

12. Der Spannkegel (Pos. 2) muss ausgewechselt werden. Beschreiben Sie die Demontage in der logischen Reihenfolge.

13. Geben Sie die Werkzeuge an, die zur Demontage benötigt werden.

14. Erstellen Sie eine Aufbaugliederung Baugruppenzusammenstellung.

15. Die Gussstücke haben im Bereich der Riemenscheiben in der Mantelfläche einen Absatz. Begründen Sie diese Formgebung.

Einzelteilzeichnungen erstellen:

Erstellen Sie normgerechte Einzelteilzeichnungen im Maßstab 1:1 der Bauteile Grundkörper (Pos. 1), Spannkegel (Pos. 2), Spannhülse (Pos. 3), Gewindebuchse (Pos. 4), Spannschraube (Pos. 6), Zylinderschraube (Pos. 7). Beachten Sie bei der Zeichnungserstellung die auf der Verlagshomepage unter extras. springer.com zusammengestellten Angaben.

Konstruktive Überarbeitung:

Die Funktion der Gewindebuchse (Pos. 4) soll in den Grundkörper (Pos. 1) integriert werden. Ändern Sie die Einzelteilzeichnung Grundkörper (Pos. 1), Spannschraube (Pos. 5) und die Stückliste entsprechend ab.

14.6 Mechanischer Greifer

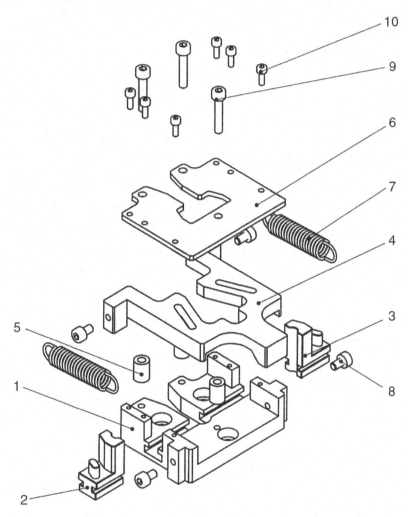

14.6 Explosionsdarstellung Mechanischer Greifer

Funktionsbeschreibung:

Der mechanische Greifer ist Teil einer automatischen Montagestation, in der abgelängte Stahlseilstücke mit Endkappen bestückt und anschließend verstemmt werden.

Mit dem mechanischen Greifer werden die Stahlseilsysteme zum nächsten Bearbeitungsschritt weitertransportiert. Die Betätigung des mechanischen Greifers erfolgt pneumatisch.

Gesamtzeichnung erstellen:

Erstellen Sie von dem mechanischen Greifer eine Gesamtzeichnung unter Verwendung des vorgegebenen Datensatzes.

Gesamtzeichnung auswerten:

1. Beschreiben Sie die Arbeitsweise der Baugruppe mechanischer Greifer.
2. Geben Sie den Kraftfluss durch die Baugruppe an.
3. Welche mechanischen Beanspruchungen treten an den Führungszapfen der Greifbacken auf?
4. Beschreiben Sie die Montage der Baugruppe mechanischer Greifer.
5. Mit welchem Bauteil muss die Distanzhülse (Pos. 5) längenmäßig abgestimmt werden?
6. Der Schieber (Pos. 4) hat an der Auflagefläche zur Grundplatte (Pos. 1) eine Längsfase von 0,5×45°. Begründen Sie diese Formgebung.
7. Mit welchen Fertigungsverfahren kann der Deckel (Pos. 6) wirtschaftlich hergestellt werden?
8. Aus welchem Grund ist die Kontur der Greifbacken (Pos. 2) und (Pos. 3) umlaufend mit einer Fase versehen?
9. Die Bauteile (Pos. 1 bis Pos. 4) sind aus dem Werkstoff 16MnCr5, der Deckel (Pos. 6) ist aus S500Q gefertigt. Erklären Sie die Werkstoffwahl.
10. Fast alle Bauteile der Baugruppe mechanischer Greifer sind einsatzgehärtet. Beschreiben Sie den Vorgang Einsatzhärten.
11. Erklären Sie die Zeichnungsangabe: einsatzgehärtet und angelassen
$$58 + 4\,\text{HRC}$$
$$CHD = 0,8 + 0,4$$
12. Um die Reibung zu reduzieren, müssen die beweglichen Bauteile geschmiert werden. Welche Schmierungsart schlagen Sie vor?
13. Die Führungszapfen der Greifbacken (Pos. 2) und (Pos. 3) können in den Führungsnuten des Schiebers (Pos. 4) um maximal $l = 11,3$ mm verschoben werden. Um welchen Weg s_1 bewegen sich jeweils die Greifbacken in der Grundplatte (Pos. 1)?
14. Berechnen Sie die Zugkraft in der zylindrischen Schrauben-Zugfeder (Pos. 7), wenn die Greifbacken (Pos. 2) und (Pos. 3) maximal geöffnet sind.

Federrate $R = 0,934$ N/mm
15. Beschreiben Sie die Befestigung der Baugruppe mechanischer Greifer in der Montagestation.

14

Einzelteilzeichnungen erstellen:

Erstellen Sie normgerechte Einzelteilzeichnungen im Maßstab 1:1 der Bauteile Grundplatte (Pos. 1), Greifbacken links (Pos. 2), Greifbacken rechts (Pos. 3), Schieber (Pos. 4), Distanzhülse (Pos. 5), Deckel (Pos. 6). Beachten Sie bei der Zeichnungserstellung die auf der Verlagshomepage unter extras.springer.com zusammengestellten Angaben.

Konstruktive Überarbeitung:

Die Greifbacken (Pos. 2) und (Pos. 3) sollen zur besseren Fixierung der Stahlseilstücke mit ⌀ 3 mm eine Prismaaufnahme erhalten. Ändern Sie die Einzelteilzeichnungen entsprechend ab.

14.7 Schneidwerkzeug

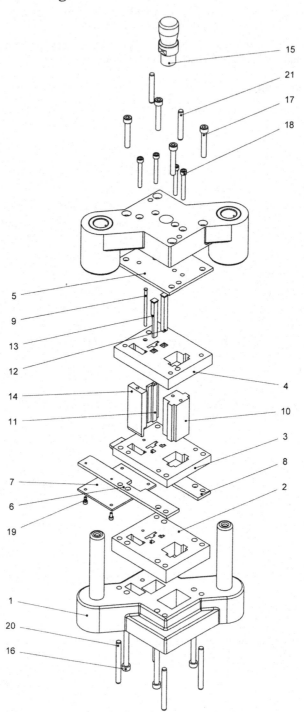

14.7 Explosionsdarstellung Schneidwerkzeug

Funktionsbeschreibung:

Mit Schneidwerkzeugen werden Werkstücke aus Blech durch das Wirkpaar Schneidstempel und Schneidplatte in einem oder bei Folgeschneidwerkzeugen in mehreren Hüben durch Scherschneiden aus einem Blechstreifen ausgeschnitten.

Schneidwerkzeuge sind bei hohen Stückzahlen wirtschaftlich, eingebaut werden sie in Pressen.

Gesamtzeichnung erstellen:

Erstellen Sie von dem Schneidwerkzeug eine Gesamtzeichnung im Schnitt unter Verwendung des vorgegebenen Datensatzes.

Gesamtzeichnung auswerten:

1. Nach welchen Merkmalen können Schneidwerkzeuge eingeteilt werden?
2. Erstellen Sie eine Aufbaugliederung, Baugruppenzusammenstellung.
3. Ordnen Sie die Bauteile in die Bereiche ein:
   – Normalien
   – Teile durch spanabhebende Bearbeitung hergestellt.
4. Beschreiben Sie die Montage des Schneidwerkezuges.
5. Aus welchem Grund wurde das Schneiden der Außenkontur auf vier Schneidstempel aufgeteilt? Vergleichen Sie dazu das Schnittteil Halterung.
6. Geben Sie die Anzahl der Schritte bei dem gezeichneten Streifenbild an und bezeichnen Sie die durchgeführten Schneidverfahren.
7. Geben Sie die Lage des Schnittgrates am Schnittteil an.
   Verwenden Sie dazu die Bezeichnungen Schneidplattenseite bzw. Stempelseite.
8. Erklären Sie den Schneidvorgang beim Scherschneiden.
9. Nennen Sie wesentliche Einflussgrößen auf die Schneidspaltbreite.
   Welche Folgen hat ein ungleicher Schneidspalt?
10. Welchen Vorteil bietet der ausgesparte Seitenschneider?
11. Das Schneidwerkzeug besitzt einen Seitenschneider als Vorschubbegrenzung.
    Nennen Sie eine alternative Vorschubbegrenzung.
12. Mit welchem Fertigungsverfahren können die Durchbrüche in der Schneidplatte (Pos. 2) der Abstreifplatte (Pos. 3) und der Stempelplatte (Pos. 4) wirtschaftlich hergestellt werden?
13. Ermitteln Sie die Pressenkraft, wenn man wegen der Reibung beim Schneidvorgang einen Zuschlag von 20% zur Schneidkraft vorsieht.
14. Prüfen Sie durch eine Rechnung nach, ob bei diesem Schneidwerkzeug die Druckplatte (Pos. 5) notwendig ist.
    Die zulässige Flächenpressung beträgt $p_{zul} \leq 200 \text{ N/mm}^2$.
15. Berechnen Sie die Sicherheitszahl υ für die Verschraubung des Schneidstempel T-Form (Pos. 11) mit dem Werkzeugoberteil.
    Die Abstreifkraft beträgt etwa 15% der Schneidkraft

Einzelteilzeichnungen erstellen:

Erstellen Sie normgerechte Einzelteilzeichnungen im Maßstab 1:1 der Bauteile Säulengestell (Pos. 1), Schneidplatte (Pos. 2), Abstreifplatte (Pos. 3), Stempelplatte (Pos. 4), Druckplatte (Pos. 5), Führungsleiste rechts (Pos. 6), Auflageblech (Pos. 7), Führungsleiste links (Pos. 8), Schneidstempel Kontur-Form (Pos. 10), Schneidstempel T-Form (Pos. 11), Schneidstempel L-Form rechts (Pos. 12), Schneidstempel L-Form links (Pos. 13), Seitenschneider (Pos. 14).

Beachten Sie bei der Zeichnungserstellung die auf der Verlagshomepage unter extras.springer.com zusammengestellten Angaben.

Konstruktive Überarbeitung:

Die Halterung soll im Bereich des Schneidstempel T-Form eine geänderte Kontur erhalten, siehe Zeichnung Halterung neu.

Ändern Sie die Schneidplatte (Pos. 2), die Abstreifplatte (Pos. 3), die Stempelplatte (Pos. 4) und den Schneidstempel T-Form (Pos. 11) entsprechend ab.

14.8 Spannvorrichtung für Ringe

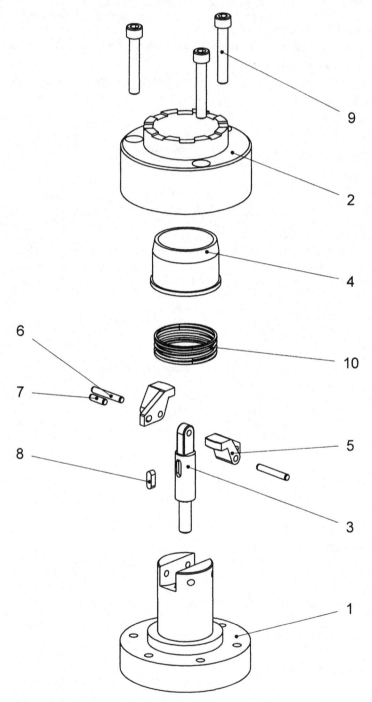

14.8 Explosionsdarstellung Spannvorrichtung für Ringe

Funktionsbeschreibung:

Die Spannvorrichtung dient zum zentrischen Spannen von Ringen, die an der Innenseite spanend vorbearbeitet sind.

Die gesamte Baugruppe wird über den Innenkegel am Grundkörper (Pos. 1) mit drei Zylinderschrauben auf dem Drehspindelflansch befestigt.

Gesamtzeichnung erstellen:

Erstellen Sie von der Spannvorrichtung eine Gesamtzeichnung im Schnitt unter Verwendung des vorgegebenen Datensatzes.

Gesamtzeichnung auswerten:

1. Beschreiben Sie die Montage der Spannvorrichtung.
2. Geben Sie den Kraftfluss durch die Spannvorrichtung an.
3. Beschreiben Sie die Arbeitsweise der Spannvorrichtung.
4. Welche Maschinen, Werkzeuge, Prüfmittel benötigt man für die Fertigung des Spannbolzen (Pos. 3)? Legen Sie für die jeweiligen Werkzeuge die passenden Schnittwerte fest.
5. Am Grundkörper (Pos. 1) werden an der Außenkontur an zwei Stellen Freistiche angebracht. Begründen Sie warum und wählen Sie eine geeignete Form mit der genauen Bezeichnung aus.
6. Die Bauteile sind aus dem Vergütungsstahl 35SPb20 gefertigt. Begründen Sie die Werkstoffwahl.
7. Erklären Sie die Wärmebehandlung Vergüten. Erstellen Sie das Temperatur-Zeit-Diagramm.
8. Zwischen dem Grundkörper (Pos. 1) und der Zentrierbuchse (Pos. 4) wurde die Passung $\varnothing$ 55H7/f7 festgelegt. Berechnen Sie alle Passungsmaße und geben Sie die Passungsart ein.
9. Erstellen Sie die Passungsgrafik, indem Sie die Toleranzfelder maßstäblich anzeichnen. Maßstab: Abmaß 10 µm entsprechen 10 mm Zeichnung.
10. Welche Regeln sind bei Bemaßung eines Kegels zu beachten?
11. In den Spannhebeln (Pos. 5) befindet sich jeweils ein Langloch für den Zylinderstift (Pos. 7). Nennen Sie den Grund.
12. Aus welchem Grund hat die Auflagebuchse (Pos. 2) in der Auflagefläche für die zu überdrehenden Ringe, acht radiale Nuten?
13. Welche Kennlinie hat die zylindrische Schrauben-Druckfeder (Pos. 10) nach DIN 2098?
14. Geben Sie die mechanischen Beanspruchungen am Zylinderstift (Pos. 7) an.
15. Ermitteln Sie den maximalen Schwenkwinkel der Spannhebeln (Pos. 5).

Einzelteilzeichnungen erstellen:

Erstellen Sie normgerechte Einzelteilzeichnungen im Maßstab 1:1 der Bauteile Grundkörper (Pos. 1), Auflagebuchse (Pos. 2), Spannbolzen (Pos. 3), Zentrierbuchse (Pos. 4), Spannhebel (Pos. 5).

Beachten Sie bei der Zeichnungserstellung die auf der Verlagshomepage unter extras.springer.com zusammengestellten Angaben.

Konstruktive Überarbeitung:

Die zylindrische Schrauben-Druckfeder (Pos. 10) soll besser geführt werden.

Ändern Sie die Zentrierbuchse (Pos. 4) und die Stückliste entsprechend ab.

14

14.9 Gelenkspanner

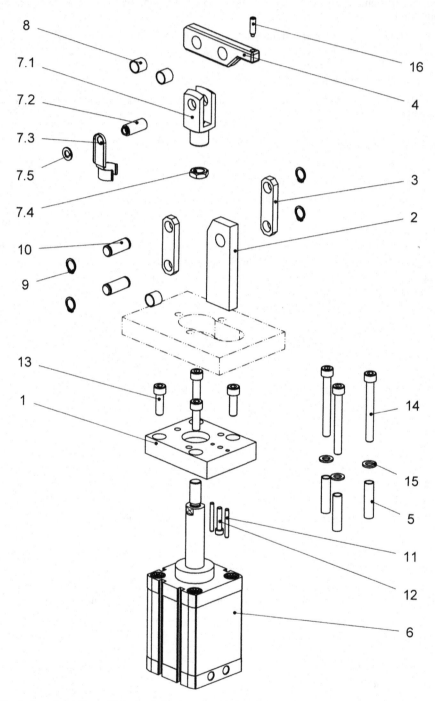

14.9 Explosionsdarstellung Gelenkspanner

Funktionsbeschreibung:

Mit Gelenkspannern werden Gehäusedeckel auf einer Auflageplatte zur weiteren mechanischen Bearbeitung festgespannt.

Gesamtzeichnung erstellen:

Erstellen Sie von dem Gelenkspanner eine Gesamtzeichnung teilweise im Schnitt, unter Verwendung des vorgegebenen Datensatzes.

Gesamtzeichnung auswerten:

1. Beschreiben Sie die Montage der Baugruppe Gelenkspanner.
2. Aus welchem Grund besitzt der Gewindezapfen der Kolbenstange des Pneumatikzylinders ein Feingewinde?
3. Welche Aufgabe hat die Sechskantmutter (Pos. 7.4)?
4. Legen Sie die Maße der Aussparung in der Auflageplatte für die Aufnahme der Baugruppe Gelenkspanner fest.
5. Mit welchem Fertigungsverfahren können die Aussparungen in der Auflageplatte hergestellt werden?
6. Beschreiben Sie die Befestigung der Baugruppe Gelenkspanner in der Fertigungsstation.
7. Welche mechanische Beanspruchungen treten in der Lasche (Pos. 3) auf?
8. Geben Sie den Kraftfluss durch die Baugruppe Gelenkspanner an.
9. Welche Eigenschaften muss die Lagerbuchse (Pos. 8) und (Pos. 9) besitzen?
10. Geben Sie die Bauteile an, die einsatzgehärtet werden.
11. Der Spannhebel (Pos. 4) spannt das Gehäuse in waagrechter Stellung.
Berechnen Sie die Spannkraft F_S am Druckstück (Pos. 16), wenn die Kolbenkraft, bei einem Arbeitsdruck von 6 bar, $F_K = 1870$ N beträgt.
12. Welche Flächenpressung tritt an der Lagerbuchse (Pos. 8) auf?
13. Ermitteln Sie die Scherspannung im Bolzen (Pos. 10), eingebaut zwischen dem Spannhebel (Pos. 4) und den Laschen (Pos. 3).
14. Beim Einfahren der Kolbenstange schwenkt der Spannhebel (Pos. 4) nach oben, die Laschen (Pos. 3), drehen nach links.
Wie groß sind die Schwenkwinkel α des Spannhebels (Pos. 4) zur Waagrechten und β der Laschen (Pos. 3) zur Senkrechten bei einem Kolbenweg von s = 60 mm?
15. Eine neue Gehäuseserie macht eine konstruktive Änderung des Spannhebels (Pos. 4) notwendig.
Der Abstand des Druckstückes (Pos. 18) zum Drehpunkt vergrößert sich um 10 mm.
Um wieviel Prozent nimmt die Spannkraft am Druckstück ab?

Einzelteilzeichnungen erstellen:

Erstellen Sie normgerechte Einzelteilzeichnungen im Maßstab 1:1 der Bauteile Flanschbefestigung (Pos. 1), Lagerbock (Pos. 2), Lasche (Pos. 3), Spannhebel (Pos. 4), Distanzhülse (Pos. 5).

Beachten Sie bei der Zeichnungserstellung die auf der Verlagshomepage unter extras.springer.com zusammengestellten Angaben.

Konstruktive Überarbeitung:

Die Baugruppe Gelenkspanner soll für eine neue Gehäuseserie abgeändert werden. Setzen Sie auf der CD-ROM gegebenen Vorgaben um.

14

15 Literatur

Brauner, H.: Lehrbuch der konstruktiven Geometrie. Wien: Springer, 1986

DIN (Hrsg): Praxishandbuch Technisches Zeichnen. Berlin: Beuth, 2003

DIN (Hrsg): Technisches Zeichnen 1. Grundnormen. DIN-TAB 2/1. 14. Aufl. Berlin: Beuth, 2011

DIN (Hrsg): Technisches Zeichnen 2. Mechanische Technik. DIN-TAB 2/2. 8. Aufl. Berlin: Beuth, 2011

DIN (Hrsg): Längenprüftechnik 1. Grundnormen. 3. Aufl. Berlin: Beuth, 2012

Glaeser, G: Geometrie und ihre Anwendungen in Kunst, Natur und Technik. München: Elsevier, 2005

Grollius, Horst-W.: Technisches Zeichnen für Maschinenbauer. München: Carl Hanser, 2010

Häger, W., Bauermeister, D.: 3D-CAD mit Inventor 2008. Tutorial mit durchgängigem Projektbeispiel, Wiesbaden: Vieweg + Teubner, 2008

Henzold, G.: Form und Lage. Beuth Kommentar. 3. Aufl. Berlin: Beuth, 2011

Henzold, G.: Anwendung der Normen über Form- und Lagetoleranzen in der Praxis. 7. Aufl. DIN-Normenheft 7. Berlin: Beuth, 2011

Hoischen/Fritz: Technisches Zeichnen. Grundlagen, Normen, Beispiele, Darstellende Geometrie. 35. Aufl. Berlin: Cornelsen, 2016

Klein, B.: Toleranzmanagement im Maschinen- und Fahrzeugbau. Form- und Lagetolerierung, Toleranzprinzipien, Tolerierungsverknüpfungen, Maßketten, Oberflächen. München: Oldenbourg, 2006

Kurz, U. et. al.: Konstruieren, Gestalten, Entwerfen. 4. Aufl. Wiesbaden: Vieweg + Teubner, 2009

Jorden, W., Schütte, W.: Form- und Lagetoleranzen. Handbuch für Studium und Praxis. 7. Aufl. München: Carl Hanser, 2012

Labisch, S., Weber, C.: Technisches Zeichnen. Selbständig lernen und effektiv üben. 4. Aufl. Wiesbaden: SpringerVieweg, 2013

Raich/Rudiferia: Grundlagen der Konstruktionslehre. Troisdorf: Bildungsverlag EINS, 2004

Schließer/Schlindwein/Steinhilper: Konstruieren und Gestalten. Würzburg: Vogel, 1989

Viebahn, U.: Technisches Freihandzeichnen. Berlin: Springer, 1993

U. Kurz, H. Wittel, *Konstruktives Zeichnen Maschinenbau*,
DOI 10.1007/978-3-658-17257-2_15, © Springer Fachmedien Wiesbaden GmbH 2017

16 Sachwortverzeichnis

U. Kurz, H. Wittel, *Konstruktives Zeichnen Maschinenbau*,
DOI 10.1007/978-3-658-17257-2_16, © Springer Fachmedien Wiesbaden GmbH 2017

16

Printed in the United States
By Bookmasters